中国茶文化研究

神农武当道茶经

袁正洪　著

華中科技大學出版社
http://www.hustp.com
中国·武汉

编委会

神农架茶园风光

武当山茶园风光

房县野人谷镇千坪千年古茶树

丹江口市盐池河镇黄朝坡村骞林茶树

房县万峪河乡小坪村天然野生千年古茶树

武当山八仙观村茶园风光

盐池河镇武当口村云雾中高山高香生态茶园

武当山麓生态茶园风光

汉江南岸生态环保茶园

中国道茶文化之乡八仙观村道茶山庄

竹山县圣水茶园采茶图

2010 年 4 月，十堰市在北京举行武当道茶产业新闻发布会

2014 年 6 月，经专家评定，授予武当道茶“中国第一文化名茶”称号

2010 年 4 月，北京武当道茶产业新闻发布会上专家宣读评审结果

2008 年 8 月，国家质量监督总局召开武当道茶地理标志专家评审会

2015 年 6 月，中俄“万里茶道”走进武当暨武当道茶博览会在十堰举行

2015 年 6 月，中俄“万里茶道”走进武当暨武当道茶博览会在十堰举行

2009 年 10 月，武当道茶高层专家论证会在武汉召开

2009 年 9 月，湖北省武当道茶产业协会成立大会

2009 年 10 月 24 日，湖北第一文化名茶“武当道茶”授牌仪式

十堰市农业局局长涂扬晟当选首届湖北省武当道茶产业协会会长

武当道茶高层专家论证会

十堰市农业局科长张岚当选首届湖北省武当道茶产业协会秘书长

2016 年 5 月，十堰市领导考察互联网暨武当道茶品牌推介会市场

十堰部分领导参加武当道茶产业研讨会

2015 年 6 月，俄罗斯联邦农业部有关官员考察八仙观茶场

十堰市农业局表彰武当道茶十大茶企

互联网 + 茶产业暨“万里茶道”武当道茶品牌推介活动

2012 年 9 月 9 日，2012 中国绿色村庄年会在武当山八仙观村茶场举行

参加全国村长年会代表观看茶道表演

2010 年 2 月 1 日，十堰市首次隆重举办武当道茶之春专场演出

十堰市首次隆重举办武当道茶之春专场演出

中国著名茶叶专家鲁成银、胡晓云在十堰市农业局局长涂扬晟及潘亮、袁正洪的陪同下考察武当口村茶园

2008 年 10 月，十堰市农业局领导沈康荣、涂扬晟考察武当山野生古太和茶树

2019 年 3 月，袁正洪和武当道茶茶博士张丙华、万峪小坪村主任邓青忠徒步考察，发现千亩天然野生茶树群落

2016 年 4 月，袁正洪和武当口村主任谢华山等考察天然野生骞林茶树

2007 年 9 月，十堰市民俗学会会长袁正洪访问祖传道茶老人曾怀生

2016 年 5 月，袁正洪访问八旬老茶农高正秀

2019 年 6 月，中国茶叶学会年会暨竹山首届茶商大会召开，代表们参观传统制茶工艺

2017 年 4 月中旬，省市茶叶专家在十堰市评茶

2017 年 4 月上旬，十堰市及丹江口市举办传统制茶比赛

2017 年 4 月上旬，十堰市及丹江口市举办品茶评茶会

2007 年 6 月，武当山八仙观茶叶总场制作的太极功夫茶

丹江口市举办武当道茶采制技能比赛

1987年5月21日，袁正洪采访武当武术名师朱诚德（右）道长打坐品茶悟道

2007年10月26日，重阳节武当道人隆重的给真武祖师敬茶

2008年10月，袁正洪采访武当太子洞贾永祥道长遵循古人生嚼茶叶的习俗

2014年5月，国际著名武当武术大师游玄德（左）道长题词：武当道茶长养精气神

武当道人从古至今传承饮茶养生之道

以武当太极乾坤球功法制作道茶

竹溪县茶园风光

汉江南岸丹江口市土管垭生态环保茶园风光

武当道茶嫩绿芽茶

武当道茶生态环保车间

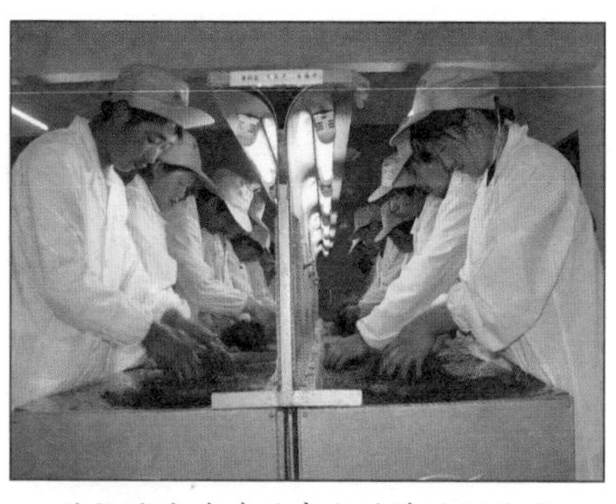

被评为省非遗的武当道茶炒制技艺

晾放鲜亮的武当道茶

湖北神武道茶公司制作的十二生肖武当功夫茶

竹山县古为庸国之都，亦是贡茶之乡，图为中国茶叶学会年会在竹山召开时表演的庸风茶艺

武当道茶产品

武当道茶茶艺表演

武当道茶馆

茶文化艺术节

2007 年 7 月，武当道茶在新加坡表演

2009 年 3 月，袁野采访中外游客品饮武当道茶

优美柔和的武当道茶茶艺演示

2008 年 10 月，袁野采访八仙观武当道茶茶艺传承培训

武当道茶悬壶茶艺表演

2012 年 5 月 3 日，袁野采访“武当道茶”杯茶王大赛茶艺表演

茶之为药，发乎神农（袁野作，水粉画）

荼古称茶，《诗经》七首（雕刻艺术家、画家、书法家谭荣志作，国画）

茶之为礼始于尹喜给老子敬茶，老子曰：知我者，唯我之徒也（雕刻艺术画家谭荣志作，国画）

武当道茶
（袁野设计和书写）

茶之为贡，武王伐纣，茶蜜纳贡（袁野绘、书写）

诸葛亮学道于武当，同时也学茶道，也将茶文化传至云贵（画家莫麓云画）

武当山紫霄宫壁画：八仙品茗悟道

茶古称荼，《诗经》有诗赞美荼花

茶园采访图（雕刻艺术家、画家、书法家谭荣志作，国画）

影视导演与茶农在武当茶楼唱茶歌

福缘松石（十堰）有限公司董事长张星国向记者介绍绿松宝石、茶马古道

外国人青睐武当道茶园生态文化旅游

八百里武当是道茶之乡，也是东方绿松宝石之乡（竹山县香农绿松石有限责任公司）

央视记者拍摄武当道茶园

武当名胜摩崖石窟老君洞老子石雕像

竹溪县十八里长峡名胜古迹武王庙遗迹

武当名胜尹仙岩尹喜品茶修道古迹

骨雕神农像茶匙（文物）

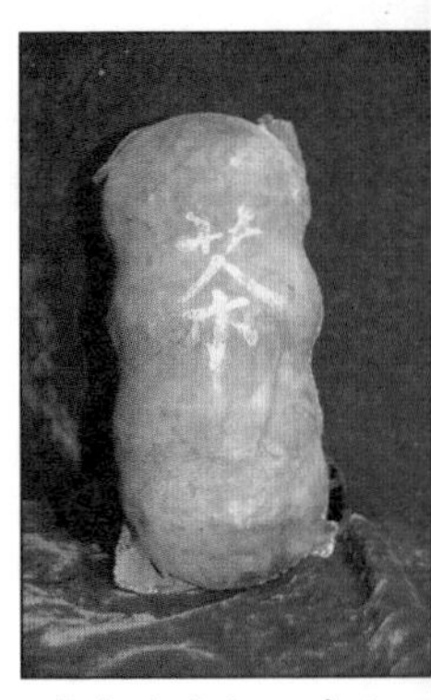

牛皮缝囊朝山武当贡茶（文物）

西周煮茶温酒煮羹汤多用的器具——鬶（文物）

铜铸八仙茶壶

道人使用的铜铸玄武百个寿字壶

《诗经》多篇赞葛，珍贵文物饮茶葛碗

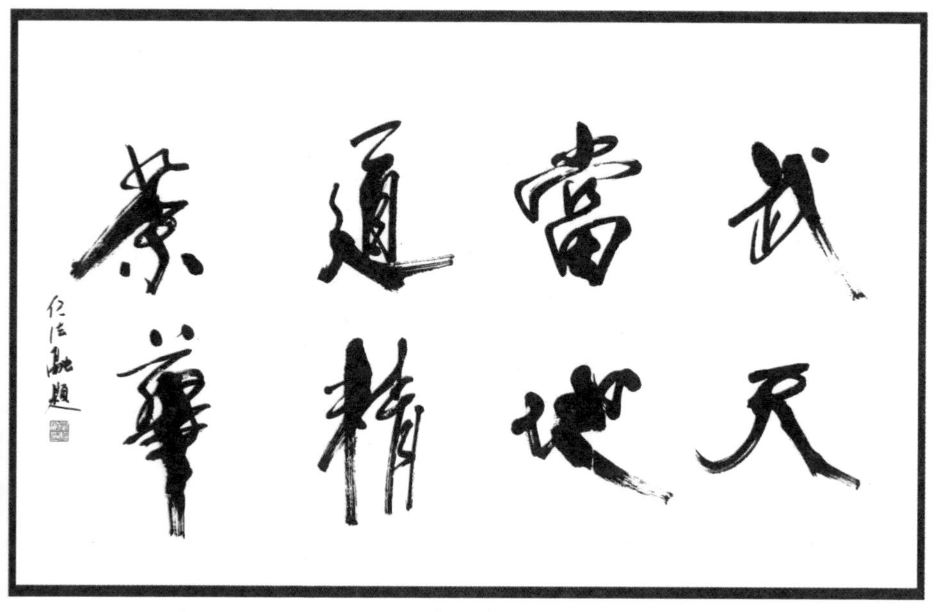

2009 年 10 月，时任全国政协常委、中国道教协会会长任法融题词

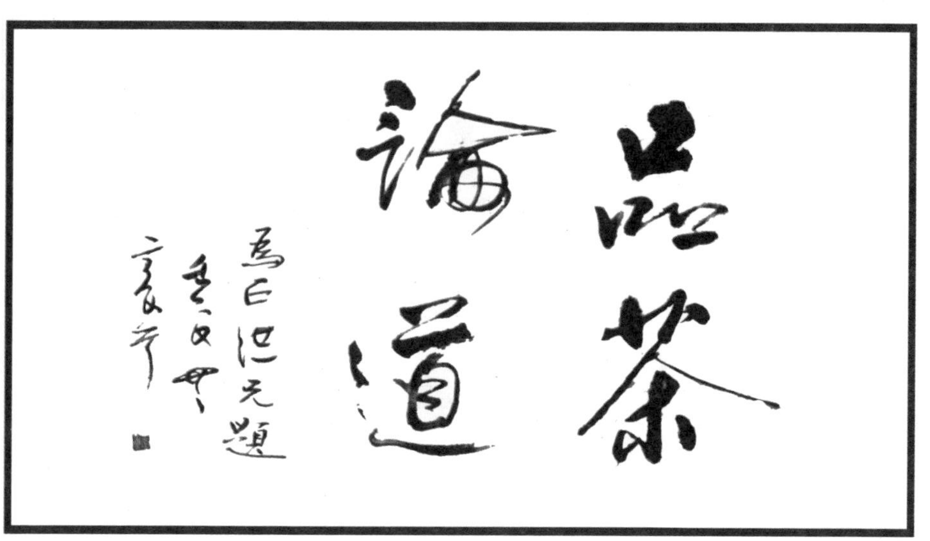

研究《诗经》和历史文化的学者、书法家黄震云教授题词

武当道茶，修性养生；
健康长寿，仙山贡品。

李光富
二○一五年十月

十三届全国政协常委、中国道教协会会长、武当山道教协会会长李光富题词

茶之為飲
发乎神农
——《茶经》

风雨秦巴苦作舟，跋山涉水寻茶源。祝袁正洪老友新著《神农武当茶经》出版

刘锡诚
二〇二〇、十二、北京

国家非物质文化遗产专家、原中国民间文艺家协会党组书记、副主席刘锡诚题词

中国硬笔书法家协会副主席、《中国文化报》副社长杨开金题词

贺袁正洪先生
《神农武当茶经》出版

武当道茶
楚地精华
茗肴佳配
千古流芳

二〇一一年一月二十五日
姚伟钧题

国家非物质文化遗产专家、茶学专家、华中师范大学历史文化学院姚伟钧博导题词

中国鄂西山地的大巴山 武当山 荆山 神农架 巫山地域是中国茶树的原产地

周文棠 2009年十月二十四日

茶叶专家、中国茶叶博物馆研究员周文棠题词

武當針井天下好茶

題贈八仙觀茶場

庚辰仲秋

俞偉超書

2000 年秋，考古学家、原中国历史博物馆馆长俞伟超题词

天下第一仙山

武當神韵道茶

八仙觀茶場品茗留念 時維甲申秋日 莫麓云書

书画家莫麓云题词

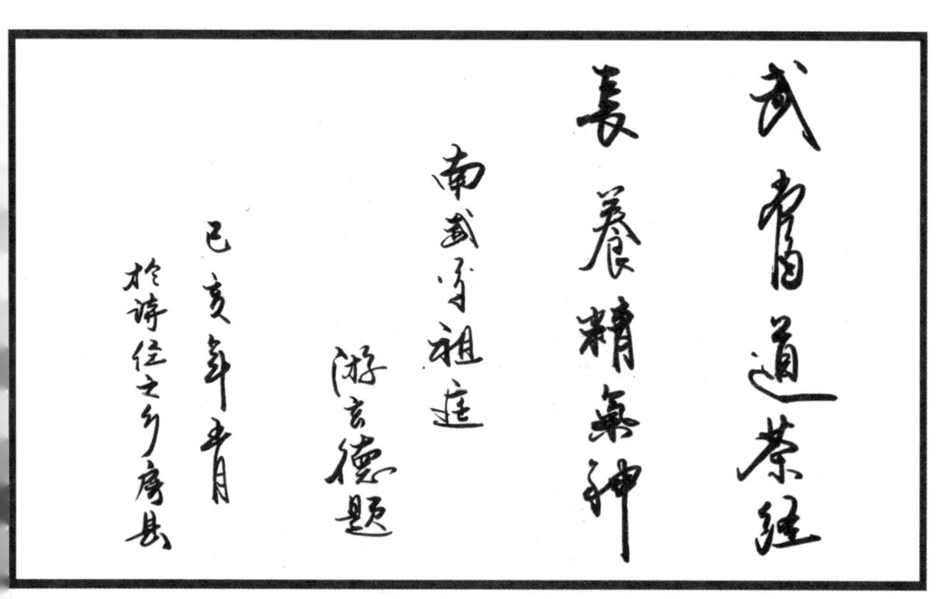

国际武当武术大师游玄德道长题词

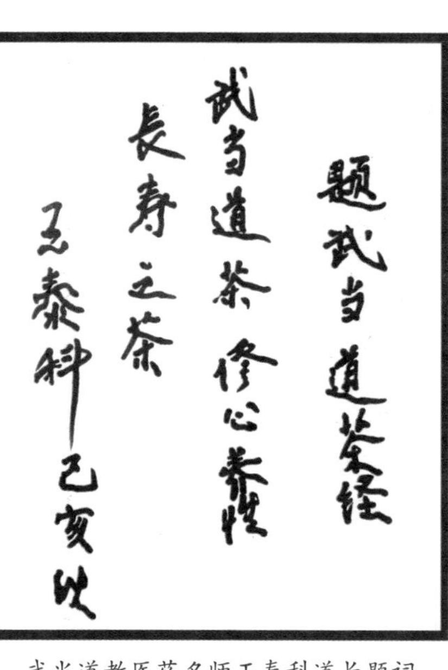

武当道教医药名师王泰科道长题词

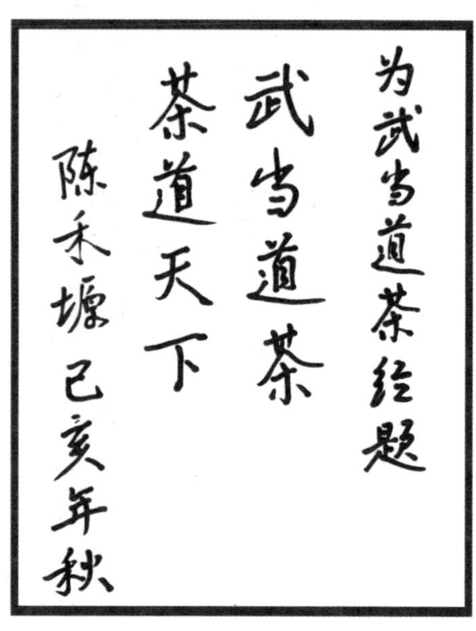

武当武术名师陈禾塬题词

十年磨一剑，研究武当道茶并
建言起名武当道茶，获专家论证会认可

千年武当道茶
养身长寿贡品

于北京参加论证武当道茶会
袁正洪 二〇〇八年八月二十日

神农武当道茶文化挖掘、整理、研究学者、十堰市非物质文化遗产专家
袁正洪书

日本友人受川宗央慕名访问武当山八仙观茶叶总场题词

书法家漆雕世彩题词

欣惠玉洪先生巨作"神農武當茶經"問世特書以賀之

道茶有道非常之道
研閱窮照振葉尋根
茶學儲寶養生修性
道茶有道力可探也
品茶悟道大可道也
茶可療疾乃良藥也

七十年代結緣道茶
九十年代挖整茶道
跨新世紀唱響衛茶
茶道道茶配之美也
生活佳飲不可缺也
文化精髓乃瑰寶也

辛丑二零二一年春書 徐云

书法家徐云题词

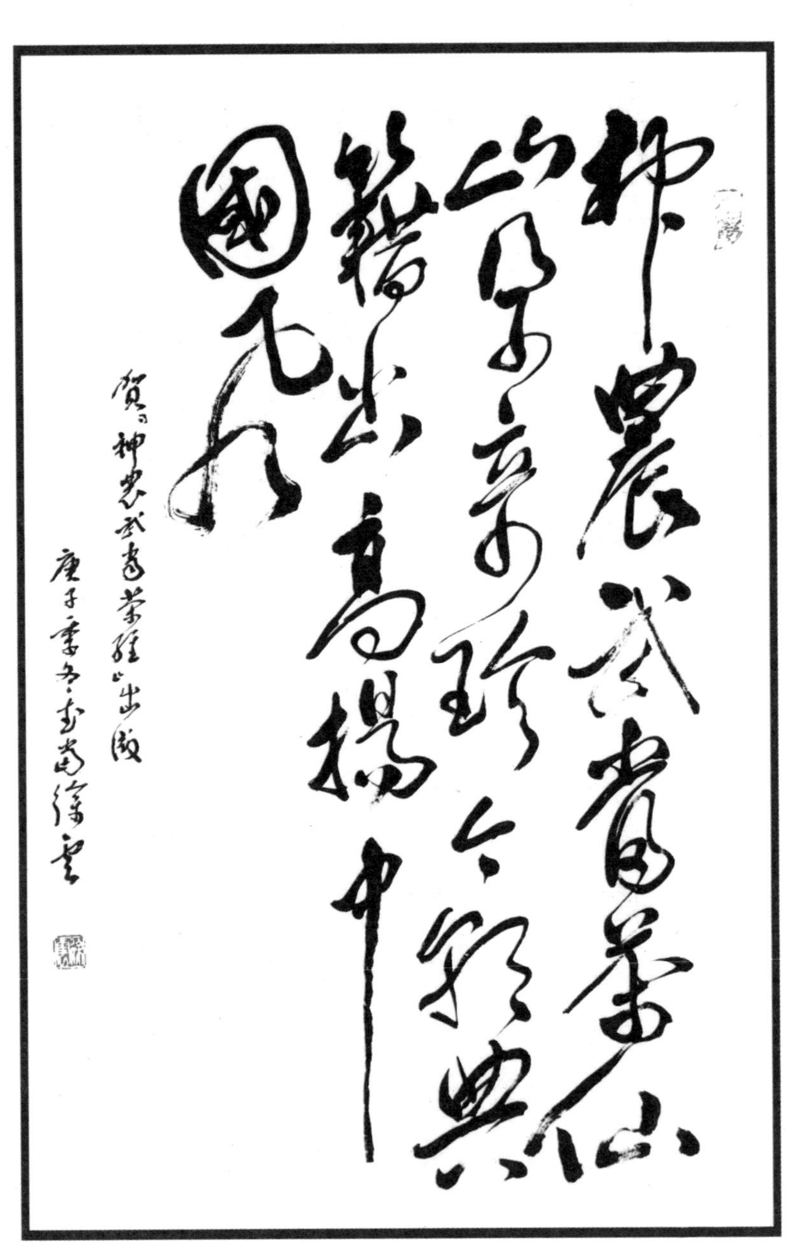

书法家徐云题词

序一

朴守方圆　循心而行

胡晓云

著名的茶文化学者袁正洪先生，嘱我为他“几十年磨一剑”的《神农武当道茶经》作序。说实话，前辈嘱咐，不敢不应，但心理压力巨大，唯恐造次了。

与袁正洪先生的第一次见面是 2016 年 5 月。那一年，我与中国茶叶研究所的鲁成银所长，受十堰市政府邀请，一起前往十堰参加“武当道茶”的茶事。会后，袁老先生领着我们上了武当山，并带我们去了一片古老的树林，请鲁所长鉴别那树是否是茶树，那叶是否是茶叶。一路上，袁老先生对“武当道茶”的前世今生如数家珍，令我记忆深刻。

那一年，我们研究团队受十堰市政府邀请，为“武当道茶”做品牌规划。袁老先生的著作给了团队许多的启发。

作为民俗学家、茶学者的袁老先生，数十年间，遍访武当，对武当道茶有独到的判断。

在他看来，武当道茶产于武当山，而仙山耸武当，一柱擎天立，万山奔潮，云蒸霞蔚，飞瀑流泉，武当是天然药港；上溯神话传说、历史典故，可见老子尹喜，曾巡游武当，品茶论道，药王孙思邈，武术泰斗陈抟、张三丰均以道茶养生，药圣李时珍，武当采药，记茶之药性；武当山地处中国中西部，鄂渝陕豫，毗邻四省，域境广阔，山水相连，南连兴山，北临汉水，西接秦岭，东壤襄荆，是中国茶树、茶文化的重要发祥地之一，是中国道茶的文化之乡。

据袁老先生的执著考证，武当道茶，“道”的字意是物质运动的自然规律和法则。道家创始人老子曰“道法自然”，其“道”是宇宙本源，不仅揭示了一种顺应自然的辩证法则，更凸显其注重生态文明等重要的思想价值。道法自然，是人和万物都要遵循的客观规律。道法自然、天人合一是中华文明内在的生存理念。武当道茶文化博大精深，“道”富含了湖北历史上第一文化名人、西周太师、伟大的思想家、哲学家、军事家尹吉甫编纂的《诗经》和老子《道德经》的国学文化。

武当道茶历史悠久，蕴含中华优秀道家文化哲理。武当道茶，是以“道”的理念，以茶的物质运动规律和变化，探索出的制茶、沏茶、茶礼、饮茶、品茶、养生、茶技、茶艺的茶文化之道；从高山高香、名山秀水、生态环保、采茶制茶、品茶养生中探索茶的本源、本质、茶理、规律；从饮茶养生和精神享受中感受博大精深的武当道茶文化，感受茶艺渲染的茶清纯、幽雅、质朴的气质，以此充分感受“上善若水”“道法自然”“天人合一”的中华茶道精神。因此，武当山地区，不仅是中国茶树的重要发祥地之一，亦是中国茶文化研究中武当道茶文化的珍贵宝藏。

一路走来，武当道茶“朴守方圆，循心而行”，以道法自然的精神，提升茶道精髓，提高茶品牌的知名度，推动茶产品、茶文化与茶消费者的互动交流，历数十年，将武当道茶打造成中国驰名商标、国家地理标志保护产品、全国知名的茶叶区域公用品牌。

2018年，浙江大学CARD中国农业品牌研究中心协同《中国茶叶》杂志社、浙江大学茶叶研究所等，对国内有较大影响力的98个茶叶品牌的价值进行了有效评估，武当道茶在“品牌资源力”方面位列第9。经专家论证评审，武当道茶先后还荣获“中国第一文化名茶”“中国优秀茶叶区域公用品牌”等称号。

如今，武当道茶产业成为精准扶贫、实现脱贫致富和乡村振兴的重要支柱产业，十堰市所辖8个县市区已发展80万亩茶园，帮助68万人脱贫就业。

袁正洪先生于1969年春从房县徒步到神农架（当时房县到神农架还没公路），结缘野生茶；1974年，隆冬时节，徒步从官山登临武当金顶，发现馨香的武当野生骞林茶（俗名小白花茶）和野生太和茶；1996年，自立课题，研究神农武当道茶文化，历20余年，锲而不舍；2020年秋，著成《神农武当道茶经》书稿，可谓“几十年磨一剑”。从梦想——追求——痴迷——艰难求索——倾心奉献，始终不忘初心，夙夜匪懈，倾心研究，著成了《神农武当道茶经》，为茶学特别是武当道茶的研究作出了可贵的探索。

《神农武当道茶经》一书，是袁正洪先生积学储宝、研阅穷照、振叶寻根、观澜索源、倾心整理、精心编著之作，先生的宗旨是为“弘扬道茶，薄力贡献”。读者一览目录便可见全书的规模，积蓄了袁先生数十年的心血。

全书共分十八个篇章，纵横捭阖。历数神农武当、道茶文化，源远流长，博大精深；评茶悟道，养生修性；仙山云雾，独特地理；天然野生，茶树群落，科学种植，栽培管理；采摘炒制，传统技艺；多种元素，营养丰富；特色品牌，品茶评茶；茶具收藏，颇具特色；茶艺表演，玄妙动人；茶之歌谣，谚语谜语；论文探索，新闻集锦；铁闻故事；非遗申报，大事记等。本书结合历史、地理、生态、考古、古籍、民俗、茶艺等多方面进行考察学研，力图集历史性、科学性、生产性、知识性、学术性、文化性、实用性、典藏性于一体，是中国茶学、茶文化，武当道茶、茶种植、历史、品牌管理、茶文化的集大成者。

袁老先生上下求索数十年，精心编著的《神农武当道茶经》一书，相信能够成为读者了解中国茶文化的重要典籍，更能够为武当道茶的品牌发展提供独特的价值。

借此序，向致力学研神农武当道茶文化，一心求索，弘扬国粹，促进武当道茶品牌发展，为生态富民做出巨大贡献的袁老先生致敬；祝愿武当道茶的品牌文化传承广大，武当道茶品牌的美好声誉日盛，为区域经济发展、茶道文化传播做出更大的贡献。

浙江大学 CARD 中国农业品牌研究中心主任、首席研究员，浙江永续农业品牌研究院院长，浙江大学传播研究所品牌研究中心主任，硕士、博士生导师

胡晓云

2020 年 11 月 18 日

序二

武当道茶　茗香仙山

王玉德

茶乃人类一茗品，随着人类文化日昌，茶与文化越来越结下不解之缘。道茶与禅茶是茶文化的两大类别，佛教推崇禅茶，道教推崇道茶。禅茶已结有许多研究成果，而道茶的研究一直甚少。中国道教圣地武当山是道茶的重要发源地，总结武当道茶研究成果尤为迫切。

袁正洪先生是武当山一带的文化名人，是十堰市地方文化的“活字典”，研究过千里房县的《诗经》文化，研究过郧阳府的抚治文化，研究过武当武术、道教医药、音乐文化，研究过鄂西北的民俗文化、民间歌谣，著述颇丰。近些年，他专心研究武当道茶，完成了我国第一部研究武当道茶的著作，可喜可贺！

一

十多年前，我们一行四人到房县调研，听十堰市文化体育局同志介绍，市民俗文化学会的会长袁正洪倾情家乡房县，对《诗经》与尹吉甫为特色的房陵文化颇有研究。市里安排袁正洪当向导，沿路他激情地给我们介绍了许多房陵文化，我们一路的几位同志都很感兴趣，他从 1974 年开始收集挖掘房陵文化，不仅倾情房陵文化，而且痴迷于《诗经》与尹吉甫文化研究，多年来他研究完成出版了“中国民间文化遗产抢救工程系列成果”《国风文化房陵典藏丛书》 六本，其中包括我国第一部研究《诗经》作者的书《中华诗祖尹吉甫研究》、第一部《神农武当医药歌谣》；袁正洪还倾心研究编著了《中国历代帝王将相特放房陵典籍录》一书，恳请我为这本书作了“序”。袁正洪这六本书出版之后，他以“神农尝百草”的精神，完成了新著《中国茶文化研究：神农武当道茶经》，这是比较深层次地研究茶文化的一部著作，也是千百年来研究神农架武当山地域的第一部茶经。

中国是世界“茶的故乡”，也是“诗的国度”。茶之为药，发乎神农，相传远古时“神农尝百草，日遇七十二毒，得荼而解之”。“茶”，古称“荼”，最早见著我国首部诗歌总集《诗经》之中。《诗经》中有七首诗记载“荼”：《诗经·邶风·谷风》载“谁谓荼苦，其甘如荠”，《诗经·豳风·七月》载“采荼薪樗，食我农夫”等。

查阅《甲骨文》《金文》字典、东汉成书的《说文解字》，均无“茶” 字。查找相关史料，“茶”字在汉代以前为“荼”。 唐代是饮茶兴盛时期，唐开元年间玄宗李隆基主持编辑的《开元文字音义》中将“荼”字去掉一横，把“荼”明确为“茶”。茶圣陆羽著述的《茶经》中明确把“荼”写为“茶”。宋苏东坡诗云：“周诗记荼苦，茗饮出近世。”北宋徐铉等校注后认为，荼，即今之“茶”字。《诗经》不仅是中华文化的重要元典之一，而且《诗经》具有历史、社会、科学、文学、商贸、农学和教育、审美等多重价值，是古代政治伦理的教科书和礼乐文化的集大成之作，被称为古周朝社会的百科全书。

袁正洪学的新闻学，曾担任《郧阳报》记者，又是中国诗经学会会员，对新闻学和诗经学有所研究。他认为《诗经》的多数篇章基本具备新闻写作的五要素，由此《诗经》也可谓是新闻写作的文化典籍，尤其是许多四言诗，朗朗上口，受人青睐。基于此，作为中国诗经学会会员、中国民俗学会会员、中国茶叶学会会员的袁正洪，在著作《中国茶文化研究：神农武当道茶经》一书的十八篇章中，从第一章至第十四章以四言诗体裁，对神农武当道茶历史、地理生态、采茶制茶、品茶评茶、养生修性、茶艺表演等多方面进行了比较深层次的学研撰述，通俗易懂，朗朗上口。《神农武当道茶经》一书，共计 20 余万字，其中四言诗话体裁的文字达 8 万余字，计 2.01 万余言（即 4 字为 1 言 / 句），以此体裁写作少有，可谓创“吉尼斯纪录”；第十五章至十八章文论、故事等 14 万余字，这既是弘扬诗经国学文化，也是一种诗话神农武当茶文化的写作创新，集历史性、知识性、典故于一体，既有哲理，又极具武当道茶特色。

二

武当道茶文化博大精深。武当山南紧连的房县是西周太师尹吉甫的故里，他是中华思想文化的先哲。尹吉甫在其撰写的《诗经·烝民》中最早提出了“天生烝民，有物有则，民之秉彝，好是懿德”的哲学思想。据我国著名哲学史家、国学大师张岱年教授的研究和考证，尹吉甫的这段诗是中国“天人合一”思想的最初起源，尹吉甫是孔子、老子之前的哲学家。胡适先生在 1918 年编辑的《中国哲学史大纲》中认为，中国哲学在子学之前还有一段历史，这就是所谓“诗人时代”，老子孔子的思想由此而来。我国当代著名哲学家、教育家冯友兰先生于1984年8月撰写的《天人合一观念的起源与演变》一文中说，天人合一的观念可以说起源于西周时代。周宣王时的尹吉甫作《诗经·烝民》之诗，有云“天生烝民，有物有则，民之秉彝，好是懿德”。这里含有人民的善良德性来自天赋的意义。《尹吉甫传说》被收入国家级非物质文化遗产代表性项目名录，享誉全国。

武当道茶，“道”的字意是物质运动的自然规律和法则。道家老子曰“道法自然”，其“道”是宇宙的本源，不仅揭示了一种顺应自然的辩证法则，更凸显了其注重生态文明等重要的思想价值。

袁正洪撰写的《千古〈诗经〉荼字注释之误考辨·溯源荼非苦菜白茅花乃茶树国饮》论文2.4万余字，对《诗经》注解中有些把荼说成苦野菜、白茅等相关注解进行了考辨，如《诗经》中野菜有蒲公英、苦丁菜、苦荬菜、黄花苗等20多种，甚至白露、霜降时节后这些野菜在地里或山野早已枯死，农夫何以砍臭椿烧炒苦菜吃。而荼（茶）树是四季常青，所以秋采荼（茶叶）砍樗烧炒制茶，才是合乎生活常理的……此文在中国诗经学会暨国际诗经文化研究会上交流发言后，得到一些专家的高度关注和充分肯定。

三

“风雨秦巴苦作舟，跋山涉水寻茶源。”袁正洪在搜集、挖掘、整理、编辑茶书的过程中有其感人之处。他在神农架武当山区不畏艰险，攀悬岩，走峭壁，顶酷暑，冒严寒，寻找野生古茶树，2006年隆冬冰天雪地的时节，他与陈吉炎教授和张先忠先生登上神农架北坡地域的房县野人谷镇东蒿坪千坪，发现三人合抱的特大太和古茶树。2018年初春，山上白雪皑皑，山下桃花盛开，袁正洪与武当“茶博士”张丙华、邓青忠等攀武当山南的摩天岭，涉寒冷的深谷水沟河等，发现千余亩天然原始野生茶树群落。袁正洪多次在武当山八仙观茶场考察，还在五台诗经园等多个林场调研茶产业的发展，人称他是当代秦巴神农武当山区的“陆羽”。袁正洪在搜集、挖掘、整理、编辑这本书时，虚心向专家学者、基层干部、茶农请教，与农民群众交朋友。他把研究茶文化作为人生的一大追求，其求索和奉献精神极其可贵。

1996年袁正洪把神农武当道茶文化当自立的课题抓，锲而不舍，到2020年秋著成《神农武当道茶经》书稿，可谓“几十年磨一剑”。袁正洪认为必须树立八种精神。一曰：梦想追求，有所作为精神；二曰：辛勤耕耘，吃苦耐劳精神；三曰：痴迷苦钻，锲而不舍精神；四曰：贴近生活，服务人民精神；五曰：讲究科学，求真务实精神；六曰：勇于实践，探索发现精神；七曰：能者为师，虚心求教精神；八曰：倾情忘我，乐于奉献精神。正是这种不忘初心、夙夜匪懈、倾心研究的精神，才有了《神农武当道茶经》，为茶学作出了可贵的探索。

作者袁正洪倾心编著《神农武当道茶经》一书，从撰文、选稿、封面、彩页、编目、设计、审改、校对等，反反复复，多达二十多遍，力求出书质量，致力学研神农武当道茶文化。这本书对促进道茶产业的发展、生态富民方面具有一定的作用，是珍贵的茶文化典藏书籍。

历史学博士，华中师范大学历史文化学院教授，博士生导师，
著有《文化学》《中华文明史稿》《中华五千年生态文化》
《生态环境与区域文化史研究》等
王玉德
2020年12月6日于北京

序三

可贵的探索　珍贵的非遗

（黄震云）

和袁正洪先生认识十几年了，记得最早是在鄂西北的一次会议上，我们一见如故，无话不说，非常愉快。后来又专门和两位书法家单独写字，是袁先生邀请去的。每年我都要去鄂西北几次，大部分去鄂西北都是文化考古方面的事，也就很熟了，两人电话沟通也不少。多年来走南闯北，似乎只为自己忙着，又似乎在为这个社会进行奋斗，也不是很能够说清楚。但是，和袁老相处久了，慢慢地产生了一种感情，说不上是什么感情，就是感觉他无论说什么、做什么，都是一个主题，落脚点都在鄂西北，他的家乡在房县，所以我最终还是明白了，艾青说的“为什么我的眼里常含泪水？因为我对这土地爱得深沉”，用这样的诗句来说袁老那是最得当的，也能够解释他的行为，为什么批露问题毫不留情，赞美典型又实事求是，毫不吝啬。这也是我最敬佩他的地方，说句实话，鄂西北不能没有袁老，有了袁老鄂西北才显得更加健康辉煌。

袁老写的很多书也都是关于鄂西北的，写好后就寄来，我也认真地看。知道他在鄂西北退而不休，他在主持《诗经》文化研究等课题项目之余，孜孜于相关的鄂西北研究。最近他完成出版了我国第一部研究诗经作者的书《中华诗祖尹吉甫研究》、第一部《中国历代帝王将相特放房陵典籍录》、第一部《神农武当医药歌谣》等著作，他以“神农尝百草”和“积学储宝，酌理富才，振叶寻根，观澜索源”的精神，完成了大著《中国茶文化研究：神农武当道茶经》，这是比较深层次研究茶文化的一部著作，也是千百年来研究神农架武当山地域的第一部茶经，难能可贵。

中国是世界“茶的故乡”，世界茶文化源于中国，唐玄宗李隆基主持编辑的《开元文字音义》中将“荼”字去掉“一” 横，把“荼”明确为“茶”。茶之为药，发乎神农，相传远古时“神农尝百草，日遇七十二毒，得荼而解之”。“茶”古称“荼”，最早见著我国首部诗歌总集《诗经》之中，《诗经》中有七首诗记到荼：《诗经·邶风·谷风》《诗经·豳风·七月》《诗经·郑风·出其东门》等，还把荼比喻成清新曼妙的女子，确实可爱。

袁老家乡是《诗经》首篇和尾篇的发源地房县南山，古为雎山，袁老撰写了有关“房县是《诗经》‘二南’交汇地”等主题的文章，从八个方面论述了房县是《诗经》的重要源头之一，累计八万余字。他认为《诗经》开篇《关雎》和结尾《殷武》篇均发生在房县。我国著名地图学家谭其骧等主编的《中国历史地图集——西周时期中心区域图》标记：房县南部大山为雎山，是雎水的源头。《山海经》曰：“荆山之首曰景山。”杜预云：“（沮）水出新城郡之西南发阿山。”《诗经·商颂·殷武》曰：“陟彼景山，松柏丸丸”。至今景山、松柏土地名尚保留，由此表明房县南山、景山是《诗经》结尾《殷武》

篇所写之地，所以《诗经》一头《关雎》、一尾《殷武》篇发生在房县。确实可以作为一说。

武当山是我国的名山，不仅仅是金庸在小说中写到，那里确实很美，我上山好几次。神农最早在那里活动，所以神农架至今犹存。1996 年来，袁老不声不响地从事《中国茶文化研究：神农武当道茶经》的挖掘、整理研究，二十年磨一剑，今天这本书终于和我们见面了。这是值得庆贺的事。

武当道茶的“道”字意是物质运动的自然规律和法则。道家创始人老子曰“道法自然”，道由宇宙的本源出发，千百年来为人们所认可。武当道茶就是以道的理念，以茶的物质运动规律和变化，探索出的制茶、沏茶、茶礼、饮茶、品茶、养生、茶技、茶艺的茶文化之道，从饮茶养生和精神的享受中感受道茶事物的变化所形成的博大精深的武当道茶文化，感受“上善若水”“道法自然”“天人合一”的中华茶道精神，熟读于心，言之成理。

袁正洪先生对文化学研有一种比较执著的精神，这与他深得中华典故袁安“卧雪堂”的精神和好的家风有关。东汉名臣袁安，说是有一年冬天，大雪连降多日，地上积雪几尺深，封门堵路。洛阳令外出巡视灾情，见家家户户都扫雪开路，出门谋食，来到袁安的门前，却见大雪封门，无路可通。洛阳令以为袁安已经冻饿而死，便命人凿冰除雪，破门而入。但见袁安偃卧于床，气息奄奄。洛阳令扶起袁安，问他为何不出门求民帮助？袁安答道：“大雪天人人皆饥寒，我不应该去打扰百姓！”洛阳令很佩服，对袁安的品德大加赞扬，向朝廷举荐袁安成为孝廉（三国名将袁昭、袁术是袁安的玄孙）。袁正洪保存有“卧雪堂”袁安的家谱，并以好家风为鉴。袁正洪秉承籍里房县民众“自古好歌，以歌为乐、以歌为力、以歌言志、以歌启智、求真务实”的精神，倾情挖整民歌，发现千古《诗经》民歌至今仍然在深山房县民间传唱。

大家都喜欢喝茶，但是必要的茶文化应该了解一二，这就是驱使袁正洪潜心研究神农武当道茶文化的初衷。

1970 年春，袁正洪从房县徒步到神农架（当时房县到神农架还没公路），结缘野生茶；1974 年隆冬，袁正洪到房县通省区大马公社文化调研，这里紧连武当金顶后山的官山，机会难遇，他不顾皑皑白雪，慕名登上武当金顶，有幸品尝到文管员任兴俊拿出的奇香的武当野生骞林茶（俗名小白花茶）和味道比较苦的野生太和茶。1987 年 5 月 21 日，袁正洪作为《郧阳报》记者，应《新中国的一日》编委会征文之邀到武当山紫霄宫采访、摄影《老道士们的生活》图文，拍摄了 87 岁的中国道教协会副会长、武当山紫霄道长王教化与道兄吴教运、道弟马教换喜饮太和茶，诵读道教经书的珍贵照片，老道长们热情地给袁正洪沏太和茶喝（华夏出版社 1989 年 1 月出版的《新中国的一日》选用了此照片）。这些茶缘给袁正洪留下了深刻难忘的印象。到 2020 年冬著成了《神农武当道茶经》书稿，值得我们庆贺和赞美。

湖北是个好地方，茶文化底蕴深厚，但是其来源还是要讲神农和武当道茶文化。袁正洪通过多年研究，查阅研究大量史料论著发现：

一是茶祖神农在鄂西北神农架尝百草发现茶。相传神农出生于湖北随州市历山，神农长大朔汉水而上到武当山，经房陵上神农架，“茶之为药，发乎神农”，神农被世人尊称为茶祖，原因就在于此。

房县七里河遗址是一处原始社会聚落遗址，以江汉地区新石器时代末石家河文化和三房湾文化遗存为主体。古东夷族进行第二次大规模西迁，从鄂东涢水与鄂地汉水中下游地区出发，溯汉水而上折向西北，经襄阳、老河口、安康，直达汉水上游源头的汉中，继续向西北而上，则抵达陇东南洮水流域的古“三危”之地。因此，作为汉水重要源头的房陵，古为神农、炎帝、黄帝、颛顼、祝融后裔迁徙生息地，必然受到开发而发展。考古反映其后裔曾在房陵这片土地留下开发和创业的足迹。七里河考古说明房县是神农、炎帝及后裔生息地，也为研究神农探险神农架尝百草提供了依据。十堰市所辖的竹山县、竹溪县、房县（一部分地方）古时候是庸国，势力范围最大时，曾北临汉水，南接长江，大巴山区大部分地域和秦岭东南山地皆为庸地。

西周太师尹吉甫故里乃武当山南房陵万峪河乡，紧连的尹吉甫镇有西周石窟工艺的尹吉甫宗庙。清代著名文史学家王国维、现代著名文史和考古学家郭沫若对尹吉甫使用的国宝青铜器文物兮甲盘经考究认定为尹吉甫使用，兮甲盘上刻有尹吉甫的号名“兮伯吉父”，是证明尹吉甫真有其人的物证。据司马迁《史记·秦始皇本纪》记载：“长信侯毐作乱而觉……车裂以徇，灭其宗，及其舍人……夺爵迁蜀四千余家，家房陵。”由此，房陵古时按其地域为蜀东，是我国茶树发祥地。

袁正洪认为，王昭君将茶文化带到了北方少数民族。汉代王奉光家在房陵（房县），以女立为宣帝皇后，并封为邛成皇后。古《房县志》也有记载。汉元帝刘奭，十分尊崇邛成太后。元帝选美，妃王昭君，兴山俊女，为邛太后籍里房陵郡辖兴山。袁老收藏的古本《诸葛亮传》记载，诸葛亮学道于武当，“遂引至武当拜见，惟令担柴汲水沏茶，采黄精度日。居既久，方授以道术，遗下山行世。”诸葛亮七擒孟获，将茶文化带到了云、贵、川等地，逢年过节，开园采茶，少数民族兄弟还拜“茶神”诸葛亮、“孔明茶树”。

袁老认为，陆羽是湖北竟陵（天门）人，《茶经》记载：“茶者，南方之嘉木也……其巴山峡川有两人合抱者……”武当山地处秦巴山区，十堰市的竹山和房县西南部山区古称巴国之地，正是陆羽《茶经》里所说的茶的产地巴峡之地，是世界及我国茶文化的发祥地。袁正洪还邀请陈吉炎教授等专家多次考察武当山区，发现武当山神农架有大古茶树。

2006 年隆冬，袁正洪、陈吉炎、张先忠在神农架山北坡地域的房县南山野人谷镇，海拔 1100 多米的千坪村发现一棵三人合抱的千年太和古茶树，高 15 米，树蔸围径 3.02 米，发现大蚂蚁蛀食古茶树根，蚁穴有碗口大，茶树濒危。袁正洪及时向房县县委、县政府领导汇报，在县领导的重视下，农林部门及时派技术人员对茶树进行治蚁保护，两年后茶树枯木逢春，至今人们到山下还可以闻到茶香。2019 年春，武当山南麓房县万峪乡海拔千米的摩天岭，山上白雪皑皑，山下桃花盛开，深谷溪水寒冷刺骨，袁正洪诚邀湖北省武当道茶产业协会副会长张丙华和小坪村主任邓青忠，涉峡谷、攀悬崖，发现千亩太和、骞林天然野生茶树群落。其中最大一株茶树高约 16 米，树蔸围径 3.01 米，骞林茶本地俗称小白花茶，奇香醉人，让人流连忘返。2008 年，袁正洪考察发现武当山榔梅祠后山岩壁下长有野生太和茶树十一蔸丛，一般树高 4 至 5 米，其中最大一棵古茶树蔸围径 1.01 米，对照《中国植物志》《湖北植物志》，认定这是武当野生太和茶树。他们还在武当口村、黄朝坡村等地发现野生古茶树。袁正洪有时白天在茶园与茶农交谈采茶，晚上在茶场观看技术员炒茶，茶农亲切地称他是武当当代“陆羽”，袁老对于茶文化的研究十分痴迷，当然其成果也非常显著。

1996 年以来，袁正洪一直把武当道茶作为课题研究，先后挖掘整理武当道茶相关资料近百万字，拍摄照片 10 万多张，拍摄武当道茶录像资料 100 多盘，撰写《武当道茶香飘四海》《仙山武当道茶香》《浅谈武当道茶历史渊源与养生》等文章，先后被新华社、中国新闻社转发，《人民日报》海外版、香港大公报、《中国茶叶》等媒体纷纷刊载，武当道茶享誉海内外，引起国家和省市有关专家的高度关注和评价。

袁正洪认为，武当道茶应是我国四大特色名茶之一，他认为四大特色名茶为西湖龙井、武夷岩茶、武当道茶、寺院禅茶。

2008 年 8 月 20 日，袁正洪到北京参加由国家质量监督检验检疫总局召开的“武当针井、武当银剑”地理标志产品保护专家审查会。会上袁正洪从十个方面汇报“武当道茶”品牌的建言。到会的农业部、中国农业大学、中国政法大学、中国农科院等单位的专家经认真评审，一致意见确定：“武当道茶好。”2009 年 4 月，武当道茶被列入湖北省第二批非物质文化遗产名录。武当山八仙观茶叶总场负责人感慨地说道："袁正洪的调查研究，解决了我18年的徘徊。"在省市领导及农业农村等部门高度重视和支持下，2009年9月3日，湖北省茶叶产业首个全省性的行业协会——湖北省武当道茶产业协会在十堰市隆重成立。

2009年10月24日，武当道茶高层专家论证会在武汉东湖大厦召开，中国农科院茶叶研究所、中国茶叶博物馆、华中农业大学、武汉大学、湖北省茶叶学会等单位的有关中国工程院院士、教授、研究员、著名茶叶专家，以及特邀道教、文化界知名人士等，经充分讨论和认真评审，一致推荐"武当道茶"为湖北"第一文化名茶"。

2010年 4月17日，十堰市委、市政府在北京新闻大厦举行了"南水北调中线核心水源区武当道茶品牌推介暨新闻发布会"，会上，农业部、中国农业科学院茶叶研究所、中国茶叶博物馆、湖北省茶叶学会等单位的专家评审一致认为："秦巴武当山区是中国茶树原产地和中国道茶重要发祥地，道茶文化底蕴博大精深。"2014年6月，中国优质农产品开发服务协会授予武当道茶"中国第一文化名茶"称号。

2014年12月12日，中国品牌价值评价信息在中央电视台首次向全球独家发布。此次发布是由中国中央电视台、中国品牌建设促进会、中国国际贸易促进委员会、中国资产评估协会、中国标准化研究院，中国优质农产品开发服务协会等单位共同作为发布主体，联合发布评价信息。湖北省十堰市武当道茶以40.65亿的品牌价值和833.33的品牌强度进入全国农产品前三强，位居农产品第三位，居茶叶品牌之首。2015年6月29日，"武当道茶"被国家工商总局认定公布为"中国驰名商标"。

同时，袁正洪挖掘、整理、研究的《尹吉甫传说》，于2014年12月3日被国务院公布为国家级非物质文化遗产代表性项目名录，挖掘、整理、研究的"神农武当道茶"被专家评为"中国第一文化名茶"，享誉全国。

袁正洪的《神农武当道茶经》，为茶学作出了可贵的探索，值得我们庆贺和感谢。

多年来，袁正洪还先后撰写了《浅谈武当道茶与养生》《武当道茶文化与产业发展之建言》《武当道茶文化成鄂西生态旅游圈新亮点》；撰写《茶与道》《泡茶十三水》《道茶十几功》等，还着力挖掘、整理了武当道茶茶艺表演，先后在日本、新加坡、泰国等多国表演，精彩地展示了武当道茶“自然、高雅、礼和”的茶道精神，深受赞誉。

老友袁正洪先生致力于湖北特别是鄂西北文化的研究，成绩斐然，是值得骄傲的事情。最后，我想说我要好好向袁老学习，让其精神发扬光大。这也是我写序的目的。

中国政法大学人文学院教授、文艺学硕士研究生导师
著有《楚辞通论》《辽代文史新探》《辽代文学史》
《经学与诗学研究》等
黄震云
2021 年 2 月 5 日于北京海淀

目录

第一章 绪论

一、浅论神农武当道茶

茶之为药，发乎神农；武当道茶，天地精华。茶之道茶，非常茶道，道茶茶道，非常道茶。世界上有三大无酒精饮料，即茶、可可和咖啡，茶居首位。

茶起源于中国，盛行于世界，中国是世界茶的故乡，也是茶文化的发祥地。

溯源茶史，茶之为药，发乎神农。我国茶树的原产地和茶文化发祥地为西南云贵、蜀东鄂西、江浙河姆渡，闽、粤、赣、湘，秦巴武当神农架。

道茶有道，大可探也；研阅穷照，茶乃美矣。品茶悟道，养生修性；茶之世宝，福寿康宁。二十世纪七十年代，吾结茶缘；九十年代，挖整茶道；跨新世纪，唱响道茶；道茶茶道，无穷尽也！

（一）

茶之发祥，历史悠久，源远流长，博大精深。

常言道：柴米油盐酱醋茶，琴棋书画不离茶。

中国茶树资源蕴藏十分丰富，茶树（学名：*Camellia sinensis*），属山茶科山茶属，为多年生常绿木本植物。据相关地质考察，至少在第三纪中新世，山茶科植物已在长江流域及我国南部各省尤其是云贵、蜀东、鄂西等地出现，成为茶树的起源中心。

笔者“二十年磨一剑”考察学研挖整著作《中国茶文化研究：神农武当道茶经》一书，第一章的主题是“茶树发祥，源远流长”，主要内容有：1. 目前已发现100万年前茶籽化石——贵州省晴隆县与普安县交界处云头大山发现的三粒茶籽化石。1980年7月12日，晴隆县农业局技术人员卢其明在晴隆与普安两县交界处，发现了这一茶籽化石，经中国科学院地化所和中国科学院南京地质古生物研究所专家勘查鉴定，确认为新生代第三纪四球茶茶籽化石，距今至少已有100万年，是目前世界上发现的最古老的茶籽化石。2. 目前已发现距今7000年至8000年的人工采集的茶树籽——浙江杭州萧山跨湖桥遗址出土。浙江省文物考古研究所等单位，组织专家于1990年、2001年和2002年三次考古发掘跨湖桥遗址，出土大量的陶器、骨器、石器以及人工栽培水稻等文物，经碳14测定和热释光测定，其年代在距今7000年至8000年之间。2001年5月至7月，考古专家对跨湖桥遗址进行了第二次发掘，专家在考古发掘报告中称，跨湖桥遗址T0510探方的第7层中发现了出土的植物种实，出土的茶籽表皮呈黑褐色，是人类的采集物，而不是自然的遗落。由此证明世界上人工采集茶树种子的历史可追溯到8000年以前。3. 中国6000年前已有人工种植茶树——浙江余姚田螺山遗址。2004年至 2011 年，浙江省文物考古研究所、中国农业科学院茶叶研究所等在浙江余姚河姆渡文化田螺山遗址考古发掘中出土了山茶属植物的树根遗存，经碳 14 科学测定，这批树根生长于距今 6000 年前左右。4. 茶之为药，发乎神农。相传远古之时，神农氏为救黎民百姓，在房陵南山神农架，不畏艰险攀缘搭架，探险尝百草识药不幸中毒，用茶树叶解毒得救，神农氏第一个发现茶，“茶”古称“荼”，即“茶之为药，发乎神农”，神农氏被世人尊为茶祖。民间也就世代相传“神农尝百草，日遇七十二毒，得荼而解之”。对此释疑三点：一是有的人疑惑，神农尝百草日遇七十二毒，中毒有那么多吗？七十二古为概数，比如七十二峰、七十二弟子、七十二变，意为许多。二是有的人疑惑，远古“传说”神农尝百草，能否作为历史看待？远古之时缺乏文字，历史多为口耳相传，虽与历史有所区别，也不能一概否定，不然三皇五帝时的历史怎么记述。三是不少著述缺乏考究，人云亦云，抄来传去，误以古籍《神农本草经》中记载有：“神农尝百草，日遇七十二毒，得荼而解之”，笔者查了十余种不同版本的《神农本草经》，的确没有此句记载。有的学者曾专门查阅了上百种不同版本的《神农本草经》，确实没有此句。5. 中国山茶科植物品种及古树种类繁多。截至目前，全世界山茶科植物共有 23 属，计 380 余种，而在我国就有 15 属，260 余种，且大部分分布在云南、贵州和四川一带，并还在不断发现之中。据不完全统计，现在全国已有 10 个省区 198 处发现有野生大茶树。6. 著名植物育种学家和遗传学家瓦维洛夫在瑞士植物学家 A.P. 德堪多所著《栽培植物起源》（1883）的影响下，从 1920 年起率领一支植物采集队伍，经过 10 余年的实地考察，先后到达 60 个国家，采集了 30 余万份栽培植物及其近缘植物标本和种子。瓦维洛夫于 1935 年提出将全世界划分为 8 个栽培植物起源中心地区，他认为中国东西部等地是世界茶树的起源中心。瑞典著名植物分类学家林奈最先为茶树定学名 *Thea sinensis*，意即“中国茶树”，国内一般都认定茶树起源于云贵川鄂西一带。

（二）

茶话湖北，仙山武当，神农架域，巴山峡水。

振叶寻根，颇具特征，茶树发祥，博大精深。

中国是世界茶树的原产地，茶文化的发祥地也在中国。谈茶文化就要特别谈到湖北，说到湖北茶文化，尤其要讲的是神农和武当道茶文化。笔者通过多年研究，查阅研究大量史料论著得出如下结论：

一是茶祖神农在鄂西北神农架尝百草发现茶。相传神农出生于湖北随州历山，神农长大后溯汉水而上武当山，经房陵上神农架，徒步百草坡（古地名）、百草淌、百草滩、百草园，遍尝百草发现茶。按地域，房县的野人谷镇、门古寺镇等乡镇属神农架北坡；房县上龛乡、九道乡、中坝乡，竹山县洪坪村、官渡镇和竹溪县的向坝、十八里长峡林区等属神农架西坡。在这些地方流传着许多神农的故事，人们非常崇敬神农，故古时民俗祭祀神农风气浓厚。古籍《房县志》记载，“先农坛，城东文昌阁右。”“社稷坛，城西北。”相关古籍记载，“先农，则神农也，坛于田，以祀先农。”

二是我国第一部地方志书、晋代《华阳国志》记载：“周武王伐纣，实得巴蜀之师……丹漆荼蜜……皆纳贡之。”（“茶”古称“荼”，唐玄宗李隆基主持编辑的《开元文字音义》中将“荼”字去掉一横，把“荼”明确为“茶”。）茶树发祥庸巴，先民饮茶成俗。十堰市所辖的竹山县、竹溪县、房县（一部分地方）古时候是庸国，庸国范围最大时，曾北临汉水，南接长江，大巴山区大部分地域和秦岭东南山地皆为庸地，庸巴蜀地是我国历史上最早的贡茶产地。

三是中华诗祖、西周太师尹吉甫故里乃武当山南房县万峪河乡，紧连的尹吉甫镇有西周石窟工艺的尹吉甫宗庙。清代著名文史学家王国维、现代著名文史学家和考古学家郭沫若对尹吉甫使用的国宝青铜器文物兮甲盘进行充分考究后认定其确为尹吉甫使用，兮甲盘上刻有尹吉甫的号名“兮伯吉父”，是证明尹吉甫真有其人的物证。尹吉甫是周宣王时的《诗经》的主要编纂者，《诗经》中有七首诗记载茶，如“谁谓荼苦，其甘如荠”，“采荼薪樗，食我农夫”“出其闉阇，有女如荼”等。

四是茶树发祥数蜀东巴峡。据司马迁《史记·秦始皇本纪》记载：“长信侯毐作乱……车裂以徇，灭其宗……及夺爵迁蜀四千余家，家房陵。”由此可知，房陵古时按其地域为蜀东。成书于三国魏明帝太和年间的《广雅》一书载：“荆巴间采叶作饼，叶老者饼成，以米膏出之，欲煮茗饮。”茗，即茶也。由此按古代相关地理所载，《广雅》记载的“荆巴间采叶作饼”的茶，产于鄂西北所辖的房县、竹山县、竹溪县、神农架林区所处的秦巴武当神农架区域。

据曾流放房陵郧乡的唐王李泰所著《括地志》载，今湖北西北部的竹山、房县是“巴蜀之境”。中国著名茶研专家陈祖椝和朱自振编著的《中国茶叶历史资料选辑》一书认为，神农氏族或其部落最早可能生息蜀东和鄂西山区。他们在此，首先发现茶的药用，进而采食。

五是茶神诸葛亮学道于武当。据笔者收藏的古本《诸葛亮传》记载，诸葛亮学道于武当，“遂引至武当拜见，惟令担柴汲水沏茶，采黄精度日。居既久，方授以道术，遣下山行世”。诸葛亮七擒孟获，将茶文化带到了云、贵、川等地，逢年过节，开园采茶，少数民族兄弟还拜称诸葛亮为“茶神”，将他带去的茶树称为“孔明茶树”。

六是茶使名人有二。一是王昭君，湖北兴山县人，古代四大美女之一，皇上令其和蕃，她将茶文化带到了北方少数民族。《史记·建元以来侯者年表第八》记：“王奉光家在房陵，以女立为宣帝皇后。”古籍《房县志》，也有记载。汉宣帝之儿元帝刘奭，十分尊崇邛成太后。元帝选美，妃王昭君，兴山俊女，为邛太后故里房陵郡辖兴山。二是文成公主，其父李道宗是唐太宗李世民的堂弟，晚年封“江夏王”，曾任过刑部、礼部尚书。41 岁时，钦令其送文成公主入吐蕃，与松赞干布婚配，他（她）们带去了茶。

七是唐代茶圣陆羽，湖北竟陵（天门）人，著有世界首部《茶经》。陆羽在《茶经》中称：“茶者，南方之嘉木也，一尺二尺，乃至数十尺。其巴山峡川有两人合抱者……”神农架地处鄂西北秦巴山区，正是陆羽《茶经》里所说的茶的产地巴峡之地，是世界及我国茶树的重要发源地之一。

八是“武当蟠踞，八百余里”。今存放在五龙宫大殿中的大元敕赐武当山大五龙灵应万寿宫碑记载“武当山根蟠八百里”。今存放南岩宫东配殿岩下的大元敕赐武当山大天乙真庆万寿宫碑中也记载“武当山踞地八百里”。鄂西北地域，武当方圆，八百华里，亦有考证。丹江武当，一柱擎天；茅箭区和房县相连有赛武当山；房县门古望佛山有小武当山；房县化龙竹桥有西武当山；神农架林区有中武当山；紧连神农架林区的兴山县有南武当山。竹溪县西南有真武祖师山，十堰境内八县（市、区）古有道庙遗迹一百五十个。对此运用卫星地图用线测法相加即是 414 公里，合 828 华里，此与元、明“武当蟠踞八里余里”说法相符。

在此，尤其是鄂西北郧阳有距今百万年前的南猿化石“郧县人”发祥地，以及郧西县白龙洞、房县樟脑洞等一批古人类遗址，史前文化极其深厚。鄂西北古为蜀东、庸巴、秦楚、汉水、武当、神农架、长江巴峡之域，是中国茶树的重要发祥地之一，中国茶文化历史悠久，武当道茶文化源远流长。

（三）

武当道茶，天地精华，仙山灵芽，太和骞林。

武当道人，钟爱道茶，品茶悟道，养生修性。

武当道茶，“道”的字意是物质运动的自然规律和法则。道家创始人老子曰“道法自然”，其“道”是宇宙的本源，不仅揭示了一种顺应自然的辩证法则，更凸显其注重生态文明的重要思想价值。道法自然是人和万物都要遵循的客观规律。道法自然、天人合一是道家内在的生存理念。武当道茶，上善若水，道法自然，天人合一。

武当道茶文化，博大精深，“道”富含了湖北历史上第一文化名人、西周太师、伟大的诗人、思想家、军事家尹吉甫编纂的《诗经》国学文化。尹吉甫辅佐周宣王 46 年，助宣王中兴，是宣王时期《诗经》版本的总编纂者。《湖北通志》《郧阳府志》《房县志》等古籍载：“尹吉甫房陵人。”武当山南紧连的房县是西周太师尹吉甫的故里，他是中华思想文化的先哲。据我国著名哲学史家、国学大师张岱年教授研究和考证认为，尹吉甫的这段诗是中国“天人合一”思想的最初起源，尹吉甫是孔子、老子之前的哲学家。胡适先生在 1918 年编辑的《中国哲学史大纲》中认为，中国哲学在子学之前还有一段历史，这就是所谓“诗人时代”，老子、孔子的思想由此而来。中国当代著名哲学家、教育家冯友兰先生于 1984 年 8 月撰写的《天人合一观念的起源与演变》一文中说，天人合一的观念可以说起源于西周时代。周宣王时的尹吉甫作《诗经·烝民》之诗，有云：“天生烝民，有物有则，民之秉彝，好是懿德。”这里含有人民的善良德性来自天赋的意义。孟子引此诗句并加以赞扬说：“孔子曰：为此诗者其知道乎！故有物必有则。民之秉彝也，故好是懿德。”这是孟子“性”“天”相通思想的来源。对于天人合一思想的评价：中国哲学中的天人合一观念，发源于周代。我国最早记载“茶”的文字在《诗经》中，有七首诗记载有“荼”（“茶”古称“荼”，唐玄宗主持编辑《开元文字音义》一书将“荼”改为“茶”）。房县是尹吉甫故里，房县民俗茶壶古称“荼壶”。《尹吉甫传说》被国务院公布为国家级非物质文化遗产代表性项目名录，享誉全国。闻一多先生说：“《诗经》是古周朝社会唯一的教科书。”范文澜教授在《中国通史》中说：“到春秋时期，诗三百篇是各国贵族们学习政治的一种必修课目。”老子晚尹吉甫 281 年，老子十分尊崇尹吉甫，老子作为东周典藏史饱读《诗》书。据道经《天皇至道太清玉册》记载：“老子出函谷关，令尹喜迎之于家，首献茗，此茶之始。老子曰：食是茶者，皆汝之道徒也。”相传老子著《道德经》后曾巡游到武当、房陵神农架，《道藏》《大岳武当山志》等古籍记载，武当山有老君堂、老君峰、老君洞、老君岩摩崖石刻遗迹。古籍《房县志》载：“老君堂在房城西关。”《神农架地名志》载：“大神农架东北方位十五公里是老君山。”《中国道教大辞典》记载老子曾到神农架。

武当道茶，历史悠久，充满道家文化哲理。笔者通过研究认为，所谓武当道茶，就是以“道”的理念，以茶的物质运动规律和变化，探索出的制茶、沏茶、茶礼、饮茶、品茶、养生、茶技、茶艺的茶文化之道；从高山高香、名山秀水、生态环保、采茶制茶、品茶养生中探索茶的本源、本质、茶理、规律；从饮茶养生和精神的享受中感受道茶事物的变化所形成的博大精深的武当道茶文化，感受茶艺所渲染的茶性清纯、幽雅、质朴的气质、增强艺术感染魅力，以此充分感受“上善若水”“道法自然”“天人合一”的中华茶道精神。

所谓茶道，亦可概括可为茶的“六功之美”，即制之：采茶、火候、炒青、揉制、整形之美；沏之：就是择茶、选水、烹茶、茶具、沏茶、茶艺（悬壶斟茶技艺等），彰显系列美好茶技之功；饮之：以饮茶解渴，啜取茶多种有益元素，获美好养生之道；品之：闻茶香、观汤色、尝茶味，获得美好享受；礼之：即礼节，敬茶、奉茶、交友、亲近、谐和，弘扬传统美德；悟之（修性）：茶能静心、静思、愉悦、陶冶情操，悟道修性、提升“精、气、神”，从饮茶品茶中养生修性，获得福寿康宁。

“武当道茶，天地精华”。武当道人，钟爱道茶，无不赞称茶是“仙山玉露灵芽”“养生修性佳饮”“长寿仙茗”“月上芳骞”“太和茶珍”“雀舌”“云腴”“香茗”等。

道人饮此茶，心旷神怡，清心明目，心境平和气舒，人生至境，平和至极，谓之太和。

究武当道茶，有十二功效：“诵经做功，饮茶润喉；打坐提神，驱除睡意；道茶常饮，道乐长存；采茶为药，十道九医；以茶待客，节俭倡廉；消除烦恼，怡悦心身；强身健体，修性养生；茶可雅兴，习文赋诗；茶艺表演，精彩玄妙；饮茶静思，感悟人生；品茶论道，上善若水；道茶精神，天人合一。”

武当茶道，显有八美：即仙山道茶生态美，清泉甘甜水质美，巧夺天工茶具美，妙趣横生茶艺美，优雅饮茶道乐美，温馨和谐气氛美，养生修性茶味美，福寿康宁道茶美。

武当道人酷爱道茶、茶道，茶不单是一种饮品，它富含了上述博大精深的茶文化。这正如唐代茶学大师刘贞亮所言饮茶有“十德”：“以茶散郁气，以茶驱睡气，以茶养生气，以茶除病气，以茶利礼仁，以茶表敬意，以茶尝滋味，以茶养身体，以茶可行道，以茶可雅志。”

武当道人，钟爱道茶，将茶道功夫作为道人“诵课唱经、打坐修性、品茶悟道、道教医药”四大必备功夫之一。

武当道茶，其茶道的核心实质就是：礼、俭、和、清、静。礼：茶为礼俗，客来敬茶。俭：清茶一杯，节俭朴实。和：和谐待人，和睦友好。清：清淡幽雅，淡泊人生。静：安详静谧，养身修性。从而意味着宇宙万物的有机统一与和谐，体现出“大道”的中国精神，促进了我国茶文化的发展。

（四）

道茶有道，非常之道；研阅穷照，振叶寻根；茶学储宝，养生修性。

七十年代，结缘道茶；九十年代，挖整茶道；跨新世纪；唱响道茶。

道茶有道，力可探也；品茶悟道，大可道也；茶可道也，言太美也。

茶道道茶，茶瑰宝也；生活佳饮，日不少也；文化精髓，茶瑰宝也！

提起笔者与道茶情缘，已逾五十年矣。1970年春，我跟房县通省区堤坪公社秘书王思成从房县徒步到神农架调查材料（当时房县到神农架还没公路），我们翻山越岭途经林区大岩屋饭店，又累又渴，店员热情泡茶，放了几片干树叶，沸水渐渐变绿了，散发出一股清香，喝后虽感味道略苦，但渐感味甘爽口。我好奇地问这是什么茶，店员说：“这是神农架老君山的太和茶。”这是我第一次有幸结缘野生茶。1974年隆冬，我到房县通省区大马公社做文化调研，这里紧连武当金顶后山的官山，机会难遇，我不顾皑皑白雪，慕名登游武当金顶，金顶文物管理负责人任兴俊非常热情，相互交谈后，得知任兴俊是我读高中时老师谭荣忠、好友谭荣志的姨父。任兴俊拿出奇香扑鼻的骞林茶沏泡，还沏泡了太和茶，说该茶可清心明目。就此结下美好茶缘，留下令人十分难忘的印象。

1996年以来，笔者联合武当八仙观茶叶总场，坚持把武当茶叶作为课题研究，以锲而不舍的神农尝百草精神，挖整神农武当道茶文化，视自己为“布衣”，结交茶农、道人百余人。多年来，坚持深入山乡、根植于民，翻山越岭，攀悬崖，走峭壁，越溪涧，蹚激流，风雨秦巴山区，挖整武当道茶。

功夫不负有心人，一分耕耘一分收获。在省市领导及农业等部门的高度重视和专家们的亲切关怀下，武当道茶取得了可喜的成果。

1999年，武当八仙观茶场被授予“中国道茶文化之乡”的称号。

2003年春，笔者撰写《武当道茶香飘四海》《仙山武当道茶香》《浅谈武当道茶历史渊源与养生》等文章，并提出我国素有西湖龙井、武夷岩茶、武当道茶、寺院禅茶四大特色名茶，被茶学专家认可。

2008年8月20日，笔者到北京参加由国家质量监督检验检疫总局召开的“武当针井、武当银剑”地理标志产品保护专家审查会。会上笔者从十个方面汇报“武当道茶”品牌的建言。到会的农业部、中国农业大学、中国政法大学、中国农科院等专家经认真评审，一致意见确定：“武当道茶好。”

2009年4月，武当道茶被列入湖北省第二批非物质文化遗产名录。武当山八仙观茶叶场负责人感慨地说：“袁正洪的调查研究，解决了我18年的徘徊。”

在省市领导及农业等部门高度重视和支持下，2009年9月3日，湖北省茶叶产业首个全省性的行业协会——湖北省武当道茶产业协会在十堰市成立。

2009年10月24日，武当道茶高层专家论证会在武汉东湖大厦召开，中国农科院茶叶研究所、中国茶叶博物馆、华中农业大学、武汉大学、湖北省茶叶学会等单位的有关院士、教授、研究员、著名茶叶专家，以及特邀的道教、文化界知名人士等，经充分讨论和认真评审，一致推荐“武当道茶”为湖北“第一文化名茶”。

2010年 4月17日，十堰市委、市政府在北京新闻大厦举行了“南水北调中线核心水源区武当道茶品牌推介暨新闻发布会”。会上，农业部、中国农业科学院茶叶研究所、中国茶叶博物馆、湖北省茶叶学会等单位的专家经评审一致认为：“秦巴武当山区是中国茶树原产地和中国道茶重要发祥地之一，武当道茶生产历史悠久，文化底蕴深厚，融道教文化、茶文化与养生文化于一体。武当道茶‘形美、香高、味醇’，产品品质特色鲜明，武当道茶养身、养心、养性，道茶文化底蕴博大精深。”十堰市领导在会上表示，弘扬武当道茶文化，科学整合山区优势资源，打响武当道茶品牌，着力使十堰茶园面积达到100万亩，综合产值达到100亿元，使武当道茶成为十堰继名山、名水、名车之后第四张名片。

2015年6月12日至13日，中俄“万里茶道”走进武当暨首届武当道茶博览会在湖北十堰举行。古时鄂西北秦巴武当神农架区域是茶马古道、绿松宝石之路、丝绸之路。一路由堵河入郧阳黄龙朔汉江而上，进入郧西上津，翻越秦岭至西安，西上至甘肃、新疆，走丝绸之路进入中亚及阿拉伯国家；一路由堵河入郧阳黄龙朔汉江而下，到襄阳，然后进河南，北上至内蒙古，由中俄“万里茶道”进入俄罗斯；一路顺汉江而下到武汉，沿长江入海，远销日本、韩国等，十堰因此成为“万里茶道”的重要节点，有力地促进了中俄“万里茶道”这条古茶道重焕生机，助推了茶行业的可持续性发展。

在省市领导及农业等部门的高度重视、专家的支持下，武当道茶发展快速，促进了精准扶贫，成为实现脱贫致富和乡村振兴的重要支柱产业，十堰市所辖8个县（市、区）已发展80万亩茶园，促进46万人脱贫就业。

笔者风雨秦巴苦作舟，跋山涉水著道茶，撰《中国茶文化研究：

神农武当道茶经》十八章，衷心祝愿武当道茶产业大兴！

二〇二〇年十二月十六日

二、诗话《神农武当道茶经》

（一）

世界之茶，源自中国，
茶的故乡，诗之国度。
尤其世界，三大饮料，
可可咖啡，茶居之首。
人类生活，茶乃佳品，
柴米油盐，酱醋果茶。
茶之为饮，上善若水，
养生修性，福寿康宁。

（二）

追溯茶树，发现利用，
中国最早，远传世界。
南北朝时，传土耳其，
唐传日本，及高丽国。
十五世纪，传葡萄牙；
十六世纪，茶传英俄；
随销德法，风行美国；
十八世纪，茶传印度。

（三）

茶树起源，历史久远，
宇宙地球，出现茶树；
中生代末，白垩纪期，
出现山茶，植物化石；
到新生代，茶树起源，
至今已有，七千万年。
喜马拉雅，造山运动，
冰河时期，仍留茶树。

（四）

茶树发祥，主要产地，
云贵高原，西双版纳，
蜀川渝东，蒙山青城，

神农巴峡，汉水武当，
武夷岭南，福建广东，
浙河姆渡，鄂南湘西，
龙虎华山，九华黄山，
陕南秦岭，神州多地。

（五）

探索发现，我国茶叶，
经历多个，识用过程，
综合以下，多个方面：
药用解毒，治病除疾；
嘴嚼生吃，探索品尝；
山珍美食，古为贡品；
西周祭祀，神圣之物；
熟吃当菜，药食同源。

（六）

科学研究，茶树属性，
植物志载，为山茶科，
乃山茶属，山茶目种，
被子植物，小乔灌木，
树叶革质，单叶互生，
叶椭圆形，边缘锯齿，
雌雄同株，异花授粉，
秋冬开花，果实扁圆。

（七）

茶树生长，地理独特，
云雾缭绕，流水潺潺，
阳光气候，土质适宜，
选育茶树，培植茶园，
生态环保，有机品质，
采摘鲜叶，晾晒杀青，
传统工艺，揉捻精制，
烘干包装，优质名茶。

（八）

我国名茶，四大特色，
西湖龙井，武夷岩茶，
武当道茶，寺院禅茶。
神州华夏，名茶拔萃，
云贵普洱，巴峡香茗，
太湖洞庭，碧螺春茶，
黄山毛峰，庐山云雾，
六安瓜片，信阳毛尖。

（九）

都匀毛尖，蒙顶甘露，
恩施玉露，祁门红茶，
湖南岳阳，君山银针，
福建安溪，铁观音茶。
茶有六类：绿茶红茶，
黄茶白茶，乌龙黑茶，
各地名茶，皆有特色。
地理保护，著名商标。

（十）

茶之文化，功能诸多：
沏茶品饮，生活必备；
茶之为礼，社会文明；
养生修性，健身长寿；
茶艺表演，文化交流；
茶马古道，友好往来；
商品贸易，经济发展；
生态环保，旅游观光。

（十一）

说到茶祖，世称神农，
茶之为药，发乎神农，
相传神农，攀缘搭架，
登神农架，寻尝百草，
不幸中毒，得荼解之，
荼古称茶，发现了茶，
最早探索，医药文明，
进而发展，茶之为饮。

（十二）

仙山武当，连神农架，
盛产道茶，源自道家。
老子名言，万事万物，
物质运动，自然规律。
茶之为礼，始于老子。
武当道茶，久负盛名，
品茶论道，上善若水，
天人合一，道法自然。

第二章 茶树的发祥

一、百万年前，茶籽化石

一九八〇，七月十二，
中国贵州，晴隆普安，
两县交界，云头大山，
农技人员，名卢其明，
发现三粒，茶籽化石，
专家鉴定，属“四球茶”。

距今至少，一百万年。
茶源晴隆，由此俱证。
茶籽化石，共有三粒，
其中两粒，发育正常，
一粒缺损，发育不全，
但有明显，种脐存在。

研究报告，分析表明，
茶果薄壳，半球形状，
或前楔形、背面圆形，
茶籽褐色，径一厘米。
由此奠定，贵州乃是，
我国茶树，原产核心，
起源之一，同时表明，
世界茶树，中国最早。

茶籽化石，价值弥珍，
贵州农科，完好保存。
真空灌内，防潮恒温，
湿度恒定，保险柜存。
高拔低纬，寡照多云，
嫩芽香灵，谓草中英，
东方树叶，世界闻名。

二、八千年前，茶树种子

浙江杭州，萧山区辖，
跨湖桥地，考古专家，
一九九〇、二〇〇一、
二〇〇二，三次发掘，
发现大量，石器陶器，
骨器木器，水稻茶籽，
动植物等，大量遗存。

经碳十四，热释光测，
其距今约，七千年至，
八千年间，新石器时，
人类行为，活动遗址。
引起全国，十余单位，
科研考古，学术研讨，
评为全国，十大重要，
考古之一，轰动于世。

出土茶籽，略有炭化，
呈黑褐色，并不粗糙，
较为平滑，种脐圆突，
单室茶果，体积大小，
较之龙井，外观形状，
系人采集，非自遗落。
文物较多，当时种实，
未被重视，消息冷落。

二〇〇五，再起澜波，
考古专家，陈珲查阅，
细研报告，非常惊愕，
发现遗存，怀疑看错。
意为世界，终于发现，
八千年前，古老茶籽，
跨湖桥遗，茶属茶科，
较之云南，早五千年。

三、六千年前，人植茶树

探索茶树，一九七三，
浙江宁波，余姚市辖，
河姆渡镇，考古发掘，
一古村落，系新石器，
时期遗址，干栏式房，
附近堆积，一些树根，
周围土坑，一些陶片。

专家考古，河姆渡址，
遗址面积，四万平方，
探测发现，原始茶树，
发现陶器，煮茶喝茶，
实属罕见，距今约在，
五千年至，七千年前，

震撼考古，轰动史界，
后被列入，遗址公园。

公元纪年，二〇〇四，
北京大学，等多单位，
在余姚市，田螺山址，
考古发现，山茶树地，
十平方米，三批树根，
为山茶属，同种树木，
乃是我国，最早人工，
种植茶树，宝贵遗存。

公元纪年，二〇〇九，
为了验证，这批树根，
则在遗址，附近挖取，
茶树及其，近缘植物，
有红山茶、油茶茶梅，
提取出土，树根样本，
送农业部，监测中心，
结果断定，是茶树根。

公元纪年，二〇一五，
中科院校，十四单位，
专家参加，田螺山地，
山茶属物，植物遗存，
成果论证，一致认为，
乃是我国，迄今最早，
人工种植，茶树遗存，
载入茶史，享誉世界。

四、五千年前，远古神农，寻尝百草，茶之为药

远古相传，神农为救，
黎民百姓，攀缘搭架，
房陵南山，神农架峰，
不畏艰险，探尝百草，
寻药救民，不幸中毒，
得荼解之，茶古称荼，
由此而言，茶之为药，
发乎神农，代代相传。

远古相传，神农探险，
寻尝百草，一日相遇，
七十二毒，得荼解之。
七十二数，古为概数，
通常比如，七十二峰，
孔子学生，七十二人，
数七十二，意为许多。

又如远古，有关传说，
能否作为，历史看待，
在此说明，远古之时，
缺乏文字，历史多为，

口耳相传，虽与历史，
有所区别，对此不能，
一概否定，但是也有，
历史现象，客观存在。

再如神农，寻尝百草，
一日相遇，七十二毒，
得荼解之，不少著述，
缺乏考证，人云亦云，
抄来传去，误以古籍，
《神农本草经》书记载，
有关学者，查阅此书，
百种版本，没有此句。

亦有不少，茶学专家，
著述严谨，以其远古，
传说表述，神农探险，
寻尝百草，一日相遇，
七十二毒，得荼解之，
比较符合，历史传说。
至于荼字，茶古称荼，
本书之中，有其专述。

五、陆羽《茶经》，巴山峡川，两人合抱，古大茶树

唐代陆羽，著有《茶经》，
书中记载，巴峡茶树，
茶者南方，之嘉木也，
一尺二尺，乃数十尺。
巴山峡川，有其两人，
合抱者也，伐而掇之，
树如瓜芦，叶如栀子，
花白蔷薇，实如栟榈。

巴峡茶树，蒂如丁香，
根如胡桃，其字从草，
或其从木，或草木并。
陆羽《茶经》，著有十编，
有茶起源、采茶制茶，
茶之器具，选择用水，
煮饮方法，比较详尽，
乃为首部，茶学专著。

六、云南镇沅，千家寨山，大古茶树，野生群落

云南省辖，普洱市有，
镇沅之县，其千家寨，
发现野生，茶树群落，
两万余亩，一古茶树，
树高竟达，二十余米，
茶树围径，二点八米，

树龄长达，2700余年，
获“吉尼斯”，世界纪录。

千家寨茶，名为普洱，
野生茶树，闻名于世，
当地拥有，目前发现，
面积最大、最为原始、
最为完整，植物群落，
原始生态，品质高端。
国家二级，保护植物，
有第三纪，遗传演化。

千家寨山，古树之茶，
生密林中，树干上有，
厚厚一层，苔藓植物，
采制茶叶，汤色鲜亮，
苦味明显，轻微涩感，
香气浓郁，滋味清爽，
特征明显，称为珍品。

七、神农架山，北坡地域，千坪山村，千年古茶

袁野清风，倾情研茶，
二〇〇六，到神农架，
北坡地域，房县桥上，
千家坪村，发现一棵，
千年古树，名太和茶，
高十五米，树围径长，
三米〇二，系山茶科。

八、武当山南，万峪小坪，千亩野生，茶树群落

二〇一八，武当山南，
房县万峪，摩天岭山，
小坪山村，发现千亩，
野茶群落，称白花茶，
名骞林茶，奇香醉人，
久负盛名，其中一株，
高二十米，树蔸围径，
三米〇一，称“茶树王”。

九、山茶科植，十多省域，一九八处，有大茶树

据悉世界，山茶科目，
植物共有，二十三属，
树种多达，三百余种，
而在我国，有十五属，
二百六十，多个树种，
主要分布，云贵高原，

川渝鄂西，秦岭巴峡
浙闵粤湘，十多省域。

中国茶树，古树多株，
据不完全，统计数字，
发现野生，大古茶树，
一九八株，被列保护。
综上论述，茶树发祥，
乃是中国，历史久远，
茶之文化，博大精深，
伟大中华，茶的故乡。

第三章　茶祖神农的传说

导言

华中最高，神农架峰，
海拔高达，三千多米，
飞云荡雾，林海茫茫，
天然原始，植物宝库，
远古神农，攀缘搭架，
寻尝百草，探索医药，
茶之为药，发乎神农，
神农茶祖，世代传颂。

一、古籍记载，茶祖神农

千里房陵，万山重叠，
沧茫林海，神农架峰，
神农攀缘，探尝百草，
茶之为药，发乎神农。

说到神农，乃是远古，
三皇之一，溯源古史，
由此先要，学研史籍，
了解神农，人物简况。

我国古籍，《尚书大传》，
《吕氏春秋》，《世本》记载，
上古三皇，燧人伏羲，
神农时期，为解民忧。

在公元前，八千多年，
燧人时代，发明人工，
取火用火，从以渔猎、
游牧走向，半农半牧。

在公元前，六七千年，
伏羲氏时，人文始祖，
发明陶埙、琴等乐器，

结绳为网，教民渔猎。

在公元前，四五千年，
神农氏时，开创农耕，
植谷种粟，发明医学，
制定历法，烧制陶器。

司马迁著，《史记》记载，
依照《世本》、《大戴礼》记，
黄帝、颛顼，帝喾、唐尧，
以及虞舜，称为五帝。

《五帝本纪》，篇中记载，
轩辕之时，神农氏衰，
诸侯相侵，暴虐百姓，
而神农氏，却弗能征。

于是神农，乃用干戈，
以征不享，从中可知，
神农氏前，繁荣昌盛，
到轩辕时，已经衰弱。

而轩辕时，黄帝崛起，
以力为雄，成为酋豪，
使用武力，征服逆者，
弱小部落，纷纷投靠。

神农氏族，炎帝崛起，
部落也在，四方征讨，
扩大势力，同样想占，
雄者地位，巩固版图。

黄帝炎帝，两强相遇，
终于发生，阪泉之战。
鏖战三年，厮杀激烈，
炎帝失利，甘愿称臣。

综上所言，由此说明，
神农炎帝，并非一人，
神农七代，之后炎帝，
《五帝本纪》，明确说明。

《史记·封禅书》，《中国古史》，
神农炎帝，是为二人。
学研史籍，可知神农，
尝百草事，炎帝无此。

了解神农，探尝百草，
茶之为药，发乎神农，
溯源神农，方可知道，
茶祖神农，文化深厚。

二、神农探险，采药识茶

相传远古，神农之人，
出生随州，烈山之上，
远古洪荒，食不果腹，
黎民疾苦，病不识药。

神农艰辛，创造农耕，
发现五谷，解民之饥。
为给黎民，治病寻药，
神农出行，离开烈山。

沿着汉江，逆浪而上，
翻太和山，到达房陵，
沿着雎水，向南山行
蹚清溪沟，穿野人谷。

爬上北坡，到东蒿坪，
茫茫黑山，了无人烟，
飞流南河，抢渡泮水，
到阳日湾，翻过阜山

越过景山，登天门垭，
迎面绝壁，险阻山径。
斫木架梯，节节攀爬，
神农登上，神农顶峰。

神农之顶，也被称为，
巴东垭峰，峰高万丈，
享誉华中，第一高峰，
下临深渊，望而生畏。

云雾缥缈，峰奇谷秀，
石林嶙峋，嵯峨参差，
古树参天，箭竹似海，
奇花异草，百花百药。

奇洞异穴，犀牛大象，
一猪二熊，三虎四豹，
蟒蛇大鲵，锦鸡雎鸠，
植被丰富，生物世界。

极目远眺，一览众山，
红花坪、千家坪、
木鱼坪、九湖坪，
千峰竞峭，森林碧连。

神农探险，神农架峰，
穿越罕见迷魂淌，
爬百草坡百草垭，
到达药谷百草冲。

群山万峰，药材宝库，
百草鲜花，似如锦缎，

阵阵馨香，袭人之面，
遍山老林，满是药园。

神农边走，边尝草药，
有苦有涩，又有甘甜，
一日中毒，七十二毒，
眼睛发黑，头晕唇乌。

神农危急，倒大树下，
渐渐苏醒，口干舌噪，
大树蔸下，一荡泉水，
艰难伏身，手捧水喝。

饮水之后，却把毒解，
起身寻找，解毒之因，
原来水中，泡满落叶。
叶汁散发，阵阵药香，

药泉喝后，竟能解毒。
这种树叶，有此用途，
古称荼树，后称为茶，
茶之为药，发乎神农。

三、神农后裔，迁徙房陵

神农何以，到达房陵，
专家考古，提供依据，
房陵文化，十分悠久，
汉江考古，有其记载。

房县城东，兔子凹山，
考古表明，五十万年，
旧石器时，人类活动，
文化发祥，留存遗址。

城西中坝，有樟脑洞，
旧石器时，晚期遗址。
房县城北，羊鼻岭址，
考证属于，新石器时。

省博物馆、武汉大学，
联合考古，二十余年，
考古城郊，七里河地，
遗址属于，原始聚落。

文物陶片，有古图形，
远古文字，陶片符号。
古有习俗，拔牙猎头，
还有纺轮，颈鬶陶器。

远古文物，遗存之多。
有屈家岭、仰韶文化，
有三房湾、龙山文化，
考古价值，意义重大。

七河遗址，考古表明，
远古神农，以及炎帝、
祝融后裔，生息房陵。
黄帝后裔，也徙于房。

七河揭开，千古之谜，
神农到过，神农架地，
艰辛探险，尝药识茶，
发明医药，民称茶祖。

七河考古，意义之深，
证实武当、千里房陵，
及神农架，区域茶药，
贡献人类，载入史册。
（七里河简称七河。）

四、茶树发祥，蜀东房陵

我国茶树，发祥地为，
西南云贵，蜀东鄂西。
司马迁著，《史记》记载，
房陵古为，蜀东之地。

《广雅》记载，乃荆巴间，
采叶作饼，叶老饼成，
米膏出之，欲煮茗饮，
神农架峰，即荆巴域。

陆羽《茶经》，一之源称，
巴山峡川，有大茶树，
两人合抱，伐而掇之，
神农架峰，巴山峡川。

唐王李泰，曾流放到，
郧乡县境，著有古籍，
《括地志》载，房县竹山，
地域乃为，巴蜀之境。

中国著名，茶学专家，
陈祖椝、朱自振主编，
《中国茶叶历史资料选辑》，
对于神农，作有论著。

经过研究，该书认为，
神农氏族，或其部落，
最早可能，生息蜀东，
和鄂西山，发现了茶。

神农武当，域地方圆，
八百华里，连接南北，
长江汉水，是茶故乡，
茶树发祥，重地之一。

武当山南，西周太师，
名尹吉甫，籍贯房县，
宣王时期，《诗经》主编，
《诗经》记载，茶诗七首。

神农武当，林海茫茫，
至今仍有，古大茶树，
袁野考察，神农架峰，
北坡地域，千坪古茶。

野人谷镇，千坪古茶，
所在地高，一千余米，
树蔸围径，三米〇二，
古树高约，一十五米。

武当山南，房县万峪，
小坪村有，水沟后河，
约有九条，沟河峡谷，
野生茶树，一千余亩。
小坪山村，大古茶树，
围径长达，三米〇一，
可谓茶王，专家建言，
应当申报，野生保护。

五、神农医药，世代相传

神农医药，代代相传，
房陵名医，何其之多，
县志记载，汉费长房，
悬壶济世，以茶去病。

唐李世民，三公主儿，
王焘流放，房州太守，
王焘房州，著有医书，
外台秘要，茶入药典。

武术泰斗，北宋陈抟，
房县房山，养生修性，
长达九年，去武当山，
精通茶道，皇帝赐茶。

元末明初，武当拳法，
集大成者，名张三丰，
道茶养生，赋诗赞茶，
交朋结友，武术健身。

房陵自古，敬重神农，
古《房县志》，记载城东，

文昌阁右，有先农坛，
坛于田也，以祀先农。

古传神农，发明农耕，
种植五谷，作陶储谷，
古《房县志》，记五谷庙，
城西一座，狮子岩下。

城北一座，五谷庙在，
北乡大木，塞草沟口。
房县民俗，祭祀先农，
茶当供品，祭祀神农。

六、神农与獐狮的故事

神话故事，是为古时，
民间文学，例如神话，
夸父追日、女娲补天、
盘古开天、后羿射日。

神话故事，乃是人们，
口头创作，奇想之说，
借编神话，歌颂人物，
区别民间，历史传说。

神农神话，也有多个，
神农样貌，人身牛首；
獐狮识药，水晶肚子；
“赭鞭”抽打，药显毒性。

传说獐狮，鼻子特灵，
口舌功能，很是特异，
尤其身体，晶莹透亮，
好似水晶，能识药材。

药草吃到，獐狮肚内，
药效沿着，经络运行，
哪里发亮，药治哪病，
药材毒草，能够分清。

神农带着，獐狮采药，
尝遍百草，识别药材，
药过獐狮，才能显灵，
防毒治病，以救苍生。

神农獐狮，到神农架，
艰难爬上，百草垭顶，
百草茂盛，百花百药，
獐狮逐一，尝试草药。

悬岩金钗，似碧玉簪，
九死还阳，草药灵验，

百花酿出，百花之蜜，
止咳润肺，还治便秘。

人参党参，红参玄参，
灵芝黄精，云雾之草，
百草百药，治疗百病，
从此有了，本草初记。

一天神农，山中之行，
发现一条，黑色珠虫，
遇到动静，蜷成一团，
咕噜噜地，滚坡逃窜。

从未见过，这种怪虫，
神农好奇，捉住一条，
喂给獐狮，来试虫毒，
獐狮嚼了，却吐出来。

谁知毒汁，进入肠胃，
霎时獐狮，身体发黑，
口吐白沫，没能救活，
神农悲痛，獐狮毒亡。

从此民间，神话传说，
神农采药，獐狮识药，
药材不过，獐狮不灵，
药店门前，放一獐狮。

七、神农茶祖歌

景山苍苍，泮水汤汤；
巴峰巍巍，木城煌煌；
伟哉神农，照耀洪荒；
农耕文明，五谷肇始；
远古神农，发现珍茶；
世界茶祖，德泽绵长；
今我中华，茶业兴旺；
名茶荟萃，济济一堂。
（袁野、雅鑫搜集整理）

八、神农采药发现茶

茫茫林海神农架，
神农攀缘来搭架，
远古神农尝百草，
采药发现大茶树，
朵朵白花叶间开，
香气扑鼻人也醉。

茶树喜爱云和雾，
长时不怕风雨来。
嫩叶做茶解百毒，
医药文明数千载，
饮茶健身人喜爱，

茶为国饮传世界。
（雅鑫、袁野搜集整理）

九、神农架采药歌

房陵南山神农架，
满山遍岭是药材，
农闲时节上山来，
大山深处把药采。

一采天然野生茶，
三人合抱古茶树，
茶树年年发新芽，
清心明目能提神。

二采天麻和人参，
薄荷麻黄与猪苓，
苍术杜仲和南星，
防风白芷和枣仁。

三采芍药和沙参，
金钗黄草和茯苓，
天冬地冬和麦冬，
升麻柴胡和杏仁。

四采川乌和苦参，
春花秋菊与血灵，
木瓜菖蒲和细辛，
冬虫夏草和麻仁。

五采知母和玄参，
大茴小茴与土苓，
采回江边一碗水，
天丁地丁和桃仁。

六采独活和丹参，
山楂半夏与花粉，
又采黄连五加皮，
公丁母丁和智仁。

七采当归和玉竹，
二丑车前与金樱，
再采沉香云雾草，
熟地生地和砂仁。

八采黄柏和党参，
桑皮枳壳与三棱，
采下七叶一枝花，
五味五灵和柏仁。

九采丹皮和拳参，
兰草通草与桔梗，
远看头顶一颗珠，

云香大黄和李仁。

十采胆草和双丁，
冬花红花和葛根。
各种药草采齐了，
采到灵芝转回程。
（杜川村、蒋学武唱；张红梅、袁源搜集）

十、神农茶歌

茶之为药，发乎神农，
遍尝百草，一日中毒，
七十二次，脑晕腹痛，
得荼（茶）解之，茶始药用。

茶之为饮，武王伐纣，
始建西周，实得巴蜀，
茶蜜纳贡，栽培茶园，
《华阳国志》，载入史册。
茶之为歌，《诗经》七首，
谁谓荼苦，其甘如荠；
采荼薪樗，食我农夫；
出其闉阇，有女如荼。

茶之为礼，始出春秋。
老子函谷，尹喜迎之，
礼节献茗，老子赞誉，
食是茶者，汝之道徒。

茶之为市，然出秦汉，
王褒《僮约》，载入茶史；
烹茶尽具，武阳买茶。
家庭饮茶，已成习俗。

古代为荼，汉唐称茶，
陆羽《茶经》，改荼为茶；
荼去一横，从木为茶。
《茶经》问世，享誉华夏。

茶树产地，源于中国，
荆山巴峡，川东巫山，
云贵高原，武当秦岭，
鄂渝川陕，茶树千年。

茶之品质，时节之分；
早采为茶，一芽上乘；
晚摘称茗，普芽香茗。
黄黑绿红，工艺不同。

特色名茶，四品著称，
西湖龙井，武夷岩茶，
武当道茶，寺院禅茶，

各有系列，茗香为珍。

武当道人，崇尚自然，
茶似道意，修性养生，
消食祛病，静心提神，
清心明目，益寿强身。
（袁正洪、胡继南搜集整理）

第四章 茶的历史渊源

一、神农尝药，得茶解毒

远古传说，昔神农氏，
为民治病，遍尝百草，
采药日遇，七十二毒，
得茶解之，由此而言，
茶之为药，发乎神农。
溯源茶字，古为荼字，
最早见著，我国首部，
诗歌总集，《诗经》之中。

二、茶的发现，先药后饮

许多照抄，缺乏研究，
茶之为饮，发乎神农，
因为神农，采药中毒，
茶为药用，应该改为，
茶之为药，发乎神农。
怎会日遇，七十二毒，
这里只是，概数之说，
并非每日，七十二毒。

三、武王伐纣，茶为贡品

武王伐纣，茶为贡品，
《华阳国志》，我国现存，
最早方志，撰史记载，
西周武王，伐纣实得，
巴蜀之师，五谷六畜，
桑蚕麻纻，鱼盐铜铁，
丹漆茶蜜，山鸡白雉，
灵龟巨犀，皆纳贡之。

四、西周时期，茶为祭品

西周时期，茶为祭品，
《周礼·地官·司徒篇》载，
掌荼文曰：下士二人，
府为一人，史亦一人，
徒二十人，掌以聚荼，
以共丧事，茶为祭品，
鲜叶不能，随采随祭，
必须晒干，以便取用。

五、《诗经》七首，茶古称荼

《诗经》古时，名称谓《诗》，
或《诗三百》，汉朝时期，
称谓《诗经》，乃是国学，
《诗经》包含，社会历史，
思想政治，科技生产，
商贸经济，战争和平，
法治礼制，文化医药，
西周堪称，百科全书，
《诗经》七首，最早记“荼”。

《诗经·邶风·谷风》篇曰：
“谁谓荼苦，其甘如荠。
宴尔新婚，如兄如弟。”
赞茶之美，尝如甘荠。
《诗经·郑风·出其东门》，
“出其闉阇，有女如荼，
虽则如荼，匪我思且。”
赞美女子，美如茶花。

《诗经·豳风·七月》篇曰：
“八月断壶，九月叔苴，
采荼薪樗，食我农夫。”
炒制秋茶，农人喜饮。
《诗经·豳风》,《鸱鸮》篇载：
“予手拮据，予所捋荼。”
《诗经·大雅·文王之什》记载：
周原膴膴，堇荼如饴。

《诗经·大雅·文王之什》：
“民之贪乱，宁为荼毒。”
此句意为，贪婪之人，
昏乱痛苦，宁既扰乃，
就会使人，遭受苦难，
这里比喻，以荼味苦，
清火去毒，药驱邪毒，
戒人莫贪，免受苦难。

《诗经·周颂·良耜》记载：
“其镈斯赵，以薅荼蓼。
荼蓼朽止，黍稷茂止。”
诗句注释，农夫使用，
农具除荼，荼叶腐烂，
虽然庄稼，长势茂盛，
从而揭示，毁茶种粮，
破坏生态，不可行也。

六、荼误解辨，荼非苦菜

茶古称荼，也有误解，
《毛传》注释，“荼，苦菜也”，
《诗经》里面，野菜很多：
荇菜卷耳，芣苢谖草，
蕨薇苹藻，苓荑唐荠，
芄兰蓷莫，苦葑苕苴，
苹莱芑蓫，萹堇葛蘩，
二十五种，如此之多。

说荼苦菜，注释却误，
后人摘用，照抄更错。
据《唐本草》，《本草纲目》，
《中药辞典》，多书介绍，
苦菜别名：苦荬菜、
大苦荬菜，小苦菜、
白苦荬菜，花白苦荬、
紫苦菜，苦丁菜。

苦菜还称，黄花地丁，
蒲公英，败酱草，
苦叶苗，小苦苣，
山莴苣，大刺芥芽，
老鸦苦荬，野苦马等，
品种多达，二十八种，
笼统地说，荼为“苦菜”，
如此模糊，显然注错。

《诗经·谷风》：“谁谓荼苦”，
宋臣朱熹，《诗经集传》，
荼为茅花，轻白可爱。
有的注荼，茅秀茅花。
《诗经·良耜》，《洪武正韵》：
注释荼字：“苦菜蓼科”。
《诗经·豳风》：“采荼薪樗。”
有的注释：荼萑苕也。

又如注释，谁谓荼苦，
其甘如荠，甘意即甜，
荠为荠菜，又地米菜，
生于田野，庭园路边，
荠菜嫩叶，包成饺子，
味道可口，清香鲜美，

荠菜味道，并非甜的。
“荼” 为茶叶，原本苦涩。

再说泡茶，刚入口时，
味感苦涩，或茶放多，
更觉苦涩，故称苦荼，
越喝味道，苦涩渐去，
甘美清香，并非甜菜。
再如注释，有女如荼，
荼花喻女，美胜茅花。
白茅非荼，比喻之错。

《诗经・召南・野有死麇》，
诗篇记载，林有朴樕，
野有死麇，白茅纯束；
《诗经・七月》，诗篇记载，
“昼尔于茅，宵尔索绹”；
《诗经・白华》，诗篇记载，
“白华菅兮，白茅束兮”。
由此诗中，有“白茅”草。

文中不能，一会将荼，
说成野菜，时而将荼，
说成白茅，所以考辩，
荼与野菜，荼与白茅，
应是两种，不同植物。
茶古称荼，不同朝代，
名称不同，异名多种，
异曲同工，皆为茶饮。

《诗经》研究，《毛传》误注，
“荼萑苕也”，即“萑”芦苇，
“苕”紫云英，或叫苕菜，
“萑苕”称为，芦苇苕菜。
唐经学家，孔颖达《疏》，
荼之草也，误树为草。
宋臣朱熹，《诗经集传》，
荼，苦菜，乃误注也。

笔者研阅，从其史学，
诗学考古，民俗名物，
生态植物，地域方言，
新闻文化，诸多方面，
多个学科，比较深层，
探寻研究，论述表明：
茶字溯源，乃《诗经》荼。
正本清源，荼非野菜。

七、茶古称荼，主有六称

茶古称荼，即有六称：
一曰荼，二曰槚，
三曰蔎，四曰茗，

五曰荈，六曰茶，
或为俗名，也因采时，
品质不同，而叫异名，
随其商贸，优质品牌，
以地取名，成为名茶。

一曰为荼，茶之古称，
最具典型，《诗经》七首。
汉医学家，华佗《食论》，
苦荼久食，益意思。
宋文学家，苏东坡诗：
周诗荼苦茗饮近世。
北宋徐铉，翰林学士，
《说文解字》，“荼即今茶”。

清郝懿行，训诂学家，
《尔雅·义疏》，荼古作茶。
一九八九，北京举办，
茶文化展，诗学专家，
书法大师，启功题诗：
古今形殊，意不差，
古称荼苦，近称茶。

二曰为槚，茶之别名，
槚字取贾，贾字意假，
在其古代，读音两种，
而古与荼，苦荼音近，
以贾代荼，又因为荼，
是其木本，生长植物，
则加部首，即称槚字，
槚代荼物，槚为荼称。

《尔雅·释木》，槚为苦荼。
特指味道，初泡涩苦，
则叫苦荼，口感虽苦，
但味清香，逐渐饮之，
尤其古时，煮作羹饮，
晋为吃茶。南朝文人，
王微诗曰，君竟不归，
领今就槚，饮茶度日。

三曰为蔎，茶之别名，
《说文解字》，蔎香草也，
因茶含香，故茶名蔎。
西汉扬雄，蜀成都人，
官吏大夫，辞赋名家，
著有《方言》，文中解释，
蜀西南人，谓茶为蔎。
后有文人，品蔎赋诗。

四曰为茗，荼茶雅称，
“茗”同形声，即“茗”同“名”，
“茗”为“萌”也，特指嫩芽，

嫩芽清香，美誉香茗。
《尔雅·释木》：“晚取为茗。”
如此引用，此乃误矣。
“茗”为嫩芽，本义早采，
荼茶晚采，老叶为荈。

五曰为荈，荼茶老叶，
荈字通舛，舛的字义，
不顺不幸，挫折坎坷，
引称荈叶，误时晚采，
老叶味苦，与茗相比，
茗为嫩芽，优质上乘，
荈为老叶，味涩次之，
制作发酵，荈可提香。

六曰为茶，荼字简称，
东汉以后，荼始称茶，
文字考据，荼旧读“tú”
汉魏以后，读作“chá”，
隋代已经，收入字书。
唐代玄宗，隆基皇帝，
主持《开元文字音义》，
去掉一横，将荼改茶。

八、荼改为茶，减横有理

荼改为茶，即减一横，
字下“禾”字，成为“木”字，
减去一横，非常有理，
意即茶是，木本植物，
以免误为，草本植物，
此著成书，唐代开元，
二十三年，即在公元，
七五三年，荼定型茶。

有的误为，陆羽《茶经》，
荼字改茶，此说误也。
陆羽生于，公元纪年，
七三三年，再说《茶经》，
公元纪年，七五八年，
茶圣陆羽，隐居山间，
著述《茶经》，明确使用，
《开元文字音义》，荼为茶。

综上所论，茶的称谓，
荼为古称，古音通槚，
方言为蔎，早采为茗，
晚采为荈，简笔为茶，
有女如荼，茶花白艳，
赞美女子，美如茶花。
嫩芽清香，美誉香茗。

味苦浓涩，老叶叫荈。

九、考古“荼”字,物证为“茶”

文物考古，“茶”古为“荼”，
查《甲骨文》《金文》字典，
东汉成书，《说文解字》，
均无“茶” 字，只有荼字。
相关史料，清楚表明，
汉代以前，“茶”字为“荼”。
文物出土，湖南长沙，
马王堆墓，文物有“荼”。

墓中有件，西汉印章，
考其年代，文景之际，
该章制有，印文 “荼陵”，
与其汉书，地理志书，
完全一致，由此可见，
已有“荼陵”，取为地名，
因为此山，长有荼树，
当地俗称，“荼陵” 而刻。

公元纪年，一九五三，
长沙望城，文物清理，
采集一件，青釉底碗，
碗心写有，“荼垸”二字，
专家鉴定，此件荼具，
这与汉书，长沙定王，
之子封为，荼陵节侯，
具有重要，考古价值。

公元纪年，一九九八，
印尼打捞，九世纪时，
中国瓷器，商贸印尼，
因故船沉，货物沉海，
打捞沉船，发现一件，
青釉褐绿，彩色茶碗，
碗心用釉，书“荼盏子”，
此“荼盏子”，即为“茶” 具。

唐长安城，西明寺内，
一石荼碾，两边刻字，
一边刻有，“西明寺” 字，
一边刻有，“石荼碾” 字，
专家考证，古荼即茶，
此为茶碾，唐人喝茶，
将茶碾碎，制成糕状，
故称“吃茶”，不叫饮茶。

十、茶入《尔雅》，首部词典

茶入《尔雅》，首部词典。
《尔雅》被称，辞书之祖。
也被称为，典籍之经，
即《十三经》，第十二经。
《尔雅》作者，最早见著，
录于《汉书·艺文志》书，
但未记载，作者姓名。
《尔雅》作者，古说不一。

古籍《尔雅》，相传古代，
西周初年，周公旦作；
有的认为，后来孔子，
及其弟子，过增补；
亦有认为，秦汉时期，
文人所作，代代相传，
各有增益，《尔雅》成书，
上限不会，早于战国。

有的认为，《尔雅》书中，
所用资料，有的来自，
《楚辞》《庄子》《吕氏春秋》，
等等书籍，增编所作。
也有认为，《尔雅》成书，
不会晚于，西汉初年，
因汉文帝，朝廷已经，
决定设置，《尔雅》博士。

到汉武帝，已经出现，
犍为文学，《尔雅注》书。
由此推论，乃是当时，
一些儒生，汇集而成。
《尔雅》专著，作为书名，
尔是近意，雅是正意，
即在语音、词汇语法，
等诸方面，合乎规范。

编辑《尔雅》，十分注重，
语言标准，即以雅正，
之言注释，古语俗称，
方言名称，动植名物。
《尔雅》原著，历经秦火，
战乱之后，已经没有，
后传《尔雅》，即为汉初，
陆续增补，重新问世。

汉唐到清，作注《尔雅》，
文人很多，研究注解，
要数晋代，郭璞注释，
倾心研究，一十八年。
郭璞籍贯，山西河东，
闻喜县人，从小好读，

博学多识，饱读经书，
文学名家，训诂学家。

郭璞好学，勤研易学，
为正一道，著名方士，
长于古文、赋诗名世，
专心著有，《郭弘农集》，
《尔雅注疏》，也为《方言》，
《穆天子传》，作注传世。
《尔雅》卷九，《释木》记载，
“槚”即“苦荼”，郭璞注疏。

《尔雅注疏》：[疏]“槚，苦荼”，
树似栀子，冬生叶可，
煮作羹饮。早采为荼，
晚取为茗，一名为荈，
蜀人名之，苦荼是也。
槚为“苦荼”，明确说明，
为“茗”为“荈”，“煮作羹饮”，
“荼”为饮料，并非苦菜。

笔者研之，《尔雅注疏》，
对于晚取，为茗之说，
注疏有误，因为“茗”意，
抽放新芽，极嫩之茶，
并非晚采，只有早采，
方为茗芽，晚采为“荈”，
因“荈”乃为，较晚的茶，
老叶之茶，为“荈”非“茗”。

十一、古籍明确，释荼为茶

茶古称荼，早已明确，
晋前称荼，并无茶字。
唐皇隆基，荼改为茶；
但因注释，荼误苦菜，
有的照抄，错用误传。
或者混淆，历史年代，
晋前荼字，写为茶字，
擅改古籍，造成混写。

史学研究，文人诗赋，
记载之多，或抄引用。
《神农本草经》，名荼茗；
《神农食经》，名称荼茗。
《尔雅》名槚，亦名苦荼；
《晏子春秋》，名字叫茗；
汉代文人，司马相如，
《凡将篇》中，名叫荈诧。

东汉汝南，字圣许慎，

《说文解字》，名荼苦荼。

《吴志·韦曜传》，名叫荼荈。

张揖《广雅》，名茗游冬。

晋文学家，孙楚《歌》曰：

茶出巴蜀，兰出高山。

北宋大儒，名家张载，

《登成都诗》，名叫芳荼。

宋朝学士，山谦之著，

《吴兴记》书，名称御荈；

刘义庆著，《世说新语》，

书中名称，名茗或荼；

宋高祖时，刘敬叔著，

《异苑》书中，名叫茶茗。

唐太宗时，李勣苏恭，

著书《本草》，名叫苦荼。

十二、茶之为礼，始出老尹

《天皇至道太清玉册》，

古籍道经，中有记载，

老子西出，到函谷关，

关令尹喜，十分虔诚，

最高礼节，献茶迎宾，

一杯香茗，举在头顶，

敬茶老子，获得好评，

茶之为礼，始出老尹。

老子赞曰，食是茶者，

皆汝之，道徒也。

客来敬茶，逐成礼俗，

因茶古时，以其功效，

既能解渴，又能养生，

献茶客人，与之共享，

亲切交谈，成为礼仪，

发展作为，国宾礼遇。

十三、西汉《僮约》，茶乃为饮

茶字为饮，西汉《僮约》，

汉宣帝时，前五九年，

蜀地资阳，安志里巷，

主人过逝，夫人杨惠，

结婚文人，王褒寓居，

僮奴便了，对前主人，

忠心耿耿，不听王褒，

吩咐买酒，王褒不悦。

王褒则花，一万余钱，

买下便了，与奴签订，

做事《僮约》，文字长约，
六百余字，《僮约》规定，
舍中有客，提壶行酤，
汲水作哺，涤杯整案，
园中拔蒜，斫苏切脯，
脍鱼炰鳖，烹荼尽具。

《僮约》还订，养猪喂鸡，
筑肉臛芋，不得嗜酒，
上至江州，下到煎主，
武阳买荼，池中担荷，
往来市聚，归都担枲，
从早到晚，不得空闲。
王褒《僮约》，烹荼买荼，
成为汉代，茶学史料。

（注：茶叶作为商品流通，最早见于文字记录的，应是王褒的《僮约》，文中提到“武阳买荼”。）

十四、孙皓赐臣，以茶代酒

《三国志》载，东吴孙权，
第四代君，孙皓继位，
嗜好饮酒，每次设宴，
来客至少，饮酒七升，
但他却对，朝臣韦曜，
甚为器重，闻其酒量，
确实不大，而常破例，
密赐韦曜，以茶代酒。

十五、茶圣陆羽，首部《茶经》

说起陆羽，生世艰辛，
唐代玄宗，二十三年，
湖北竟陵，龙盖寺庙，
住持僧人，智积禅师，
晨起忽闻，群雁喧集，
但见弃童，仅有三岁，
腿残口吃，相貌丑陋，
僧施善心，拾回弃童。

雁羽护童，起名陆羽，
陆羽自幼，勤快好学，
为师煮茶，忙做杂务，
智积禅师，要羽出家，
陆羽拒之，则被看管，
十一岁时，逃出寺院，
戏班学戏，虽有口吃，
却很幽默，很受欢迎。

羽能演戏，还编剧本，

天宝五年，竟陵太守，
观羽演戏，十分欣赏，
看羽才华，心有抱负，
于是召见，亲赠诗书，
荐师邹夫，陆羽拜师，
潜心读书，为师烹茶，
发现清泉，陆羽名泉。

陆羽挚友，崔氏国辅，
唐代苏州，开元进士，
官山阴尉，许昌县令，
任职集贤，院直学士，
升任礼部，员外郎职。
后被贬职，竟陵司马，
交友陆羽，品茶评水，
陆羽人生，第一朋友。

国辅擅长，写五言诗，
好友李白，浩然杜甫，
友中结友，大家称赞，
国辅携羽，出游远行，
品茶鉴水，谈诗论文，
国辅知羽，致力茶学，
赠羽白驴，槐木书箧，
外出考察，各地茶情。

羽别国辅，考察巴峡，

陆羽装束，山人气派，
脚穿藤鞋，手拄木杖，
觅茶寻泉，品茶评水，
巴峡茶树，两人合抱，
溪泉飞瀑，吟诗赞水，
每到天黑，尽兴而归，
时人称他，楚狂接舆。

陆羽研茶，交一好友，
名僧皎然，此人乃是，
山水诗歌，创始之人，
谢灵运的，十世之孙，
知茶爱茶，识茶论茶，
两人好友，著作茶书，
陆羽《茶经》，皎然《茶诀》，
《茶诀》失传，《茶经》传世。

陆羽交友，无锡县尉，
皇甫氏兄，提供路费，
还当向导，野饭清泉，
幽山寺远，以诗送别。
陆羽好友，陆龟蒙者，
唐农学家，亦文学家，
道家学者，开设茶园，
写有《茶书》，可惜失传。

唐朝时期，名门闺媛，

争相出家，成为坤道，
身着黄缎，称为“女冠”。
浙江湖州，唐代才女，
李姓季兰，本名李治，
出生年代，七一三年，
富有人家，季兰幼时，
专心翰墨，艺善弹琴。

季兰六岁，作《蔷薇》诗：
“经时未架却，心绪乱纵横。”
“架却”谐音，“嫁却”之意。
父见季兰，小小年纪，
就知待嫁，女心绪乱。
恐长大后，非凡妇人。
父亲担忧，就送季兰，
玉真观中，成为坤道。

季兰每日，诵经道乐，
作诗弹琴，清净自在。
沏茶扫地，学得茶艺，
习文赋诗，品茶悟道。
季兰博学，道观茶艺，
宫廷茶艺，互取精华。

唐才女传，记载季兰，
羽结茶友，交流茶艺，
季兰长羽，二十余岁，
陆羽季兰，师弟相称，
交流道家，品茶内涵，
帮助陆羽，研究茶道。
交流道家，宫廷茶艺，
支持陆羽，撰写《茶经》。

天宝年间，唐皇玄宗，
闻知季兰，诗茶双艺，
特召季兰，赴京入宫。
季兰留宫，月余归观，
玄宗对兰，优赐甚厚。
季兰复观，品茶赋诗，
成为女中，诗豪茶仙，
研究茶道，助羽著书。

陆羽躬身，笃行不倦，
实地考察，研究茶史，
广采博收，种茶制茶，
沏茶饮茶，各种经验，
著成《茶经》，共有十章，
七千余言，分为三卷，
世界首部，茶学专著。
人称茶圣，千古传颂。

第五章　论武当道茶

一、仙山武当，八百华里地域面积，揽鄂西北

玄岳武当，名太和山，
又谢罗山，曰参上山，
称仙室山，太岳武当。
武当地处，鄂渝豫陕，
毗邻地区，东接襄阳，
北面汉江，南依神农，
西接秦巴，两江两山，
绵亘纵横，八百余里。

武当盘踞，八百余里，
史有圣碑，可作见证，
元朝仁宗，延祐元年，
大元敕赐武当山大五龙
灵应万寿宫碑，最早见证。
大元敕赐武当山大天乙
真庆万寿宫碑有记，
碑今存放，南岩宫中。

（注：延佑元年即1314年大元敕赐武当山大五龙灵应万寿宫碑今存放在五龙宫大殿中，记载“武当山根蟠八百里”。大元敕赐武当山大天乙真庆万寿宫碑至今存放南岩宫东配殿岩下，碑也记载了“武当山踞地八百里”，始为最早见证。）

明代朱棣，大修武当，

即于永乐，一十六年，
下达圣旨，御制大岳
太和山道宫碑有记，
并将圣旨，刻成碑文，
入玉虚宫，五龙净乐、
南岩紫霄，五宫之中，
以此见证，武当地域。

（注：公元1418年，御制大岳太和山道宫碑中称“武当山蟠踞八百余里”并将其刻入玉虚宫、五龙宫、净乐宫、南岩宫、紫霄宫五宫碑文之中。从那时起，“八百里武当山”的说法形成定制，传遍天下。）

仙山武当，一柱擎天，
七十二峰，三十六岩，
二十四涧，十一奇洞，
九泉三潭，天然奇特。
九宫八观，十二亭阁，
三十六庵，三十九桥，
五里一庵，十里之宫，
丹墙翠瓦，景色非凡。

武当方圆，八百华里，
鄂西北地，亦有考证，
丹江武当，一柱擎天；
茅箭房县，赛武当山；
小武当山，门古望佛；
西武当山，化龙竹桥；
神农架有，中武当山；
南武当山，古在兴山。

竹溪西南，祖师仙山，
十堰境内，县市区乡，
道庙遗迹，百五十个。
对此运用，卫星地图，
用线测法，相加即是，
414公里，合828里，
此与元明，武当盘踞，
八百余里，说法相符。

武当方圆，八百华里，
历史悠久，文化深厚，
道茶溯源，源远流长，
林木葱郁，生态良好，
气候独特，南北兼有，
高山峻岭，盛产名茶，
道茶文化，博大精深，
溯源道茶，久负盛名。

二、茶之为药，发乎神农，探险中毒，得茶解之

武当南连，神农架山，
相传神农，采药就在，
神农架山，涉睢水河，
爬天门垭，攀缘搭架，
登神农顶，越百草坡，
遍尝百草，日遇毒植，
七十二毒，得茶解之，
自古民间，有其传说。

（注：神农炎帝，后裔徙房，神农架地，原系房县，由此表明，神农采药，神农架山。1970年，神农架才从房县划出。）

三、武王伐纣，茶蜜纳贡三千年前，最早贡茶

武当方圆，地域辽阔，
其域竹山，竹溪房县，
古时曾为，庸巴之地，
竹山庸国，竹溪巴国，
房县彭国，谷城卢国，
张湾黄龙，古为百濮，
武王伐纣，牧誓八国，
庸蜀羌髳，微卢彭濮。

鄂西北境，庸彭卢濮，
伐纣灭商，有功之国。
《华阳国志》，撰史记载，
武王伐纣，茶蜜纳贡。
竹溪双桥，有武王庙，
民间故事，千古流传。
此域盛产，茶叶蜂蜜，
最早贡茶，享有盛名。

四、诗祖吉甫，编纂《诗经》七首诗中，最早记茶

古代《诗经》，七首诗中，
最早记载，古荼茶字。
武当山南，诗祖故里，
诗经之乡，千里房县，
万峪河乡，青峰古镇，
尹吉甫镇，诗祖故乡，
西周太师，采撰诗歌，
编纂《诗经》，千古流传。

在此述说，吉甫身世，
本姓姓姞，黄帝后裔，
古籍《国语》，晋语记载：

昔少典时，娶有蟜氏，
生子两人，黄帝炎帝，
黄帝姬水，炎帝姜水，
成而异德，故此姓氏，
黄帝为姬，炎帝为姜。

黄炎用师，以相济也。
《国语》卷十，晋语四云：
黄帝之子，二十五人，
其得姓者，有十四人，
为十二姓，姬酉祁己，
滕箴任荀，僖姞儇依，
十四人中，有赐姓者，
两人一姓，姬姞同姓。

吉甫始祖，为黄帝时，
相国力牧，著名政治、
军事名家，《史记》记载，
力牧常先，大鸿治民，
治国理政，贡献卓著。
在夏商时，祖辈伊尹，
也为国相，殷中宗时，
为摄政王，文学名人。

吉甫本姓，乃为姞姓，
后来姞字，去掉女旁，
简为吉姓，古周朝时，
世袭分封，吉甫姞姓，
黄帝后裔，世袭为官。
吉甫为官，尹为官姓，
吉甫祖籍，原在鄂国，
迁徙房陵，古系彭国。

吉甫出生，房陵青峰，
万峪河畔，雄鹰山下，
老人坪村，石门沟生，
吉甫亦名，兮伯吉父，
太师官职，六官之首，
其中负责，编纂《诗经》。
《诗经·崧高》，篇中称赞：
“吉甫作诵，穆如清风。”

《诗经·六月》，篇中记载：
“文武吉甫，万邦为宪。”
辅佐宣王，实现中兴。
吉甫帅兵，打败猃狁。
打仗帅旗，图腾标识，
古时称旐，旐尖龙头，
龙头下面，竖串四个，
龟蛇图案，古籍有图。

（注：尹吉甫率兵打仗，帅旗上的图腾“龟蛇”连串竖立四幅，《诗经》中叫“旐”，武当山金顶“龟蛇玄武”，明代《诗经》

版本有图记载。）

《诗经》旐旗，图中龟蛇，
此乃武当，玄武图源。
《诗经》中赞，文武吉甫，
吉甫乃是，武术大师。
吉甫撰诗，《诗经》名篇，
《烝民》中曰，天生烝民，
有物有则，民之秉彝，
好是懿德，千古名句。

《烝民》名句，哲学思想，
博大精深，名家评论，
此句可谓：天人合一，
和谐社会，是语源也。
《烝民》中曰：柔则茹之，
刚则吐之，柔亦不茹，
刚亦不吐，不畏强御。
此乃武当，武术之源。

武当武术，以柔克刚，
刚柔相济，追溯语源，
吉甫烝民，刚柔语源。
《诗经·小雅》，《巧言》
中曰：
无拳无勇，职为乱阶，
《康熙字典》，此句注释，
拳名勇力，可谓力也，
与之武术，皆是语源。

《诗经》记荼，唐改为茶，
茶品精华，清而不浮，
静而不滞，淡而不薄，
饮茶解渴，清心明目，
武术练功，饮茶健身，
茶之为礼，好友嘉宾，
茶道结下，不解之缘，
品茶咏诗，西周尉风。

吉甫亦名，兮伯吉父，
吉甫帅兵，战胜猃狁，
赶往淮夷，征收税赋，
辅佐宣王，实现中兴。
吉甫采诗，撰诗多篇，
编纂《诗经》，《诗经》记载，
“吉甫作诵，穆如清风”，
国宝青铜，兮甲盘器，
上面刻有，兮伯吉甫，
此为吉甫，重要物证。

说起兮甲，青铜器盘，
西周制作，上刻铭文，
尹吉甫奉，宣王之命，
讨伐猃狁，凯旋归国，

又去征收，淮夷税赋。
史学名家，清王国维，
现代名人，郭沫若著，
《青铜时代》，书中记载。

在此述说，古周朝时，
诗经上下，五百年间，
吉甫乃是，宣王时期，
《诗经》之书，总编纂人，
《诗经》古为，达官子弟，
读书课本，西周太师，
六官之首，太师之职，
其中一责，编纂《诗经》。

中国诗经学会会员，
十堰市里，非遗专家，
袁野清风，挖整研究，
吉甫文化，房县诗乡，
遗迹之多，吉甫宅址，
西周石窟，吉甫宗庙，
尹姓后裔，民间故事，
诗经民歌，千古传唱。

袁野清风，倾心著作，
《中华诗祖尹吉甫书》，
中国诗经学会会长，
名夏传才，特此作序，
题词房县“诗祖故里”，
“诗经之乡”，专家评审，
喜被列入，国家非遗。

五、茶之为礼，始出尹喜献茗老子，最早礼仪

茶之为礼，始出尹喜，
献茗老子，这在道藏，
《天皇至道太清玉册》，
书中记载，老子西出，
至函谷关，关令尹喜，
十分虔诚，最高礼节，
献茶迎宾，一杯香茗，
举在头顶，敬茶老子。

老子赞曰，食是茶者，
皆汝道徒，传为尊师，
客来敬茶，逐成礼俗，
因茶古时，以其功效，
既能解渴，又能养身，
献茶客人，与之共享，
亲切交谈，成为礼仪，
发展作为，国宾礼遇。

《史记·老子韩非列传》
《列仙传》载，老子姓李，
名耳字聃，或谥伯阳，
春秋末人，籍陈人也，
后入楚国，苦县厉乡，
曾为东周，守藏史官，
老子主张，无为而治，
不言之教，清静自正。

老子主张，道家修身，
性命双修，好养精气，
乃为道家，创始人也。
仲尼至周，问学老子，
知其圣人，乃为师之。
后周德衰，老子乘骑，
青牛西去，至函谷关，
函谷关令，尹喜迎之。

关令尹喜，又字文公，
文始先生，文始真人，
籍里甘肃，天水人也，
自幼酷爱，究览古籍，
精通历法，善观天文，
东周大夫，习占星术，
紫气东来，尹喜预感，
老子大智，以礼迎之。

老子骑牛，过函谷关，
尹喜果见，老子乘其，
青牛过关，尹迎老子，
双手举杯，献茗迎之。
老子赞曰，食是茶者，
皆汝道徒，率先将茶，
作为道家，待礼之物，
纳入规范，茶礼而生。

尹见老子，知真人也，
尹喜恳求，老子著书，
予以赐教，老子允诺，
作《道德经》，上下二卷，
五千言也，“道德”为纲，
论述修身、治国用兵、
养生之道，博大精深，
成为千古，国学名著。

道家学说，道为中心，
老子著述，《道德经》曰，
有物混成，先天地生，
崇尚自然，天人合一，
上善若水，清静无为，
道家思想，博大精深，
而为中华，茶之文化，
注入生机，丰富多彩。

老子认为，上善之人，
像水一样，水性之柔，
滋养万物，有益万物，
如水一样，接近于“道”，
而茶与水，关系至深，
茶是水神，水是载体，
八分之茶，十分之水，
色香味质美，身心享受。

六、相传老子，巡游仙山，品茗悟道，留有遗迹

仙山武当，一柱擎天，
林海茫茫，云飘荡雾，
溪涧飞瀑，古木参天，
雄奇幽静，亘古无双，
老子武当，遗迹之多。
上老君堂，至老君洞，
过青羊桥，涉牛槽溪，
攀老君峰，品茶论道。

古老君堂，据《道藏》载，
明朝名道，任自垣也，
学道茅山，万宁宫处，
永乐四年，奉诏金陵，
参与编修，《永乐大典》，
后被举荐，敕其武当，
玄天玉虚，宫处提点，
后又敕为，太常寺丞。

自垣专职，武当提督，
掌管宫观，一切事务。
宣德六年，自垣编纂，
《敕建大岳太和山志》，
志书记载，老君堂殿，
又被称为，太玄观庙，
去八仙观，攀老君岩，
往罗公岩，登山要道。

永乐十年，敕建殿宇，
钦选道士，倾心建殿，
太上圣像，庄严雄伟，
山门廊庑，方丈道房，
厨堂仓库，二十三间。
钦授名道，龙虎山僧，
魏继同为，武当老君，
堂殿住持，品茶悟道。

过老君堂，行一里许，
就到雄伟，摩崖石窟，
名老君洞，即“太上岩”，
赞称武当，“蓬莱真境”，
地势高耸，环境清幽，

林石岩间，群峰围绕，
独特景观，吸引记者，
兴致采访，红遍网络。

查阅古籍，及其山志，
老君石窟，唐末始建，
及至北宋，仁宗皇帝，
天圣九年，由任高士，
任道清和，王道兴者，
组织用工，依岩开凿，
呈卷形状，石洞高达，
四米三五，宽四米一。

老君洞深，二点三米，
精心斫成，石窟岩龛，
太上尊像，雕像高达，
二点三米，呈扁平状，
唐代遗风，内衣左衽，
腰系玉带，中衣圆领，
长袖风袍，手足内藏，
呈有“天盘”，修炼之状。

老君像后，两边石崖，
分别刻有，一十三尊，
阳刻画像，图为老君，
修炼之状，洞口两侧，
各有两蹲，武士站将，
把守洞口，均为阳刻，
一人持斧，一人持戟，
浮刻人物，栩栩如生。

窟顶题刻，“老君岩”字，
摩崖群洞，右侧岩壁，
上面刻有，“太清”二字，
右峭壁上，嵌有数通，
画像崖碑，还刻花饰，
长方石板，刻有头戴，
莲花神像，均为浮雕，
腾云驾雾，栩栩如生。

老君洞左，摩崖群刻，
“静乐国王，太子仙岩”，
中间刻有，“蓬莱九仙”，
摩崖群刻，“蓬莱真境”。
老君洞上，老君练功，
一十三式，各式图像。
明玉虚宫，提点自垣，
曾经在此，编修《道藏》，
及其古籍，记老君洞。

公元纪年，一九八七，
袁野采访，八旬老道，
武当龙门，朱诚德师，
崇尚老子，侃侃而谈，

喜饮道茶，潜心悟道，
身怀绝技，并且演练，
《老君洞功悟性功法》，
此功备受，武林赞誉。

七、相传老子，巡游武当，问道房陵，太师故里

相传老子，欣然著作，
《道德经》后，不知所终，
也传继续，西去云游；
还有传说，所去蜀地，
青羊之宫，遗迹也有；
也有传说，老子南行，
云游武当，问道房陵，
仰慕神农，诗祖吉甫。

房陵乃为，神农探险，
神农架山，尝百草地；
房陵也是，西周太师，
吉甫故里，吉甫采风，
撰写诗歌，编纂《诗经》，
《六月》《崧高》，《诗经》歌曰，
文武吉甫，万邦为宪，
吉甫作诵，穆如清风。

吉甫名篇，《诗经·烝民》：
“天生烝民，有物有则”
这和老子，《道德经》中：
“有物混成，先天地生”，
其中“物”字，在字义上，
有“事物、万物”字义，
对于宇宙，事物认识，
皆为哲学，思想认识。

历史学家，胡适先生，
一九一八，著书研究，
文论提出，我们可把，
老子孔子，以前时间，
二三百年，当作哲学，
孕育时代，这时思潮，
除了《诗经》，别无可考，
我们叫它，“诗人时代”。

吉甫辅佐，宣王中兴，
时间长达，四十六年，
亦是宣王，时期《诗经》，
采风撰诗，编纂太师，
国学《诗经》，是其周朝，
达官之人，教课之书，
与其老子，著《道德经》，
有着延承，互证联系。

古籍《诗经》，与《道德经》，
有着相应，道德文化，
有着互补，互证联系。
《诗经》中有，“德”字七十，
“道”字则有，三十二个，
“天”字则有，一六六个。
老子所著，《道德经》中，
“德”字则有，四十三个。

《道德经》中，“道”字则有，
七十五个。“天”字则有，
一〇五个，充满哲理。
国学名人，闻一多曰，
《诗经》乃是，古代周朝，
社会唯一，教课书籍。
诗三百篇，乃是各国，
达官贵族，学习政治，
必修科目，不学《诗经》，
不懂得诗，则就无法，
参加朝会、盟会大事。

老子曾任，东周之时，
守藏史官，饱读《诗经》，
尊崇西周，太师吉甫，
房陵乃是，吉甫故里，
老子巡游，在函谷关，
著《道德经》，然后南行，
问道房陵，必经武当，
过盐池河，到达房陵。

（注：昔尧子丹朱避舜于房，从古均州登太和武当，过盐池河，翻越尧子垭到房陵，有古驿道。）

综上所述，名人老子，
问道房陵，也可说明，
西汉扬雄，《蜀王本记》，
相传老子，著《道德经》，
赠予尹喜，临行前曰：
行道千日，后于成都，
青羊肆见，因为房陵，
曾为蜀东，西通蜀地。

八、老子巡游，问道神农，在神农架，品茗炼丹

仙山武当，八百华里，
武当山南，紧连房县，
神农架山，原系房县，
公元纪年，一九七〇，
生态保护，从房划出，
成立林区，名神农架。
阅《神农架地名志》书，

阳日公社，中武当山。

中武当山，山顶古庙，
建显圣宫，供奉道教，
祖师神像，香客不断，
古时鼎盛，遗址尚存。
中武当山，遥相呼应，
老君山峰，海拔高达，
二千九百三十六米，
古代建有，老君庙观。

《中国道教大辞典》书，
与《神农架地名志》书，
多书记载，相传古时，
老君在此，炼丹得名。
老君山峰，地理位距，
大神农架，十五公里，
东北方位，是老君山，
山峰奇峻，天然生态。

老君山顶，云雾缭绕，
犹如老君，白发银须，
端坐云中，慈祥可亲；
由顶至底，九条山梁，
突兀逶迤，似若苍龙，
欢腾下扑，九龙捧圣；
梁间九条，曲折溪流，
犹如银带，涟漪飞溅。

老君山麓，野果满缀，
珍禽异兽，密林时现，
百草百花，百花百药；
老君溶洞，天然形成，
石柱林立，鬼斧神工，
圣君卧榻，系青牛柏，
炼丹仙炉，茶壶煮茗，
栩栩如生，耐人寻味。

山上古有，老君庙观，
当地民俗，香火不断，
朝拜老子，虔诚问道。
神农架区，地名还有，
道士垭，三清观，
小武当、太和山，
五峰山，留遗迹，
野生茶山，道茶养生。

在此述说，有的学者，
谈起老子，缺乏研究，
照抄错引，甚至有的，
志书报载，说老子是，
周康王时，或周昭王，
时期之人，东周老子，
误为西周，年岁多说，

四百余年，实属误矣。

九、尹喜武当，品茶隐修，所栖之处，多有胜迹

查阅《太岳太和山志》，
南宋地理，《舆地纪胜》，
据南朝人，郭仲产著，
《南雍卅记》，《列仙续传》，
《武当山志》，《武当古建》，
古籍《道藏》，多本古籍，
记载尹喜，隐修武当。
相传尹喜，多有遗迹。

尹喜武当，所栖之处，
主要三处，有其记载。
遗迹其一，武当大顶，
之北有座，狮子峰山，
岩壁上有，尹喜之岩，
一名仙岩，古有铜床，
还有玉案，历经沧桑，
具已今无，其下有涧。

涧名牛槽，又青羊涧，
相传老子，会访尹喜。
遗迹其二，展旗峰北，
有片悬崖，多个岩洞，
再沿山腰，下行百米，
有一岩洞，面积较大，
洞内还有，古建遗址，
翠峦僻静，尹喜隐居。

遗迹其三，去五龙宫，
竹关之上，有隐仙岩，
古籍记载，一名尹仙，
即尹喜岩，一名北岩，
高耸云烟，俯视汉水，
石如玉璧，呈瑰纳奇，
这是武当，三十六岩，
其中一座，大型岩洞。

五龙宫处，尹喜仙岩，
岩壁石窟，长十五米，
高十一米，深一米五
岩下古建，砖石结构，
石殿五座，神桌一方，
《武当福地总真集》载，
古代尹喜，隐于此岩，
读经炼丹，丹炉存焉。

五龙群山，野生茶树，
资源丰富，尹喜修道，
读《道德经》，品茶悟道，

后有汉代，尹轨所居。
晋代大臣，谢允辞官，
修行武当，均成名道，
多人慕名，赞尹仙岩，
元罗霆震，《尹仙岩》诗：
道之所隐即仙灵，
心印函关道德经。
不待邛州乘鹤去，
此山仙已是天崖。

十、茶树发祥，称在巴峡蜀东房陵，古出名茶

房陵历史，曾称蜀东。
中国著名，茶研专家，
陈祖椝、朱自振编著，
《中国茶叶历史资料选辑》，
一书认为，神农氏族，
最早可能，生息蜀东，
和鄂西山，首先发现，
茶的药用，进而采食。

文献记载，秦汉以前，
产茶地区，乃为川东，
巴族地区，周代已将，
茶叶作为，珍贵贡品。
秦灭巴蜀，茶的饮用，
开始传播，中原地区。
蜀东产茶，历史悠久，
房陵古时，称为蜀东。

《史记·秦始皇本纪》载，
长信侯毐，作乱而败，
车裂刑以，灭其宗人，
及其舍人，夺爵迁蜀，
四千余家，家房陵地。
由此表明，房陵古时，
按其地域，称为蜀东，
老子赴蜀，路经房陵。

十一、汉代茶史，名王昭君，和亲匈奴，亦为茶使

汉代茶史，名王昭君。
古籍《史记》，第二十卷，
侯者年表，第八节记，
汉王奉光，家在房陵，
其女立为，宣帝皇后，
并且封为，邛成皇后，
其父奉光，也被封侯。
古《房县志》，内有记载。

宣帝之儿，元帝刘奭，
十分尊崇，邛成太后。
元帝选美，妃王昭君，
兴山俊女，与邛太后，
籍房陵郡，古辖兴山。
唐代魏王，李泰主编，
《括地志》载，房州上庸，
古为庸国，疆域之大。

《后汉书》中，郡国志载，
庸国疆域，跨陕川鄂，
包括竹山，房县保康、
神农架地，竹溪平利，
旬阳安康，汉阴石泉，
紫阳岚皋，镇坪城口，
巫溪巫山、奉节等地，
辖十七县，疆域广阔。

《魏氏春秋》，古籍记载，
建安二十五年之时，
分南郡巫，秭归夷陵，
临沮相并，房陵上庸，
西城七县，为新城郡，
郡治房陵，即辖七县
《兴山县历史沿革》，
记载兴山，建县由来。

三国时期，吴永安年，
即在公元，二六〇年，
分秭归县，之北界地，
立兴山县，因县地处，
起于群山，故名兴山。
有关史料，相继记载，
庸国及至，房陵郡时，
秭归兴山，与房同域。

元帝竟宁，元年正月，
即公元前，三十三年，
匈奴呼韩邪单于，
长安朝觐，汉代元帝，
自请为婿，元帝遂将，
昭君赐给，呼韩邪单于，
非常高兴，上书表示，
愿意永葆，塞上边境。

昭君出塞，和亲匈奴，
胡汉联姻，不仅维护，
边塞和平，而且开创，
丝绸之路，茶马古道。
元帝赏给，锦帛万匹，
丝絮万斤，大量茶叶。
古人认为，茶乃萌芽，
茶性最洁，寓为爱情。

茶树多籽，寓为绵延，
子子孙孙，茶树常青，
寓意美满，相敬如宾。
民俗婚礼，喜茶待客。
昭君故乡，兴山有条，
清泉涟漪，香溪河流，
河的源头，在神农架，
乃是神农，尝百草地。

神农探索，亲尝百草，
日遇毒草，七十二毒，
得茶解之，荼就是茶。
茶能治病，又能解渴，
消食健胃，清心明目。
昭君从小，就同姐妹，
携着竹篓，上山采茶，
揉捻烘焙，制成茶叶。

昭君出塞，带去名茶。
塞外草原，气候干燥，
牧民食品，牛羊为主，
喝茶解腻，能助消化，
还可解困，滋润咽喉。
牧民称赞，昭君乃是，
汉匈和好，民族和睦，
茶的使者，造福牧民。

唐代陆羽，慕名香溪，
寻溪泉眼，在神农架，
陆羽赞称，水美茶好，
天下名水，第十四泉。
兴山有座，灵武当山，
距神农架，中武当山，
近百华里；距十堰市，
武当名山，六百华里。

灵武当山，万山来朝，
也被称为，万朝山峰，
峰顶尚存，武当遗址，
相传祖师，亦曾在此，
建有道庙，当年来朝，
有万余人，至今尚存，
一米多宽，古道痕迹，
由此也叫，万朝山峰。

古有茶祖，神农发现，
野生茶树，茶之为药。
汉有昭君，出塞和亲，
成为茶使，万里茶路。
昭君故里，灵武当山，
万朝毛尖，秀峰剑毫，
巴峡名茶，带着茶香，
伴随琴韵，香飘草原。

十二、茶神孔明，名诸葛亮，学道武当，茶传云贵

茶神孔明，诸葛亮也，
学道武当，传承茶艺。
东晋历史，文学名家，
襄阳人士，习凿齿著，
《诸葛亮集·故事篇》载，
司马徽见，诸葛亮有
经世之才，便向他说，
以你才华，应访名师。

司马徽曰，汝南灵山，
隐居名人，酆公玖也，
熟谙政治，军事之才。
酆公知识，永学不完，
你可向他，虚心求之。
诸葛听后，甚是高兴，
风尘灵山，拜玖为师，
住有一年，玖却不教。

但诸葛亮，仍旧恭敬，
侍奉老师，直到酆公，
认定诸葛，品学兼优，
收为学徒，给以传授。
酆公将其，《三才秘录》
《兵法阵图》《孤虚相旺》，
传授诸葛，数月之后，
玖见诸葛，学习用心。

诸葛已能，领会著作，
其中奥妙，就向诸葛，
殷切推荐，南郡有个，
武当名山，其天柱峰，
紫霄峰间，隐居修炼，
道家高人，有其很多，
其中最为，著名者是，
北极教主，功夫之高。

北极教主，精于《琅书》，
《玉册》《金简》《灵符》等著，
六甲秘文，五行道法。
酆公则说，我所教你，
主要学的，是其兵法，
故而尚未，精学道术，
深显不够，所以我意，
带你拜见，北极教主。

北极教主，收其为徒，
也对诸葛，一番考验。
每日令他，砍柴担水，
上山采茶，沏饮道茶，
食以黄精，居日既久，

见其诸葛，果有诚心，
方授道术，天文地理，
学才不凡，下山行世。

诸葛隆中，远近闻名，
刘备重才，三顾茅庐，
重任军师，神机妙算，
指挥千军，雄风三国。
七擒孟获，带茶云贵，
将士肠炎，茶到病除，
诸葛植茶，如此神奇，
少数民族，十分称赞。

诸葛教民，兴建茶园，
绿色金山，富民健康，
西南地区，少数民族，
人称孔明，是为茶神，
每年春季，茶园开采，
拜亮茶树，孔明茶神。
云贵茶农，逢年过节，
开园采茶，亦祭诸葛。

十三、唐皇太宗，三公主儿
房陵太守，茶入药典

唐皇太宗，李世民时，
谏议大夫，杰出宰相，
清官王珪，齐名魏征，
与唐太宗，世民甚好，
唐皇世民，特将女儿，
南平公主，圣旨嫁于，
王珪之子，名王敬直，
封为男爵，驸马都尉。

王敬直子，名曰王焘。
《新唐书》载，王珪孙焘，
性情至孝，徐州司马。
母患有疾，弥年不废带，
视絮汤剂，数从高医，
遂穷其术，因以所学，
作书号曰，《外台秘要》，
历给事中，治闻于时。

《外台秘要》，王焘自序，
余幼多疾病，长好医术。
遭逢有道，遂蹑亨衢，
七登南宫，两拜东掖，
便繁台阁，二十余载，
久知弘文，馆图籍书，
由是睹奥，皆探秘要。
婚姻之故，贬守房陵。

王焘自幼，对医药学，

产生兴趣，收集药方，
大量积累，医学资料。
但是由于，王焘出生，
官宦世家，祖辈要他，
为官从政，王焘曾任，
徐州司马、邺郡刺史，
王焘为官，刚正不阿。

王焘为官，气节高尚，
因功封赏，官至银青，
光禄大夫，受人赞称。
命运不顺，王焘因为，
婚姻之故，贬守房陵，
仍然为官，房州太守。
任职同时，注重收集，
挖整民间，医药验方。

民间药方，十分广泛，
上自神农，下及唐世，
无不采摭，博采众长，
引用医家，药籍多部，
研究著作，《外台秘要》，
全书共有，四十卷整，
分门别类，共计分成，
一千一百零四之门。

收集验方，六千多个，
都是采用，先论后方。
提出疾病，分成内科、
外科骨科、妇产小儿、
五官皮肤，以及中毒、
急救螫咬，之伤诸等。
夫外台者，秘要者枢，
以故号曰，《外台秘要》。

尤为突出，对于伤寒、
肺结核病、疟疾天花、
霍乱病症，传染疾病，
治疗论述，更为精湛。
王焘秘要，揭糖尿病，
消渴之谜，王焘坚持，
深入民间，研消渴症，
病因病机，惊奇发现。

消渴症病，人的尿液，
引来无数，蚂蚁聚集，
仔细观察，仔细品尝，
病人尿液，味道很甜，
从而揭开，糖尿病的，
成因之谜，“糖尿病”状，
亦即命名，成为开端。

王焘根据，辨证论治，
尚且分型，分上中下，

三消之症，治糖尿病，
此事成为，古往今来，
最早探秘，糖尿病史。
王焘发现，“脑流青盲”，
究其病因，描述可谓，
入木三分，即白内障。

王焘研究，眼无所因，
忽然膜膜，不痛不痒，
渐渐不明，历年岁遂，
致其失明，令观容状，
眼形不异，唯眼中央，
小珠里面，乃有其障，
作青白色，虽不辨物，
明暗三光，知昼知夜。

如此患者，眼疾名作，
脑流青盲，病未患时，
忽觉眼前，似见“飞蝇”，
黑点逐眼，飞动来去，
宜用金篦，拨一针后，
豁若开云，而见白日。
针讫宜服，大黄药丸，
此疾皆由，虚热所致。

《外台秘要》，乃是我国，
古代著名，中医临床，
工具之书，不朽著作，
率先发现，对糖尿病，
眼白内障，茶入药典，
《外台秘要》，被称“世宝”，
医家认为，不观《外台》，
所见不广，用药不神。

《外台秘要》，茶入此书，
药方多个，例如腹胀，
气隔不通，如煮槟榔，
及茶汤等，可疗此病。
叙米豆等，茶酒附之，
适当服用，下气益人。
生疮湿痒，紫芽茶末，
荷叶灰等，盐水洗愈。

《外台秘要》，第三十一卷，
专门设有，代茶新饮，
药方一节，详细记述，
药茶制作，治疗疾病，
使用疗效，写入药典，
开创药茶，制作先河。
为民健康，贡献卓著。

十四、水神玄武，真武祖师，水是茶母，献茶真武

水是宇宙，灵气结晶，
万物生长，生命之源，
生命之母，生态之基。
西周祭祀，把茶当作，
神圣之物，祭天拜祖，
茶为供物，朝廷贡品。
武当道教，尊崇玄天，
道教科仪，敬茶真武。

上古时期，人们依照，
群星方位，将其划分，
廿八星宿，东西南北，
四个方位，天象体系。
不仅成为，古人观测，
日月星辰，定坐标系，
依此根据，区别方位，
识别季节，界定节气。

上古时期，北方七宿，
以此界定，冬令节气，
相应界定，东方定春，
南方定夏，西方定秋，
构成方位，四象系统。
《周易·系辞》，由此所说，
在天成象，在地成形，
变化见矣，即为“四象”。

“四象”上以，星宿分天，
“四象”下以，灵兽应地，
选出相应，动物形象：
东方苍龙，西方白虎，
南方朱雀，北方玄武。
《史记·天官书》，“北宫玄武”。
《九怀章句》“天龟水神”。
《后汉书》曰，“玄武水神”。

武当道教，崇奉自然，
品茶论水，感悟灵气。
《大岳太和山志》卷三，
《玄帝圣纪》，《太玄经》云：
天一生水，地二生火。
玄帝主宰，天一之神，
故咒之曰，水位之精，
乃谓宫曰，天一之宫。

《仙传》记云：天一之精，
是为玄帝；天一之气，
是为水星；天一之神，
五灵老君；天一之象，
应兆虚危，视为玄武。

其名则一，其形则二，
见相玄龟，及与赤蛇，
精气所变，乃为雨露。

仙山武当，天然神奇，
奇妙景观，天造玄武。
空中俯视，天柱峰顶，
犹如一个，形态逼真，
栩栩如生，背甲高拱，
巨大神龟，驮着金光，
灿灿金殿，紫禁城墙，
环围龟身，厚朴浑然。

天柱峰顶，前方兀起，
一峰昂立，伸向云端，
形似龟首，翘迎苍穹。
云雾缭绕，紫禁城墙，
奇曲蜿蜒，绕天柱峰，
犹如银蛇，缠合“玄龟”，
形成一幅，龟蛇呈祥，
绝妙奇观，众客惊赞。

天柱奇峰，一柱擎天，
七十二峰，峰朝大顶，
顶是玄武，仙山武当，
云海茫茫，飞云荡雾，
好似玄武，遨游云海，
太和骞林，绿叶水神，
众星拱月，亘古无双，
天下胜境，第一仙山。

十五、道教科仪，敬茶真武

水神玄武，水是甘露，
茶是灵芽，水茶相融，
才溢香气，方可饮益。
武当道教，科仪规定，
供物所宜，净水净茶。
《尹喜内传》，神仙多以，
枣宴宾也，净水亦佳。
茶水通灵，达仙之物。

古《太上说玄天大圣
真武本传神咒妙经》，
载酌水者，能涤秽炁，
一切清净，皆由此生，
故此供养，不可无水。
齐武帝诏：我灵上慎，
勿牲为祭，唯设饼茶，
天下贵贱，咸同此制。

唐罗隐撰，《送灶诗》：
“一盏清茶一缕烟，

灶君皇帝上青天。”
《睽车志》载：襄阳书法，
名人米芾，即米元章，
至无为军，喜神怪也，
每得时新，茶果之属，
辄分馈神，以此敬茶。

武当道教，茶是天然，
雨露灵芽，是为通灵，
达仙之物，亦是科仪，
虔诚献茶，重要之礼。
《武当福地总真集》记：
武当玄帝，天之大圣，
世之福神，不乐华饰，
惟务清静，供献仪物。

武当道教，科仪规定，
供物所宜，清油净水，
灯烛时果，净茶枣汤，
及黄白花，精洁灿盛，
如此供物，获大吉祥。
所忌石榴，李子荷花，
及红艳花，莲藕鸡犬，
显报慎之，玄帝隐讳。

道教科仪，请水敬茶。
神圣虔诚，道教科仪，
有其以茶，献供词称：
上古神农，攀缘搭架，
神农架山，遍尝百草，
不幸身中，七十二毒，
香溪圣水，煮茶而饮，
得茶解之，古荼即茶。

请水敬茶，也有词称：
周景王时，老子出巡，
函谷关时，紫气东来，
关令尹喜，预感吉兆，
迎之于家，双手举杯，
首献茗饮，此茶之始，
老子赞曰，食是茶者，
皆为汝之，道徒者也。

净水净茶，也有词称：
水神玄武，真武祖师，
太和武当，仙气长存，
武当道茶，天地精华，
七十二峰，二十四涧，
五井百泉，飞云荡雾，
甘露灵芽，骞林贡茶，
修性养生，福寿康宁。

《玄天上帝启圣录》载：
进到仪式，伏惟上界，

真武真君，于今治世，
助国安民。欲报恩德，
每年定于，六庚申日，
六甲子时，三元五腊，
逐月一日，天弗明时，
取井花水，用杨柳枝，

一枝浸之，明灯或净，
蜡烛一檠，枣汤净茶，
各敬一盏，笺沉乳檀，
时果素食，供养果子，
每年合计，三十二次，
及“三月三”，和“九月九”，
盛大法事，武当道士，
净水净茶，玄天上帝。

武当道教，做法事时，
道人身着，庄重道袍，
手持法器，合着声乐，
吟唱经文，或念咒语，
坛场举行，道教仪式；
设坛上供，烧香升坛。
礼师存念，口念如法，
高功所做，宣卫灵咒。

鸣鼓发炉，降神迎驾，
奏乐献茶，散花步虚，
赞颂宣词，祝神送神。
活动过程，钟鼓磬钹，
笛锣笙等，演奏乐曲，
高功经师，踏罡步斗，
存神行气，神灵沟通，
祈福福至，禳祸祸消。

十六、唐两公主，入藏联姻，亦称茶使，茶马互市

唐李世民，堂弟道宗，
任江夏王，有一女儿，
掌上明珠，文成公主。
贞观八年，松赞干布，
派史长安，向唐朝贡，
多赍金宝，奉表求婚。
藏汉联姻，有利安定，
边疆内地，民族和谐。

太宗世民，钦选公主，
入藏联姻，汉藏友好。
鄂武昌县，古为江夏，
汉水长江，交汇汉口。
唐李世民，都城长安，
武当地处，汉江中游，
乃为武汉，水路进京，

必经武当，古均州地。

山八百里，盛产贡茶，
亦是世界，绿松宝石，
盛产之乡，总量占据，
全球七成，武当山麓，
郧县竹山，和郧西县，
盛产松石，工艺饰品，
象征平安，吉祥幸福，
成功富贵，珍贵贡品。

文成公主，入藏带去，
谷物茶叶，菜籽药材，
绫罗绸缎，绿松宝石，
五经四书，诗文历法，
陶器造纸，农书医典，
金玉饰品，酿酒工艺，
二十五名，随同侍婢，
一百乘骑，嫁妆车拉。

《西藏政教鉴附录》称，
茶叶亦自，文成公主，
带入藏也。藏史记载，
松赞干布，文成公主，
始自茶叶，输入西藏。
藏族不忘，文成公主，
带来茶种，称为茶使。

藏族牧民，多食牛羊，
和其乳品，需要饮茶，
帮助消化，真正形成，
腥肉之食，非茶不消，
青稞之热，非茶不解，
生活方式，饮茶健身。
养马饮茶，发展贸易，
茶马互市，经济繁荣。

唐嗣圣元，六八四年，
唐皇中宗，李显被贬，
房州之地，为庐陵王，
十四年后，朝廷派臣，
接回李显，复为太子。
七〇五年，复为皇帝。
景龙三年，藏族吐蕃，
遣臣尚赞，重礼朝贡，
热切求婚，联姻和亲。

唐皇中宗，金城公主，
被选嫁予，赤德祖赞。
景龙四年，中宗欣命，
左卫将军，杨矩护送，
金城公主，入蕃联姻。
中宗疼爱，金城公主，
赐锦万匹，杂技百工，

亲送公主，陕始平县。

中宗就此，摆宴臣民，
一同欢庆，并改始平，
为金城县，免税一年。
藏民赶着，骏马迎接，
公主登上，绿松石座，
百伎舞女，载歌载舞，
敬献哈达，隆重欢迎，
饮酥油茶，一片欢腾。

金城公主，入蕃化解，
汉藏矛盾，促成唐蕃，
两次会盟，传播文化，
发展贸易，藏民需茶，
内地需马，茶马互市，
唐朝原有，马廿四万，
不过十年，马匹多达，
四十三万，茶马双赢。

十七、丝绸之路，茶马古道，绿松宝石，驰名四海

武当方园，八百华里，
所处地域，鄂豫渝陕，
毗邻交界，秦巴山区，
长江汉水，中游地段，
古代方国，庸巴麇彭，
楚绞濮郧，十多古国，
丝绸之路，茶马古道，
绿松宝石，远销世界。

我国丝绸，生产历史，
源远流长，久负盛名，
相传嫘祖，教民养蚕。
公元之前，十三世纪，
甲骨卜辞，已有桑蚕，
丝帛名称，民间素有，
农桑并举，一妇不蚕，
或受之寒，蚕丝重要。

《国语》卷六，《齐语》记载，
桓公在位，多国拒贡，
一战帅服，三十一国。
遂南伐楚，方城汶山，
使纳贡丝，于周而反。
荆州诸侯，莫敢不服。
此事说明，荆楚之地，
古产丝绸，且是贡品。

古时房陵，地域乃为，
荆楚之地，盛产丝帛。
南朝梁国，开国功臣，

文史学家，沈约诗曰：
“色润房陵缥，
味夺寒水朱。
摘持欲以献，
尚食且踟蹰。”
诗中“缥”物，即青白色，
丝织品也，意为色泽，
好比房陵，著名青白，
色泽丝帛，还要青润，
说明房陵，丝帛优质。
明都御史，周绍稷纂，
《郧阳府志》，《物产篇》载，
绵绸郧房，竹山竹溪。

丝产房竹，上津竹溪，
武当山下，古城均州，
张湾黄龙，汉水古镇，
商贸发达，丝绸之路。
秦巴武当，巴峡贡茶，
肩挑背驮，房陵武当，
汉水均州，或从堵河，
到达黄龙，汇成茶市。

十堰郧阳，竹山郧西，
盛产名贵，绿松宝石，
象征吉祥，平安富贵，
闻名世界，东方圣玉。

房城西关，竹山上庸，
武当山下，汉水均州，
郧县郧西，县城皆有，
山陕会馆，丝茶繁贸。

秦巴武当，丝茶宝石，
三条线路，驰名世界，
一条汉水，溯江上津，
翻越秦岭，京城西安，
到达内蒙古，越过草原，
销往俄国，远售欧洲。
一条陕川，到达西藏，
翻越雪山，过尼泊尔，

丝茶松石，远销非洲。
一条汉水，顺江而下，
襄阳汉口，长江南京，
漂洋过海，世界各地。
茶马古道，丝绸之路，
绿松宝石，出口之路，
汇集一起，商贸流通，
宝石道茶，享誉世界。

十八、道教之神，神荼郁垒，驱邪惩恶，保民平安

茶古称荼，荼能解毒，
以此引申，茶之功能，
驱毒治毒，乃为神话，
茶能驱邪，传为神人。
武当道教，茶为多用，
饮茶打坐，修性养生，
道教信奉，神荼郁垒，
驱邪惩恶，保民平安。

《世界宗教研究》杂志，
第一期载，论文叙述，
我国原始社会时期，
神话与其，宗教信仰，
源远流长，与之产生，
道教神学，及其神话。
宗教这些，原始形态，
则被古籍，考古记录。
（注：《世界宗教研究》1989年第1期刊登：《从〈山海经〉看道教神学的渊源》。）

《山海经》书，早有记载。
东汉王充，《论衡·订鬼》，
引《山海经》：沧海之中，
有度朔山，上有桃木，
有其屈蟠，乃三千里，
枝间东北，名曰鬼门，
万鬼所出入，上有二神人，
一曰神荼，一曰郁垒。

神荼郁垒，主领万鬼，
恶害之鬼，执以苇索，
而以食虎。于是黄帝，
立大桃人，门户贴画，
神荼郁垒，挥悬苇索，
以御凶魅，驱挡恶鬼。
神荼郁垒，以神克鬼，
乃为道教，神学吸收。

茶的字义，说文解字，
茶古称荼。神荼之荼，
荼毒之荼，荼能祛毒。
有些注解，荼为苦菜，
此说模糊，苦菜名称，
二十多种，再如《周礼》，
地官掌荼，设有荼官。
怎能说成，苦菜之官。

《荀子·大略》，作有记载，
天子御珽，诸侯御荼，
大夫服笏，此朝礼也。

由此表明，荼名玉板，
古代朝会，诸侯所执。
中国道教，神谱记载，
东方鬼帝，郁垒神荼，
治“桃止山”，及“鬼门关”。

道教常用，八种法器，
天蓬之尺、斗灯法剑，
乾坤圈与金钱剑和，
三清铃幡，桃木之剑。
神荼郁垒，执桃木剑，
收妖伏魔，保护平安。
武当山下，民俗信仰，
张贴门神，神荼郁垒。

十九、明代医圣，名李时珍，武当采药，论茶药性

明代医圣，名李时珍，
籍贯湖北，蕲春县人，
世医之家，二十二岁，
弃儒从医，潜心医药，
跋山涉水，采药四方，
行程江西，安徽湖南，
河南河北，鄂西蜀东，
艰辛考察，研究药材。
明代嘉靖，四十四年，
时珍采药，上武当山，
群峰耸峙，古木参天，
草木葱茏，鸟语花香，
飞云荡雾，流水潺潺，
天然药库，品类丰藏，
时珍师徒，涉过山涧，
攀登悬岩，住在岩洞。

尚有遗址，名时珍岩，
采药发现，特有药草，
九仙子药，天麻黄精，
千年艾药，太和道茶，
隔山消药，曼陀罗花。
听说武当，稀罕果子，
名叫榔梅，人称“仙果”，
食可“长寿”，朝廷贡果。

时珍师徒，想看究竟，
在一山腰，道观休息，
打听榔梅，老道介绍，
皇上有旨，禁止采摘，
榔梅贡果，否则追究。
时珍心想，采药为民，
也为朝廷，榔梅“仙果”，
药用价值，值得研究。

师徒二人，留心采取，
亲口尝试，榔梅“仙果”
经过研究，发现榔梅，
似杏树叶，果与梅子，
相差不多，口感酸甜。
药用功效，生津止渴，
清神下气，品种珍稀。
时珍进庙，以茶相待。

道人沏茶，并且告之，
武当亦名，太和仙山，
生长野生，太和道茶，
道人饮茶，养生修性，
道众喜称，长寿道茶。
时珍苦研，名人论茶，
并且注重，旁征博引，
结合研药，注解茶效。

李时珍曰：明代才子，
文学名家，杨慎著作，
《丹铅录》云，茶即古荼，
西周诗云，谁谓荼苦，
其甘如荠，荼即茶也。
《本草拾遗》，茶除瘴气。
苏轼《茶说》，饮茶能够，
除烦去腻，不可无茶。

时珍著述，《本草纲目》，
特此记载，茶叶功能，
茶苦而寒，阴中之阴，
沉也降也，最能降火。
火为百病，火降上清。
火有五火，有虚有实，
心肺脾胃，火多盛者，
饮茶降火，此茶之功。

火因气寒，而下降者，
热饮则茶，借火升散，
又兼解酒，解食中毒，
使人神爽，不昏不睡，
若还虚寒，血弱之人，
饮之既久，脾胃恶寒，
元气暗损，饮茶慎之，
因人体质，与茶相宜。

时珍早年，脾肺气盛，
每饮新茗，必至数碗，
轻微汗发，而肌骨清，
颇觉痛快。中年胃气，
较弱稍损，饮量慎之。
《本草纲目》，收集标本，
一千八百九十二种，
武当山达，四百余种。

二十、天人合一，保合太和，因太和山，名太和茶

袁野清风，公元纪年，
一九七四，隆冬之时，
袁野一行，四人徒步，
房县通省，大马公社，
文化调研，到马嘶山，
又被称为，仙山武当，
七十二峰，天马奇峰，
慕名武当，兴致登山。
（袁野、庆山、兴旺、兴明，四人徒步。）

大马紧连，金顶后山，
从其官山，经豆腐沟，
越仙人峰，路遇农户，
热情好客，喝野生茶，
味道略苦，但却解渴，
吃火烧馍，另做两斤，
四人带上，从其后山，
登上金顶，大开眼界。

当时金顶，十分沧桑，
循声敲门，文管所长，
名任兴俊，开门参观，
热情沏茶，并且告诉，
山上野茶，叫太和茶，
参观金顶，古建文物，
饱览群峰，风光无限，
胜境道茶，令人难忘。

谁曾想到，二十年后，
袁野清风，痴迷武当，
道茶研究，背着山志，
植物志书，翻山越岭，
攀登悬岩，过河越涧，
不辞劳苦，走访山民，
座谈道人，寻找山茶，
查阅古籍，研究道茶。

仙山武当，喝茶饮料，
品种之多，百花百茶，
百药百茶，各有功效。
但作道茶，笔者考究，
野生道茶，主有两种，
一是野生，太和茶树；
一种则叫，骞林茶树。
品种不同，各有特色。

武当山名，最早称谓，
太和山也，所谓太和，
亦作“大和”，其意就是，
即天地间，冲和之气。

古籍《周易》，保合太和，
人与自然，关系讲求，
天人合一，天人感应，
天地万物，与吾一体。

人与社会，关系讲究，
“礼之为用，和之为贵”，
“和以处众”，“协和万邦”，
“仁者爱人”，“和衷共济”；
“和而不同”，“和平共处”；
“平心静气”，“和气长寿”。
《程氏易传》，籍中则说，
保为长存，合为长合。

何谓太和，意义即为，
“大的和谐”，联系起来，
就是表明，必须保持，
长合达到，大的和谐。
由此可见，保合太和，
指的就是，阴阳之合。
也是《周易》，阴阳互补，
才能达到，保合太和。

保合太和，出自《周易》，
书中重要，哲学思想，
古之以来，多有论述，
《易·乾》载曰：保合大和，
乃利贞也。大本作“太”。
汉代名人，史学文豪，
班固著述，《汉书》记载：
“沐浴玄德，禀印太和。”

南朝名人，颜延之撰，
宋文皇帝，元皇后哀，
策文之辞：太和既融，
收华委世，谓太平也。
《宋景文公笔记·考古》：
天下太和，兵革不兴。
朱熹《本义》：太和之谓，
阴阳会合，冲和之气。

武当太和，地名源自，
古籍《周易》，保合太和，
和谐平安，吉祥如意，
无论先秦，最早道家，
还是汉代，道教产生，
武当道人，崇尚和平，
道教思想，文化精髓，
“天人合一”，“和谐精神”。

仙山武当，谓太和山，
茶树随其，山名而起，
即随地名，谓太和茶。
太和道茶，因其初泡，

口感味苦，逐渐味甘，
尤能清火，清心明目，
故又俗称，苦太和茶，
当地也叫，野生茶树。

二十一、袁野清风，考察求证，太和古茶，学名翅柃

袁野清风，风雨武当，
夏顶酷暑，冬冒冰寒，
问道探茶，走访山民，
采访茶农，二〇〇七，
丁亥年春，走访药农，
发现南岩，榔梅祠后，
岩壁山谷，烂石栎壤，
林中长有，太和茶树。

丁亥年秋，袁野清风，
相邀武当，八仙观村，
茶场场长，王富国，
先后考察，凌虚岩沟，
状元岩山，茶树岭沟，
寻找野生，太和茶树。
二〇〇八，戊子年夏，
袁野清风，再次考察。

诚邀专家，武当医药，
研究所长，名陈吉炎，
到榔梅祠，后山岩谷，
鉴别野生，太和茶树，
岩壁山间，长有野茶，
十一蔸丛，一般树高，
四至五米，其中最大，
一棵古茶，树高五米。

树基围径，一米零二，
树基直径，零点三米。
有一蔸长，十二枝干。
对照《中国植物志》书，
《湖北植物志》书，
武当野生，太和茶树，
系山茶科，系柃木属，
多地生长，多个俗称。

《湖北植物志》书介绍，
太和茶树，生丹江口、
武当山峰，神农架山，
房县竹山、竹溪县等。
湖北宣恩，叫山桂花；
湖北通山，叫野茶树；
生长特征，常绿灌木，
树叶椭圆，果圆球形。

太和茶树，系山茶科，
学名翅柃，生长山谷，
分布四川，陕西河南，
湖南江西，广东福建，
浙江安徽，叶可作茶。
武当山区，常在春天，
采摘嫩芽，制太和茶，
寒性较大，清火解热。

道茶出自，武当仙山，
茶道何以，道众相缘？
袁野清风，研究认为，
武当道人，饮太和茶，
心旷神怡，清心明目，
心境平和，爽口气舒，
人生至境，平和至极，
谓之太和，即称道茶。

河南信阳，市林业局、
农林学院，组织专家，
特对信阳，大茶沟地，
翅柃古茶，内含物质，
进行检测，并与国内，
几个名茶，绿茶品种，
品质评价，结果表明，
氨基酸物、总量很低。

含茶多酚，接近最佳，
品质范围；故苦涩味，
相对最淡；其儿茶素，
含量极低，与名绿茶，
差异巨大；尤儿茶素，
是其绝对，主题部分，
故其滋味，既味爽口，
又有涩味，苦味之淡。

含咖啡碱，相对很低；
可溶性糖，对比名茶，
要高三倍；水浸出物，
含量高达，48.2%；
对比名茶，高达10%；
翅柃古茶，形成鲜浓、
爽口甜醇，芳香特征，
极具科研开发价值。

河南信阳，大茶沟地，
翅柃古茶，检测研究，
对于武当，研太和茶，
也有一定，参考作用。
武当太和，天然野生，
茶的发现，为研我国，
茶树资源、武当植被，
具有重要，研究价值。

二十二、仙山武当，明朝时期，两百年间，骞林贡茶

袁野清风，风雨武当，
夏顶酷暑，冬冒冰寒，
遍访山民，采访茶农，
问道探茶，发现盐池，
武当口村，黄朝坡村，
紧连房县，万峪河乡，
古小坪村，岩壁谷间，
野生茶树，查对史志。

仙山武当，古代道茶，
天然野生，主要两种，
即太和茶，骞林贡茶。
中国植物、湖北植物，
以及多省，植物志书，
多有记载，太和茶树，
学名叫作，山茶翅柃。
但却没有，骞林茶树。

然而武当，太和山志，
相关古籍，文人诗赋，
却有记载，因无图谱，
记述模糊，材料不详，
不好对照，或者误将，
太和茶树、骞林茶树，
两者混淆，难于辨别，
导致骞林，成千古谜。

骞林之树，最早记载，
东晋南朝，时有经书：
《上清黄气阳精三道
顺行经》书，经书亦名，
《藏天隐月》，书中记载，
金门之内，有高骞树，
玉阙兰室，日华高骞，
其中亦有，七宝浴池。

八骞之林，生乎其内。
太素则以，十七日至，
二十九日，于骞林下，
采三气华，拂日月光。
题月东境，骞林树叶，
采骞树花，拂日月光，
月以黄气，灌天之容。
春分之日，万气氤氲，

神景皆和，黄气阳精。
金冶八炼，丹池浩渊，
玉膏滂沱，流洒八骞，
黄气郁升，阳精结烟，
结于八素，自然之气。
经书描述，相传月中，

虚幻有遍，骞林之树。
散香以拂，日月之光。

（注：《上清黄气阳精三道顺行经》撰人不详，约出于东晋。系早期上清派重要经典。底本出处：《正统道藏》洞真部本文类。）

北宋真宗，天禧年间，
景德道士，张君房编，
《云笈七签》，与其古籍，
《藏天隐月》，记载类似。
宋末元初，历史学家，
国史编修，马端临著，
《文献通考》，记骞林茶，
太和山出，骞林之茶。

初泡苦涩，至三四次，
清香特异，以为茶宝。
元世祖时，元辛卯年，
武当提点，刘道明著，
《武当福地总真集》载：
大顶天柱，南峭壁下，
有池如井，下有松萝、
芳骞林树，奇草灵木。

《总真集》载，芳骞之树，
叶青而秀，木大而高，
根株自然，藤萝交里，
与画无比，武当有二，
大顶五龙，接待庵涧。
明宣宗时，宣德六年，
钦差太常，寺里丞臣，
名任自垣，著有《山志》。
（任自垣著有《敕建大岳太和山志》，简称《山志》。）

《山志》记载，与刘道明，
著述相同。但《山志》记，
永乐十年，盛夏时节，
成祖敕命，隆平侯官，
张信与其，驸马都尉，
沐昕武当，营建宫观，
春气始动，草木将苏，
先是天柱，峰有骞林。

天柱骞林，树木一株，
萌芽菡秀，细叶纷披，
瑶光玉彩，依岩扑石，
清香芬散，异于群卉。
于是管理，护以雕栏，
禁毋亵慢，不旬日间，
忽见玉虚，南岩紫霄，
五龙等处，忽有骞林。

树数百株，悉皆敷荣，
现于祥云，丽日之下，
畅茂和风，甘雨之间，
连阴积翠，蔽覆山谷，
居民见者，莫不惊异，
嗟叹以为，常所未有，
四方之人，闻之来观，
凝霞照日，炫耀人目。

珍禽翠羽，翔集其上。
嘹亮喧啁，昼夜不去。
观者起敬，绿叶舒齐，
馨香馥郁，骞林应祥。
隆平侯与，驸马沐昕，
两相谓曰：骞林之叶，
尤能愈疾，自古云然，
况今年树，生长繁盛。

岂非乃是，天真显化，
以彰其灵，谨用采摘，
进献于朝，附启圣录。
《太和山志》：永乐皇帝，
一十四年，九月初四，
隆平侯官，张信早奏，
欣奉圣旨：骞林茶叶、
榔梅果等，不要进了。

若是榔梅，结实之时，
只著报将，知道钦此。
成化二十一年十月，
二十三日，太监覃昌，
于乾清宫，钦奉圣旨：
恁司礼监，写帖子说，
提督大岳，太和之山，
太监韦贵、潘记每知，
今他每奏，彼处所产，
榔梅黄精、鲜笋等物，

系永乐、宣德年间，
既是旧例，依前采取，
造办进献，不必停止，
陆续差委，的当人员，
管送来京，钦此钦遵。
《山志》记载，弘治二年，
正德二年，嘉靖十五，
嘉靖十七，嘉靖卅五。

隆庆六年，万历年等，
明代先后，二百余年，
骞林叶茶，作为武当，
上贡仙品，进贡朝廷。
《大岳志略》，《明一统志》，
《襄阳府志》，亦有记载。

《清一统志》，也有记载：
襄府土贡，骞林叶茶。

康熙年间，《均州志》载：
骞林茶叶，以解酲酒。
《续均州志》，书中记载：
骞林树芽，如阳羡茶，
能涤烦热，盖羽衣道，
流所珍也，谓道所重。
《湖北茶史简述》记载：
谓骞林叶，太和山出。

古之文人，多有诗赋。
元代名人，云麓樵翁，
罗霆震撰，在其《武当
纪胜集》中，咏《骞林树》：
七宝林中上界奇，
枝枝翡翠叶琉璃。
若非大顶居天上，
安得灵根独有之。

明代弘治，一十五年，
进士章拯，两度登临，
大岳武当，以诗记异，
赞美骞林，感慨而曰：
仙家足幽致，
上界何轩昂。
更酌天池水，
一试骞林香。

明代襄阳，知府吕颙，
嘉靖进士，擅长诗赋，
名望甚高，骞林诗云：
槛外丹霞倚翠峦，
千峰如揖坐来看，
骞林香动春初霁，
雅鸟群栖岁不寒。

明文学家，历史学家，
嘉靖进士，郧阳巡抚，
王世贞撰：《玄岳太和
山赋》有序，赞颂骞林：
“榔梅摽瑞而蜇舌，
石蜜借以为臆冰，
芽之莽产自骞林，
雀舌沸鬻筱簜蔆葪。”

明代贡茶，骞林驰名，
文人诗赋，作家羡慕，
写进小说，增书色彩。
中国杰出，明小说家，
名吴承恩，宦途困顿，
绝意仕进，闭门著述，
撰《西游记》，第九十回，

特意描写，骞林茶树。
妙岩宫前，有其骞林，
彩云重叠，紫气东来，
瓦漾金波，门排玉兽，
花盈双阙红霞绕，
日映骞林翠雾笼，
果然是万真环拱，
千圣兴隆，殿阁层锦，
窗轩处处，引人入胜。

清代文人，沈冠（汉威），
撰《嵾山赋》，文中介绍：
骞林茶以解酲，
杖灵寿而支策。
清旅行家，画家诗人，
张开东撰，《大岳赋》曰：
“云竹天花，骞林一叶，
清馥若茗，琳蕊银芽。”

道光进士，名贾洪诏，
历任云南，定远南安，
昆明州县，后升景东，
顺宁知府，云南巡抚，
政绩显著，一代廉吏。
后解讲学，郧山学院，
学识渊博，担纲纂修，
《郧县志》，《绪均州志》。
贾为郧阳、均州保存，
大量珍贵，历史资料，
笔耕不辍，诗词歌赋，
《绪均州志》，诗中即云：
骞林树芽，茁阳羡茶，
能涤烦热，道流所珍。
清《均州志》，物产木品，
类中记载，“芳骞”茶树。

二十三、袁野清风，执著考证，骞林茶名，尖连蕊茶

公元纪年，二〇一六，
五月上旬，袁野清风，
《十堰晚报》，记者朱江，
冒雨考察，武当山南，
丹江口市，盐池河镇，
武当口村，与村主任，
全国劳模，制茶能手，
谢华山登，主薄垭峰。

考察发现，武当野生，
茶树两种，当地俗称，
苦太和茶，香白花茶，
谢华山说，自古山民，

传统制茶，苦茶油绿，
香茶金黄，近两年来，
野转家生，两亩茶地，
进行试验，逐步发展。

公元纪年，二〇一六，
五月中旬，袁野清风，
市电视台，记者金勤，
来到武当，山南盐池，
黄草坡村，紧连房县，
万峪河乡，小坪山村，
海拔千米，摩天岭等，
考察发现，野生古茶。

相邻五村，多处山谷，
长有天然，古太和茶、
骞林茶树，群落面积，
约有千亩，当地俗称，
古太和茶，春季采叶，
传统方式，制作茶叶，
久负盛名，以茶待客，
也送武当，祖师供品。

请教盐池、黄草坡村，
八十四岁，高正秀说，
小时我家，比较富裕，
我读私塾，有点文化，

跟着父母，会采会制，
太和茶叶，两个品种，
一种小花，苦太和茶，
清明谷雨，采摘嫩芽。

用木蒸笼，轻蒸茶叶，
纱布包后，用擀杖擀，
擀几下后，压扁成形，
炭火烘干，晾干成茶，
棉纸包好，储藏存放，
泡茶头道，茶味较苦，
但茶功效，清火消炎，
越喝味道，逐渐甘醇。

一种白花，味道芳香，
野生茶树，制法同样。
但是此茶，芳香扑鼻，
泡喝香茶，提神兴奋。
当地山民，喜喝此茶。
因每年春，采茶时间，
十天左右，故两种茶，
比较珍贵，山民喜饮。

武当庙观，有向真武，
敬茶习俗，当地百姓，
采太和茶，供敬祖师。
盐池河地，古称官山，

储粮仓库，过去农户，
有的以茶，代替交粮。
有的租种，富人之地，
农户以茶，代粮交租。

有些农户，走亲访友，
以太和茶，或骞林茶，
作为礼物，以此相赠。
据紫霄村，八旬药农，
曾怀生说，我随母亲，
学会采制，两种茶叶，
一种则是，春开白花，
铜钱般大，香气较浓。

当地俗称，香太和茶。
一种茶叶，味道较苦，
清火消炎，清心明目，
当地俗称，苦太和茶。
仔细研究，查找志书，
《中国植物志》书以及，
《湖北植物志》书以及，
《竹溪植物志》等书籍。

将其图谱，与在山上，
拍摄照片，进行比较，
细读志书，文字介绍，
与其武当，山志记载，

道人座谈，老农介绍，
文人诗赋，特征对比，
找到武当，白花野茶，
中文学名，尖连蕊茶。

尖连蕊茶，又被称为，
尖叶山茶，被子植物，
双子叶纲，乃山茶科，
系山茶属，生长特征，
常绿灌木，高达三米，
树叶革质，叶片椭圆，
长三厘米，至八厘米，
宽一点五，至二点五。

花朵顶生，或者腋生，
郁香扑鼻，武当山区，
每年花期，三月蓓蕾，
四月开花，至五月初。
蒴果球形，种淡褐色，
尖连蕊树，习于生长，
深山峡谷，岩壁石浪。
温暖湿润，林荫之间。

主要分布，湖北四川，
陕西河南，湖南江西，
贵州云南，浙江安徽，
广东福建。湖北产地，

丹江武当，房县竹山，
竹溪兴山，通山崇阳，
恩施利川，宣恩鹤峰，
巴东秭归，神农架等。

查寻史料，仔细检索，
尖连蕊茶，多个产地，
俗称不同，有的地方，
因蕊郁香，称透天香。
所制茶叶，因色金黄，
或汤金黄，叫黄金茶。
因茶馨香，色泽月白，
花蕊黄心，叫蕊香茶。

检索资料，尖连蕊茶，
比较少见，刘炤等撰：
二十二种，连蕊茶枝，
扦插繁殖，比较论证。
查到一篇：宁波大学，
应震所撰，题连蕊茶，
花茶制作，工艺及花，
营养成分，分析论文。

研究结果，可以推知，
连蕊茶花，具有较高，
营养成分，可以作为，
比较好的，保健之品，
进行开发，以及利用。
通过实验，对比发现，
含茶多酚，氨基酸等，
植物有益，人类健康。
己亥之年，三月下旬，
袁野清风，同市知名，
道茶能手，张丙华到，
武当山南，房县万峪，
小坪山村，邓青忠与，
村文书等，涉河攀岩，
沿水沟谷，发现野生，
太和茶和，骞林贡茶。

当地山民，古之以来，
采茶制茶，代代传承，
饮茶清心，清火明目，
精心储藏，视为山珍，
武当朝圣，作为供品，
逢年过节，赠送亲友，
红白喜事，茶礼待客，
茶叶上市，销售增收。

根据考察，小坪村有，
水沟后河，约有九条，
沟河峡谷，野茶面积，
一千余亩，最大茶树，
围径长达，三米〇一，

可谓茶王，专家建言，
应当申报，野生茶树，
生态保护示范区域。

二十四、神农架山，北坡地域，千坪发现，特大茶树

袁野清风，四次考察，
中国中部，华中高峰，
神农架山，北坡地域，
荆山之首，景山峰峦，
房县南山，野人谷镇，
海拔一千一百多米，
千坪之村，大古茶树，
三人合抱，千年茶树。

陆羽《茶经》，茶者南方，
之嘉木也，巴山峡川，
有大茶树，两人合抱。
司马迁著，《史记》记载，
蜀东房陵；《三国会要》，
载黄初中，置新城郡。
《魏氏春秋》，建安二十
五年时期，分南郡巫。

秭归夷陵，等并房陵、
上庸西城，七县乃为，
新城郡地，郡地房陵。
房陵山系，大巴山脉，
地域乃谓，巴山峡川，
实属茶树，发祥之地。
二十一世纪，二〇〇六，
丙戌年春，袁野赴房。

先忠一起，房县南山，
海拔千米，东蒿千坪，
乃神农架，北坡地域，
千坪农户，老宅迹旁，
当地老农，热情介绍，
地石龛旁，长有一株，
三人合抱，千年茶树，
袁野拍样，带回研究。

结合研究，天然野生，
武当道茶，袁野初步，
认定千坪，乃为天然，
野生茶树，存档图片。
二〇〇八，袁野、吉炎、
先忠三人，于十二月五日不顾，皑皑大雪，
来到千坪，考察古树。

查对《中国植物志》书，

太和山志，湖北植物，
竹溪植物，图谱研究，
此古茶树，学名翅柃。
又被称作，太和茶树，
或野茶树，系山茶科，
柃木属类，常绿灌木，
叶如栀子，叶边齿形。

叶形椭圆，始孕花葆，
茶树叶长，约两寸半，
茶树叶宽，半寸左右。
树蔸围径，三米〇二，
古树高约，一十五米，
古树之形，似把火炬，
古树根部，长满苔藓，
大树枝丫，寄生藤树。

发现根部，蚂蚁密集，
这是因为，农人土法，
施药过量，虽除蚂蚁，
树根有洞，枝叶枯黄，
新闻呼吁，亟待保护。
市县领导，农林部门，
乡村领导，高度重视，
科学抢救，加强管护。

二〇〇九，袁野研茶，
应农业局，讲座道茶，
宣传千坪，大古茶树，
报纸杂志，媒体网络，
刊登新闻，大古茶树，
图文并茂，轰动于世。
二〇一六，七月二日，
三上千坪，再考茶树。

（注：房县桥上乡2010年初更名为野人谷镇。）

袁野邀请，市电视台，
记者金勤，专程考察，
惊喜发现，大古茶树，
枯木逢春，恢复生机，
枝繁叶茂，郁郁葱葱，
长势可喜，采集标本，
建档立卡，撰发新闻，
专家学者，欢欣鼓舞。

二〇一七，九月九日，
袁野先忠，再次考察，
大古茶树，当地农民，
十分珍爱，称树“茶神”。
二〇一八，十月六日，
袁野先忠，横峪峡谷，
发现一片，两个品种，
野生古茶，值得研究。

二十五、武当襄府，茶庵碑记，房陵茶岭，郧阳茶店

大岳武当，各种碑文，
有上百块，其中一块：
《太和山新创茶庵记》，
亦名《襄府茶庵碑记》，
碑高一米七八厘米，
汉白玉质，楷书阴刻，
碑记：武当太和山，
有茶庵区，为襄王创。

万历十年，时任襄王，
名朱载尧，乃为明朝，
皇室后裔，因武当山，
为明王朝，皇室家庙，
为襄阳辖，时乃襄王，
亲临武当，视察朝谒，
神道沿途，悬猱之境，
凌撼巀叶，愈进愈陡。

跋踕棘蹋，劳悴万状，
累息喘汗，姑亡论蕴，
隆之日月，即岩霜臡，
栗之侯也，其延领涓，
滴以其润，乾吻者也，
有若天旱，之望雨焉。

大意是说，观其山势，
犹若猴山，陡峭高峻，

越走越陡，登者难行，
非常艰苦，汗流浃背，
来登山者，即使能有，
滴水润喉，也得满足，
这种欲望，犹若久旱，
望得雨露，襄王攀登，
武当山后，感慨万千，
认为身为，皇室后裔，

应该倾力，为国分忧，
为民分愁，所以发誓，
愿意将其，衣食租税，
输将哪怕，入不敷出，
要在武当，创建茶庵，
茶施十方，施舍登山，
天下士众，尽献一份，
微薄之力，留芳武当。

武当山上，有茶叶岭，
五龙宫山，榔梅祠后，
主薄垭峰，玉虚岩谷，
长有骞林，太和茶树，
当地农人，采茶制茶，
先送庙观，上为供品，

敬茶真武，习俗神圣，
然后自饮，或送亲友。

武当方园，八百华里，
域括十堰，所辖四县，
一市三区，野生茶树，
资源丰富，饮茶成俗。
查地名志，房县大木，
有茶壶沟，有一茶庵，
记载道人，施茶于众。
因茶设乡，郧阳茶店。

第六章 评茶悟道 养生修性

导言

古代武当，许多名道，
采茶制茶，品饮茶道，
清心明目，养身修性，
专心追求，长生不老。
汉朝尹轨，汉马明生，
晋朝谢允，药王思邈，
唐吕洞宾，睡仙陈抟，
三丰练拳，饮品道茶。

一、隋唐药王，名孙思邈，《千金要方》，茶药功能

隋唐药王，武当高道，
名孙思邈，生于公元，
五四一年，籍贯京兆，
华原之人，即今陕西，
铜川耀州。出生贫穷，
农民家庭，长大爱好，
老庄学说，隐居深山。

隋朝开皇，元年之时，
孙思邈到，终南山中，
随后慕名，到武当山，
隐五龙峰、灵虚岩洞，
丹道修炼，采药行医，
并用针灸，自制药剂，
给予道人，山民看病，
治愈不少，疑难杂症。

山民称奇，称邈药王。
思邈注重，采药收集，
民间验方，以及秘方，
科学研究，倾心著作，
《千金要方》《千金翼方》

《银海精微》《保生铭》等。
成为医学，百科全书，
也是道教，丹道秘功。

孙思邈撰，《千金食治》，
药植中云，茗叶味甘，
咸酸性冷，无毒久食，
令人有力，悦志动气。
记载茶叶，药用功能。
孙思邈著，医书重要，
北宋崇宁，二年之时，
追封邈为，“妙应真人”。

古籍山志，明代清朝，
《大岳太和武当山志》，
均有记载，思邈隐居，
武当五龙，凌虚岩洞，
修道之事，其凌虚岩，
宋代砖殿，供奉药王，
思邈造像，在紫霄宫，
也供药王，思邈塑像。

二、唐吕洞宾，纯阳剑祖饮茶作诗，传承于世

唐吕洞宾，号纯阳子，
生于公元，七九六年，
籍里山西，芮城之人，
全真道派，原为儒生，
六十四岁，遇钟离权，
传其丹法，道成之后，
普度众生，八仙之一，
亦被尊为，纯阳剑祖。

相传八仙，到太和山。
云游仙山，慕名道茶，
在老君堂，兴致品尝，
太上老君，炼丹工艺，
制作道茶，修性养生，
八仙茶醉，从而得道，
到了元代，建八仙观。
聚仙藏气，世代植茶。
洞宾擅长，游记诗赋，
饮茶作诗，传承于世：
玉蕊一枪称绝品，
僧家造法极功夫。
兔毛瓯浅香云白，
虾眼汤翻细浪俱。
断送睡魔离几席，

增添清气入肌肤。

三、金朝道人，名王重阳，道茶养生，撰写茶诗

金朝道人，名王重阳，
号重阳子，陕咸阳人，
全真道派，创始人也。
幼好读书，后中进士，
也中武略，毅然辞职，
慨然入道，隐栖山林，
潜心修持，功成丹圆，
山东布教，创全真道。

重阳武功，高强侠气，
理论教化，尊重武德，
习《道德经》，修道修心，
且又擅长，诗词歌曲，
劝诱士人，善于作文，
传世著作，《重阳集》等，
元朝皇帝，册封他为：
“重阳全真开化真君”。

重阳喜饮，道茶养生，
撰写茶诗，《长思仙·茶》：
一枪茶，二旗茶，
休献机心名利家，
无眠为作差。
无为茶，自然茶，
天赐休心与道家，
无眠功行加。

重阳茶诗，《西江月》云：
江畔溪边雪里，
阴阳造化希奇（稀奇）。
黄芽瑞草出幽微，
别是一番香美。
用玉轻轻研细，
烹煎神水相宜。
山侗啜罢赴瑶池，
不让卢仝知味。

（两首茶诗，含义深刻，概说道教，品茶讲究，贴近自然、清静无为，饮茶清心，以茶驱睡，修道养生，健康长寿。）

四、名道陈抟，精通茶道，皇帝赐茶，饮茶养生

唐代咸通，一十二年，
即在公元，八七一年，
陈抟出生，籍贯亳州，

真源县人，名字南图，
号扶摇子、希夷先生，
修道武当，房九室山，
辟谷养生，尊称睡仙，
精通茶道，多有记载。

查阅宋史，《陈抟传》载，
抟字图南，籍真源人。
常读经史，百家之言，
一见成诵，悉无遗忘。
五代后唐，长兴年中，
赴京试考，进士落第，
于是不求，俸禄官职，
从此出游，山水为乐。

陈抟自言，遇孙君仿、
獐皮处士，此二人者，
高尚人也，对陈抟曰：
去武当山，有九室岩，
可以隐居，抟往栖焉。
宋王象之，文史学家，
地理名著，《舆地纪胜》：
山有九室，山峦层叠。

如墙如堂，蹑蹬而上，
古木苍翠，天风清冷，
为房域境，幽丽奇处，

宋陈希夷，修炼于此。
据《元和郡县志》记载，
房山县西，四十三里，
其山西南，有石室如房。
古《房县志》，多处记载。

同治年间，《房县志》载，
《房县舆图》，图中所画，
雄奇山岩，清楚标记，
九室山峰，及房山庙。
清《房县志》，卷二山川，
明确记载：九室山在，
房县城西，四十里地，
一名九室，一名烂柯。

《房县志》载，九室山峦，
山顶建有，崇觃庙观，
古时又云，名房山庙，
祀费长房，有炼丹台。
《房县志》载，《舆地纪胜》：
房山之下，有其九室。
唐代时期，建九室宫，
山峦层叠，如墙如堂。

《房县志》载：穿云蹑蹬，
朝山而上，古木苍翠，
天风清冷，乃为房域

幽丽峰峦，最奇之处，
山多仙迹，南数里远，
有仙宫寺，宋陈希夷，
修炼于此，石基犹存。
《太和山记》，亦有记载。

抟在房西，九室山岩，
服气辟谷，二十余年。
士人传云，陈抟每次，
出访将至，必有二鹤，
翔空而下，樵民所见。

陈抟到房，何选九室，
房陵曾属，汉中郡辖，
《汉中记》载，相传晋代，
有三百人，于房山中，
学道得仙，因以其地，
为“广仙”也，由此古时，
房九室山，是费长房，
及众道人，修仙名山。

民以候之，倾家出迎，
具茶果延，经岁常然。
陈抟修炼，还常憩息，
竹溪县境，陈家堰地。
抟九室山，尚隐武当，
其天柱山，凌虚崖等，
多个遗迹，为陈希夷，
辟谷静修，赋诗之处。

许多古籍，记载陈抟，
去武当山，隐九室山，
九室在房，何系武当，
此说是因，武当方圆，
域八百里，房域有其，
小武当山、西武当山，
房九室山，是武当山，
七十二峰，山外之峰。

清《房县志·杂记》记载，
在武当山，上天柱峰，
登白云峰，为陈希夷，
坐静之处，徙五龙宫，
凌虚崖有，诵经之台，
《武当福地总真集》著，
岳铉《大元一统志》书，
多部史籍，有其记载。

清《房县志》，卷十二载，
陈抟简介，与宋史同，
但《房县志》，还有详述，

五代时期，后周皇帝，
名周世宗，喜好道士，
烧炼丹药，点化法术，

陈抟被人，上奏朝廷。
显德三年，世宗命令，
华州派人，送抟入朝，
陈抟被留，皇宫之中，
居住月余，世宗面见。

皇帝世宗，从容询问，
陈抟点化，金银法术。
陈抟答曰：陛下作为，
四海之主，应当致力，
治国为念，怎么留意，
黄白方术？皇周世宗，
不责怪抟，任命陈抟，
谏议大夫，陈抟辞绝。

世宗善待，放抟回居，
诏令华州，地方长官，
逢年过节，慰问陈抟。
显德五年，成州刺史，
朱宪向皇，辞别赴任，
世宗命令，朱宪带上，
五十四帛、三十斤茶，
赐给陈抟，以示关爱。

宋朝太宗，太平兴国，
九年即为，公元纪年，
九八四年，陈抟再次，
来朝进觐，皇帝更加，
厚礼待抟，赐抟号名，
希夷先生，并且赐给，
一套紫衣，命令官吏，
扩增修葺，抟住台观。

陈抟隐修，房九室山，
也在武当，多处修道，
后来陈抟，移居华山，
少华石室，辟谷修炼，
经常穿行，武当华山，
隐修辟谷，炼丹研药，
品茶赋诗，养生修行，
一一八岁，高寿仙去。

五、南宋道人，名葛长庚，金丹道派，《茶歌》千古

南宋道人，名葛长庚，
号白玉蟾，祖籍闽清，
生于琼州，海南道人，
苦志修炼，遍访名师，
道教全真，致力丹道，
金丹道派，五祖之一，
勤学擅长，诗赋书画，
诗词千首，流行于世。

宋白玉蟾，喜饮道茶，
描写生动，茶树生长，
采茶制茶，炒制火候，
细腻贴切，茶人艰辛，
茶道情缘，字字句句，
耐人寻味，真实感人，
细细品味，看了想看，
所撰《茶歌》，千古名诗。

《茶歌》
白玉蟾撰

柳眼偷看梅花飞，
百花头上东风吹。
壑源春到不知时，
霹雳一声惊晓枝。
枝头未敢展枪旗，
吐玉缀金先献奇。
雀舌含春不解语，
只有晓露晨烟知。
带露和烟摘归去，
蒸来细捣几千杵。
捏作月团三百片，
火候调匀文与武。
碾边飞絮捲玉尘，
磨下落珠散金缕。
首山黄铜铸小铛，
活火新泉自烹煮。
蟹眼已没鱼眼浮，
垚垚松声送风雨。
定州红玉琢花瓷，
瑞雪满瓯浮白乳。
绿云入口生香风，
满口兰芷香无穷。
两腋飕飕毛窍通，
洗尽枯肠万事空。
君不见孟谏议，
送茶惊起卢仝睡。
又不见白居易，
馈茶唤醒禹锡醉。
陆羽作茶经，
曹晖作茶铭。

文正范公对茶笑，
纱帽龙头煎石铫。
素虚见雨如丹砂，
点作满盏菖蒲花。
东坡深得煎水法，
酒阑往往觅一呷。
赵州梦里见南泉，
爱结焚香瀹茗缘。
吾侪烹茶有滋味，
华池神水先调试。
丹田一亩自栽培，
金翁姹女採归来。
天炉地鼎依时节，
炼作黄芽烹白雪。
味如甘露胜醍醐，
服之顿觉沉疴苏。
身轻便欲登天衢，
不知天上有茶无。

六、武术拳功，集大成者，名张三丰，饮茶练功

武当名道，张三丰也，
籍里辽东，懿州人士，
一名君宝，号张邋遢，
龟形鹤背，大耳圆目，
须髯如戟，寒暑惟披，
一衲一蓑，数日一食，
习善嬉谐，书经不忘，
尝游武当，诸峰岩壑。

名道三丰，武当修道，
高瞻远瞩，出语武当：
此山异日，必大兴也！
三丰精通，武当武术，
尤内家拳，集大成者，
遂以绝技，名扬于世。
武术健身，道茶养生，
三丰喜茶，交朋结友。

三丰擅长，书画诗词。
《三丰全集》，五卷记载，
三丰诗题，陈道人像：
卷帘相与看新晴，
小阁茶烟气味清，
朗诵《黄庭》书一卷，
梅花帐里坐先生。
茶诗赞美，道人清修。

《三丰全集》，五卷又载，
三丰作诗，七绝《清吟》：
清茗清香清道心，
清斋清夜鼓清琴。

人能避浊谈清静，
跳入云山不可寻。
诗句写茶，清明采茗，
饮茶味香，清心修道。

七、武当道人，打坐品茶，养生修性，必备功法

武当道人，养生修性，
坚持四大，必备功法，
牢记祖训，功课诵经；
武术打坐，修性健身；
道教医药，十道九医；
饮茶养生，清心明目，
品茶论道，感悟人生；
道法自然，天人合一。

中国道教，协会会长，
同时担任，武当道教，
协会会长，李光富曰，
道人打坐，重在讲究，
和静怡真，静坐静修。
夜里打坐，坐忘无己，
容易产生，困顿疲劳，
打坐饮茶，能去睡意。

道人打坐，沏杯道茶，
茗叶舒展，亭亭玉立，
不仅可以，闻香观色，
颇有情趣，既是乐事，
也是一种，美好享受。
饮茶亦可，品味人生，
参破“苦谛”，愉悦身心，
静心修性，心境平和。

道家对茶，情有独钟，
这是因为，道教修炼，
方法贵在，一曰内丹，
胎息以炼，自身之气；
二曰存思，自己意念，
寄托天地，或其身体，
求得其中，有象效果；
三曰导引，沐浴己身。

四曰练功，打坐虚静，
饮茶提神，清思消浊，
生津润律，疏通经络，
清肝明目，生津止渴，
忘却红尘，去掉烦恼，
尊人贵生，养生乐生，
修身养性，神清气爽，
品茶悟道，道法自然。

八、茶为贡赋，道人饮茶，养生妙用，福寿康宁

武当道家，最早用茶，
药用清火，治病除疾；
嘴嚼生叶，品尝滋味，
感觉茶香，用作饮品；
随着探索，茶壶煮茶；
逐渐发展，沸水沏茶；
以茶待客，饮茶健身，
清心明目，修身养性。

武当道教，协会会长，
李光富说，武当道人，
对其道茶，妙用有三：
一是饮茶，清火消炎，
如俗话说，十道九医，
注重道茶，药用价值，
不少道人，饮茶消病。
二是饮茶，养生健身。

饮茶能够，清心提神，
清肝明目，生津止渴。
养身健身，道茶乃是，
多功能的，生活饮品。
三是修身，养性之用。
道人打坐，十分讲究，
和静怡真，尤其打坐，
静坐静修，可解疲困。

饮茶提神，既是一种，
精神享受，也是一种，
修身养性，茶之妙用。
年过古稀，武当道医，
王泰科曰，武当道人，
春夏秋冬，饮用道茶，
颇有讲究：即谓春天，
阳光暖和，人易困乏。
沏用道茶，辅之少量，
葛根桔梗、山野菊花，
饮之提神，升阳解毒；
夏天沏茶，辅之连翘，
二花石斛，饮之具有，
生津止渴、清热解暑；
秋天气候，比较干燥，
沏茶辅之，生地麦冬。

加用沙参，饮之具有，
敛肺滋阴，润燥作用；
冬天寒冷，沏茶辅之，
枸杞桂圆，及山茱萸，
饮之滋阴，御寒养胃。
由于武当，山峰沟谷，
砾石沙壤，天然茶树，

资源丰富，茶为贡赋。

《大岳太和山志》卷五，
《敕蠲免征差》（佃户附），
景泰五年，湖广布政，
使司为民，等事承准，
圣旨事意，本山佃户，
每户岁办，斋粮七石，
再令每丁，茶叶二斤，
供给焚修，道士服用。

《山志》记载，圣旨明令，
“钦遵逐年，照例办纳。”
武当山中，共有佃户，
五百余户，按照每户，
三丁计算，共有男丁，
一千六百六十五人，
每年交赋，茶叶计达，
三千余斤，道士饮用。

第七章 地理生态 栽培管理

一、武当道茶，地理生态

自然特征，地理纬度，
仙山武当，古之地理，
经历震旦，及寒武系，
造山运动，到第三季，
至第四纪，冰川地貌，
不少植物，遭受侵袭，
受损而灭，部分植物，
存活下来，其中遗存，
茶叶存活，极其可贵。

武当山麓，群峰绵延，
方圆八百，地理独特，
海拔经纬，阳光气候，
自然生态，特征独特。
武当坐标，东经经度，
110°56′15″至110°15′23″。
武当坐标，北纬纬度，
32°22′30″至32°35′06″，
武当海拔，天柱最高，
经过测量，1612米，
年均气温，12℃；
无霜期短，194天。

二、气候独特，南北兼有

武当地理，西有秦岭，
隔江相望，山作屏障，
山下汉江，碧波浩渺，
湿度之大，调节空气；
尤其南依，天然原始，
华中第一，神农架峰，
茫茫林海，调节气候，
非常适合，茶树生长。

武当气候，北亚热带，
季风气候，南北兼有，
过渡属性，气候垂直，
层带明显，兼小气候。
年降水量，毫米计算，
995 至，1106 毫米。
年平湿度，十至十二。

茶树生长，适亚热带，
系耐阴性，植物群种，
生长期长，尤野生茶，
习性生于，原始林中。
野生茶树，经过长期，
生长发育，不断进化，
茶树形成，喜温耐阴，
湿润多雨，生活习性。

三、雨量充沛，光照适中

茶树生长，海拔气温，
雨量湿度，阳光照射，
地形土壤，生态环境，
对茶生长，重要影响。
气候温和，雨量充沛，
湿度较大，光照适中，
土壤肥沃，茶树茂盛，
采集茶叶，品质优良。

农谚常说，高山地域，
盛产好茶，海拔即在，
五百米至，一千余米，
年平雨量，一千五百，
毫米以上，山长好茶，
高山高香，特色名茶，
武当盛产，传统名茶，
朝廷贡茶，驰名中外。

茶树生长，阳光重要，
不能太强，也不太弱，
仙山武当，云雾弥漫，
漫射光多，成紫外线，
易被茶树，吸收利用，
加之昼夜，温差较大，
茶芽生长，持嫩性强，
有利提高，品质形成。

茶树生长，气温地温，
也很重要，年平雨量，
一千五百，毫米以上，
不足过多，都有影响。
气温地温，日平十度，
年均温度，摄氏十八，

至廿五度，湿度较大，
雨量充沛，利茶生长。

茶树生长，温度决定，
树酶活性，进而影响，
茶叶营养，物化积累，
不同气温，叶中元素，
含茶多酚，含儿茶素，
含氨基酸，品质营养，
成分不一，要求气候，
多有云雾，湿润为好。

四、高山高香，名茶基地

一九八四，湖北茶协，
组织专家，实地考察，
测定武当，茶叶生长，
自然条件，得天独厚，
海拔较高，云雾缭绕，
气候温度，湿度较大，
地理土质，主要分布，
石英质岩，基性岩类。

专家武当，科学测定，
土壤多为，砾壤轻壤，
茶叶内质，富含有机，
化学成分，还含多种，
微量元素，是可祛病，
养生益寿，天然佳饮。
专家论证，特此定为，
湖北高山名茶基地。

第八章　武当道茶　栽培管理

导语

千古悠悠，道茶飘香，
仙山武当，八百华里，
神农架山，峰峦叠嶂，
飞云荡雾，气势磅礴，
古木参天，林海茫茫，
百瀑飞泻，溪泉潺潺，
气候宜人，生态魅力，
道茶栽培，重在管理。

一、天然原始，野生茶树

溯源道茶，由来两点，
一是天然，野生茶树；
二是来自，野转家生。
神农架峰，仙山武当，
地处鄂西，古为庸巴，
长江峡川，秦岭汉水，
蜀东之地，乃是我国，
茶树发祥，重要之地。

鄂西北域，境内房陵，
古有神农，在神农架，
遍尝百草，不幸中毒，
得荼解之，荼古称茶，
茶之为药，发乎神农。
中国首部，地方志书，
《华阳国志》，武王伐纣，
茶蜜纳贡，最早贡品。

唐代陆羽，《茶经》记载，
巴山峡川，有其两人，
合抱茶树，为野茶树。
敕建大岳太和山志，
记载武当，天柱五龙，

长有野生，骞林茶树。
榔梅祠后，岩谷长有，
天然野生，太和茶树。

武当山南，盐池河镇，
武当口村，黄朝坡村，
房县万峪，登摩天岭，
涉深峡谷，发现千亩，
太和骞林，野生茶树，
神农架山，北坡地域，
房县南山，横峪岩谷，
成片野生，太和茶树。

二〇一九，袁野长军，
十堰茅箭，赛武当山，
发现古茶，近千平方，
天然野生，骞林茶树。
古之以来，山民按照，
传统习俗，采野生茶，
炒制茶叶，久负盛名，
视为山珍，饮茶健身。

二、茶树生长，野转家生

浙江宁波，余姚市辖，
河姆渡镇，田螺山村，
考古发现，茶树之根，
茶树根叶，提取样本，
送农业部，质检断定，
距今已是，六千年前，
遗址乃为，我国最早，
人工植茶，轰动世界。

古籍《尔雅》，汉《淮南子》，
记载神农，发现茶树。
《华阳国志》，记载有茶，
但无文字，栽培记载。
明《杨慎记》，西汉蜀人，
名吴理真，种茶蒙顶；
三国名道，仙翁葛玄，
野转家生，植有茶圃。

鄂西北域，茶树发祥，
天然野生，茶树落籽，
鸟雀啄果，飞籽成林，
民间饮用，采摘野茶。
因茶美饮，房前屋后，
房县南山，野人谷镇，
千坪农户，住房附近，
千年茶树，人工栽培。

二十世纪，六十年代，
时兴人工，栽培茶园。

七十年代，至八十年，
政策鼓励，全面发展，
多种经营，兴建茶场，
有力推进，茶园建设。
县区乡村，领导重视，
多种形式，兴建茶场。

利用冬闲，每劳每年，
规定三十，义务用工，
粮食生产，冬闲挂锄，
搞大会战，艰苦奋斗，
以工代赈，并将财政，
周转资金，信贷扶贫，
退耕还林，林特资金，
捆绑使用，大兴茶园。

科学规划，精选地块，
利用适茶，荒山荒地，
坡地把好，建园质量：
等高线，绕山转，
三尺深，三尺宽，
打青蒿，沤堆肥，
亩肥百担，茶苗一万，
严格标准，建好茶园。

跨新世纪，新的征程，
世纪迈向，新的征程，
茶业大步，向产业化，
科学化，良种化，
品牌化，生态化，
市场化，一体化，
公司化，集团化，
快速发展，新的跨越。

三、茶树生长，选择土质

茶树生长，选择土质，
十分重要，科学选土，
土是茶树，自然基地，
生长所需，养分水分，
都从土壤，里面取得，
茶树习于，酸性土壤，
页岩分化，砂质壤土，
紫色土壤，腐殖肥土。

陆羽《茶经》，茶树生长，
土壤环境，上者烂石，
中者砾壤，下者黄土。
土壤石砾，通透性好，
且有机质，各种矿质，
营养元素，含有多种，
微量元素，比较丰富，
能使茶树，健壮生长。

宋朝子安，《东溪试茶》，
茶山之阳，其土赤埴，
香少黄白，为正壑岭，
土皆黑埴，茶生山阴。
厥味甘香，厥色清白。
说明种茶，有机质多，
腐殖黑壤，芽叶鲜绿，
香高味甜，是为佳茗。

武当茶山，烂石砾壤，
砂质土壤，排水良好，
有机含量，百分之一，
或者至于，百分之二，
通气性好，透水性强，
蓄水性多，酸碱度高，
pH 物值，四点五至，
六点五间，比较适宜。

四、坡度较缓，适宜栽种

茶园地形，主要是指，
海拔高度，地面坡度，
地面坡向，三个方面。
海拔不同，热量不一，
茶树生长，情况各异。

我国古代，喜将茶地，
选东南向，山坡上面，
茶发芽早，芽叶肥壮。

五代蜀人，毛文锡者，
茶谱写道：宣城县山，
其山东也，朝日所烛，
号曰阳坡，其茶最胜。
到了近代，山高土沃，
茶汗亦厚，芽极肥乳。
今天所讲，高山出茶，
茶品上佳，朝向方位。

古今一理，意义相同。
坡度大小，接受太阳，
热量多少，温度变化。
选新茶园，坡度适度，
超过三百，坡度太陡，
建园费工，管理困难，
茶叶产量，难以提高，
茶园地形，尤为重要。

武当茶山，地势坡度，
朝向土质，颇具特色。
一般偏南，三十度下，
坡度较缓，适宜栽种。
山势太陡，容易滑坡，

海拔并非，愈高愈好，
千米以上，会有冻害，
不利生长，甚至冻死。

武当区域，土性偏酸，
有机物质，含量丰富，
茶叶生长，富含物多，
氮化合物、芳香物质，
氨基酸物、戊烯醇物、
茶多酚物，茶纤维素，
品质形成，叶质良好，
生长名茶，奠定基础。

五、茶树选种，科学栽培

茶树选种，自古重视，
陆羽《茶经》，凡艺不实，
植而罕茂，法如种瓜，
三岁可采，种茶必须，
土壤踏实，对于幼苗，
勤加培育，速生快长，
次年分植，三年可取。
《东溪试茶》，亦有记载。

茶树繁殖，科学栽培，
两种方法，有性繁殖，
播种茶籽，用种繁殖；
无性繁殖，利用根茎，
扦插育苗，苗圃育苗。
科学选种，精心培育，
合理密植，选好地块，
优选优育，培出良苗。

茶树品种，植株树姿，
分枝较密，叶色翠绿，
有其光泽，叶形椭圆，
叶面微隆，叶质较厚，
芽叶绿色，比较肥壮，
茸毛中等，抗寒性强，
萌芽力强，产量较高，
品质优良，适宜推广。

茶树定型，高度问题，
直接关系，茶树体内，
营养运输，利用吸收，
适当树高，六十厘米。
留养杂草，首先清除，
多年生的，柴草树根，
草的高度，要有控制，
不要让草，高于茶蓬。

茶树繁殖，有性无性，
有性繁殖，利用茶籽，

进行播种，种子繁殖，
无性繁殖，营养繁殖，
利用茶树，根茎器官，
人工创造，适当条件，
使之形成，一株新苗，
如扦插法，还有压条。

无性繁殖，苗木性状，
比较一致，有利管理，
有利扩大，良种数量。
基本要求，根据茶园，
布局规划，建设发展，
正确处理，有性无性，
直奔目的，不留矛盾，
以让茶园，能动统一。

六、选好园地，标准建园

茶园基地，有机农业，
本地生态，海拔坡向，
光照土质，等相结合，
一是茶园，不同区域，
营造茶园，小型气候，
便于茶园，有机管理；
二是周边，设置天敌，
提高生物，控制能力。
种植茶园，一是播籽，
双行条播，行距穴距，
把控适度，每穴播籽，
三到五粒，播种期为，
十一月至，翌年三月；
二是栽苗，每一梯带，
双行条栽，行与行间，
株距错开，标准建园。

七、土肥管理，施有机肥

茶园施用，各种饼肥，
生物肥料，茶园周边，
施用绿肥，和有机肥。
施肥技术，一深二早。
保持营养，生物活性，
防止土壤，有重金属，
积累破坏。根外追肥，
严格控制，浓度剂量。

茶园基肥，种植前是，
施足底肥，种植过程，
每一二年，一次基肥，
秋季封园，及早再施，
农家厩肥，等有机肥。

茶园追肥，3月中旬，
4月下旬，5月上旬，
7月中旬，三次追肥。

八、强化管理，防治病虫

茶园病虫、尽早防治，
在茶园中，尽量不用，
化学农药，和除草剂，
充分利用，生物间的，
相生相克，农业防治，
辅以生物，物理防治。
寄居场所，栖息场地，
活动产卵，提供天敌。

茶园病虫，留心观察，
一经发现，立即灭除，
充分利用，人工灭虫，
摘除虫苞，清除卵块，
扑蛾挖蛹，清除虫害，
修剪虫枝，铲除病虫，
中耕除草，及时埋土，
茶园耕作，强化管理。

九、生态环境，污染控制

茶园污染，严格区分，
地块特性，造小气候，
尽量避免，不同品种，
茶园混合。采茶设备，
在使用前，充分清洗，
去污残留。禁止焚烧，
使用含有，聚氯成分，
化学产品，严控污染。

茶园要求，重视平衡，
生态环境，生物多样，
全面保护，避免土壤，
流失沙化；充分考虑，
自然资源，持续利用。
茶园水土，重在保持，
茶园生物，重在多样，
和谐茶园，才能高产。

十、茶树生长，科学修剪

根据茶园，不同树龄，
分别采用，幼龄茶树，
定型修剪，壮年茶树，
整形修剪，轻剪深剪，

衰老茶树，要重修剪，
还有台刈，大体五种。
更新修剪，不同方法，
培养树冠，整饰树型。

两个时期，进行修剪，
即春茶前，与春茶后。
壮龄茶树，年或隔年，
进行一次，轻度修剪，
五至六年，深度修剪。
机采茶园，轻度修剪，
修剪时间，在春茶前，
从采摘面，三五厘米。

深度修剪，同一时间，
在春茶前，或春茶后，
修剪程度，看采摘面，
剪除全部，鸡爪枝层，
修剪形状，壮龄茶树，
尤以弧形，平形两种，
较好摘面，弧形为佳。
树体衰退，进行台刈。

台刈刀砍．剪口平滑，
留桩无伤，秋春进行，
修剪采摘，生理基础，
改变茶树，分枝习性，
主轴生长，变为分枝，
从而使树，逐步形成，
矮密壮宽，剪后急速，
增施肥土，丰产树冠。

茶树老化，改植换种，
老茶挖掉，清除残根，
重新规划，换植良种。
套植换种，新老套补，
以老带新，移栽茶苗。
茶枝修剪，采与留叶，
互相结合，切实加强，
剪枝施肥，保障营养。

第九章　采摘炒制　特色品牌

一、采摘炒制

导　言

制茶起源，从其神农，
公元之前，两千多年，
茶叶最初，鲜叶嘴嚼；
逐渐发展，晒青储存；
捣碎蒸青，煮膏羹饮；
揉小茶团，或制成饼；
炒青制茶，尤透香气；
创新茶艺，世界美饮。

（一）采叶

清明开园，一芽一叶，
芽稍初展，一芽二叶，
采叶切记，六个不采，
不采雨叶，不采虫叶，
不采紫叶，不采瘦芽，
不带老叶，不带老梗；
一级鲜叶，大小匀齐，
娇嫩一致，香气扑鼻。

（二）摊凉

鲜叶采回，及时摊放，
摊放场地，阴凉干燥；
通风良好，环境无尘；
鲜叶摊放，分级摊放；
竹席摊晾，匀薄洁净；
一边摊放，注意挑拣，

选除劣叶，摊放时间，
约五小时，当日加工。

（三）制茶用具

制茶工具，组合用具，
摊青茶架，竹簸凉放；
锅灶两口，火钳一把，
小巧扫刷，接料盘子，
烘笼四只，竹编筲箕。
烧火干柴，栗炭若干。
杀青师傅，掌握火候；
揉制茶叶，分组作业。

（四）鲜叶杀青

鲜嫩茶叶，头道锅里；
高温杀青，锅温 180℃，
至 200℃，不停翻动；
老叶轻杀，嫩叶老杀；
手法分别，抓抖撒甩，
叶色鲜绿，转为暗绿；
手捏叶软，略微黏手；
青草气消，茶香显露。

杀青程度，掌握适度，
杀青不足，破坏不到，
酶类活性，叶梗发红，
味道青涩，叶韧性差，
揉捻易碎，茶汁流失；
杀青过度，叶易炒焦，
叶底变暗，叶片硬脆，
也易破碎，应掌握好。

（五）热揉冷揉

经过一步，杀青之后，
进入二步，揉捻茶叶，
揉捻分为，热揉冷揉，
所谓热揉，将杀青叶，
不经堆放，趁热揉捻；
所谓冷揉，将杀青叶，
出锅之后，经过摊放，
适时揉捻，分别整形。

待叶变软，青气消失，
茶香出现，将杀青叶，
扫入二锅，二锅作用，
理条增香，乃是茶叶，
塑造外形，重要工序，
锅温 80℃，至 100℃，
其手法为，拢撒揉滚，
茶条成形，扫出锅面。

（六）整形

炒青绿茶，讲究整形，
主要方式，分长炒青，
茶为条状，形似眉毛，
又称眉茶，此茶特点，
条索紧结，色泽绿润，
香高持久，汤色黄亮。
圆炒青茶，揉成颗粒，
称为珠茶，香高味浓。

炒青绿茶，制成扁形，
条索扁平，称为剑茶，
成品光滑，香鲜味醇，
亭亭玉立，美观寻味。
各样绿茶，由于制作，
干燥过程，之中手工，
或者机械，操作不同，
茶叶成形，因形而名。

传统炒制，茶艺精湛，
茶叶形成，长条圆珠，
扇平剑形，针形螺形，
不同形状，多种品名，
神农龙峰，武王贡品，
太和银剑，奇峰针井，
针眉雀舌，神雾雨露，
金顶五龙，品名愈百。

（七）干燥保鲜

干燥目的，蒸发水分，
以促制作，茶叶外形，
充分发挥，茶叶香味。
干燥方法，先经烘干，
然后炒干，或者晒干。
干燥分为，初烘复烘，
足烘三次，文火干燥，
经过筛选，即可包装。

二、特色品牌

导 言

武当道茶，系列产品，
炒制技艺，不同品级，
感官特色，有所区别。
优质绿茶，色泽鲜艳，
匀齐毫显，扑鼻清香，
滋味醇厚，汤色明亮，
入口爽喉，回味甘甜，
清香持久，怡悦身心。

（一）武当剑茶

武当剑茶，茶叶外形，
似武当剑，肩平光滑，
银挺似剑，披满银毫，
汤色嫩绿，清澈明亮，
闻之香气，高雅持久，
滋味鲜爽，回味无穷，
观之叶底，嫩绿明亮，
多次获奖，国际名茶。

（二）武当针井

武当针井，以其武当，
磨针井观，铁棒磨成，
绣花铁针，神话故事，
为之创意，此茶精制，
外形紧细，圆直似针，
汤色嫩绿，明亮显毫，
香气持久，鲜爽回甘，
获特等奖，国际名茶。

（三）太和名茶

太和名茶，以其武当，
太和山名，为此创意，
形似龙牙，毫毛披露，
紧秀锋苗，汤色嫩绿，
叶底明亮，茶香持久，
回味无穷，冲水入杯，
叶似葵花，舒展朝阳，
明清时代，朝廷贡品。

（四）武当奇峰

武当奇峰，以其武当，
七十二峰，朝向金顶，

群峰耸峙，为此创意，
茶叶条形，自由奔放，
色泽油润，汤色嫩绿，
叶底明亮，清香可口，
滋味鲜爽，芬芳扑鼻，
馥郁持久，茶叶耐泡。

（五）武当功夫道茶

武当太极，功夫道茶，
此茶别于，不发酵的，
绿茶及其，全发酵的，
红茶之间，为半发酵，
功夫道茶，采用武当，
内家功法，三十六功，
其中太极，乾坤球功，
功夫制作，名功夫茶。

此茶道家，乾坤功夫，
应用捋挤，按揉技法，
将茶凉青，摇青杀青，
打包球形，用以四两，
拨千斤力，紧包揉包，
发酵等法，整形时达，
三十小时，精制而成。
汤色金黄、香高持久。

（六）神武道茶

湖北神武，道茶公司，
地处丹江，南水北调，
水源区和，道教圣地，
传承生产，神武老道，
系列品牌，武当道茶，
名优绿茶、红茶黑茶，
及茶工艺，荣获金奖，
通过绿色，食品认证。

（七）龙峰茶

竹溪县东，龙王茶场，
龙峰名茶，地处高山，
高香型茶，品质独特，
条索紧细，锋苗壮实，
显毫秀美，色泽嫩绿，
浓醇爽口，清香持久，
地理标志，保护产品，
中国农博，荣获金奖。

（八）梅子贡茶

竹溪特产，梅子贡茶，
条索紧细，汤中显毫，

匀整秀美，鲜嫩光润，
滋味鲜醇，香气清高，
汤色嫩绿，叶底绿亮；
地标产品，国际金奖，
百次获奖，素有美誉：
“长江三峡水，楚地梅子茶”。

（九）圣水翠峰

竹山名茶，圣母山麓，
古圣水寺，圣水翠峰，
流水潺潺，生态灵秀，
盛产名茶，圣水翠峰，
外形紧细，白毫显露，
色泽翠绿，汤色明亮，
滋味鲜醇，带有花香，
漂洋过海，远销国外。

（十）神农贡茶

房县尧淮，神农贡茶，
产自铺沟，三岔西沟，
耳菇林茂，鸟语花香，
生态茶园，名茶悠久，
品质独特，翠绿油润，
粟香持久，鲜爽回甘，
汤色明亮，叶底匀齐，
荣获中国，名茶金奖。

（十一）神雾岭茶

秦岭南脉，郧西安家，
神雾岭茶，林木茂密，
云雾缭绕，气候湿润，
茶叶型美，苗秀显毫，
香幽味醇，汤色鲜绿，
馥郁持久，叶底清澈，
神雾名品，仙姑玉眉，
中国农博，荣获金奖。

第十章 泡茶识水 品茶评茶

一、泡茶十三水

说起喝茶，讲究茶味，
有其茶味，亦有水味，
水质好坏，影响茶味，
茶水好坏，都很重要。
选水泡茶，颇有讲究。
水有两类，天水地水。
珍珠露水，颗粒滚动，
晶莹透亮，胜似喜爱。

寒露霜水，白茫一片，
草木尽染，霜水沏茶，
汤色明亮，香到天涯。
隆冬严寒，皑皑白雪，
银花飞舞，雪白耀眼，
雪水沏茶，令人称赞。
严寒结冰，晶莹透亮，
化水泡茶，人间奇葩。

天降雨水，空气有尘，
必须净化，方可泡茶。
地水九种，各有特色，
其一矿泉，地轴之水，
科学化验，能饮轴水，
有益物多，营养丰富，
房县温泉，源自青峰，
大断裂带，李四光探。

地质命名，享誉世界，
一九八六，三月之时，
国际知名，安可士等，
专家论证，房县温泉，
微量元素，三十七种，
注册商标，神农架牌，
优质之水，媲美依云。

世界名水，泡茶好水。

其二泉水，山泉岩泉，
洁净无尘，泡茶甘甜。
其三瀑水，急流涌泻，
喷起水花，美不胜收。
其四涧水，岩缝润滴，
流水潺潺，茶味悠远。
其五溪水，流水涟漪，
波澜起伏，茶香中华。

其六河水，溪流汇集，
波涛滚滚，源远流长。
其七江水，水深碧绿，
江心之中，取水洁净。
其八湖水，波澜浩渺，
似池净化，生态之水。
其九井水，地表层水，
打水涌动，可谓活水。

还有人工，纯净之水，
但经过滤，虽然除尘，
成洁净水，但是水中，
营养过滤，水质差矣。
天水地水，一十三类，
各类皆有，特色名水，
遍布神州，竞相媲美，
选水沏茶，各有美誉。

陆羽《茶经》，多处论水，
但是后人，杜撰补记，
相传陆羽，撰说论水，
有廿四泉，《茶经》并无。
再则陆羽，所到地方，
只是部分，许多地方，
名泉排序，陆羽没去，
故泉排名，不尚完整。

科学论水，按照水类，
生态环境，有益物质，
富有含量，优中选水，
泡茶水味，评优而论。
茶水相论，互相渗透，
茶是水神，水是茶母，
如无水沏，茶质难现，
好茶好水，茶味更好。

二、品茶评茶

（一）品茶评茶，释义区别

品茶评茶，释义接近，
亦有区别，说文解字，
品字会意，从其三口，
口代表人，三表多数，
意即众多，基本释义，
商品产品，物品等级，
上品下品，精品极品，
用作品茶，感悟辨别。

评字从言，评字本义，
评议评审，评论评比，
评价评估，字义引申，
说出判断，发表意见。
进行比较，评议高低，
或评优劣，亦评品质。
品茶尝味，评茶论级，
品评相连，品茶评茶。

（二）品茶名师——袁枚《试茶》

清朝乾隆，嘉靖时代，
翰林院士，著名诗人，
文学评论，散文名家，
遍游茶乡，赋诗品茶，
美食名家，袁枚先生，
名著烹饪，《随园食单》，
其茶酒单，及《试茶》诗，
清代第一，品茶名师。

《试茶》

清袁枚

闽人种茶当种田，
郄车而载盈万千。
我来竟入茶世界，
意颇狎视心悠然。
道人作色夸茶好，
瓷壶袖出弹丸小。
一杯啜尽一杯添，
笑煞饮人如饮鸟。
云此茶种石缝生，
金蕾珠蘖殊其名。
雨淋日炙俱不到，
几茎仙草含虚清。
采之有时焙有诀，

烹之有方饮有节。
譬如曲蘖本寻常，
他人之酒不轻设。
我震其名愈加意，
细咽欲寻味外味。
杯中已竭香未消，
舌上徐尝甘果至。
叹息人间至味存，
但教鲁莽便失真。
卢仝七碗笼头吃，
不是茶中解事人。

袁枚品茶，的确独到，
每斟一杯，先嗅其香，
再试其味，徐徐咀嚼，
而体贴之，舌有余甘，
一杯以后，再试一杯，
释躁平矜，怡情悦性，
瀹至三次，味犹未尽。
如此好文，品茶值读。

（三）评茶：六个要素

谈起品茶，能饮好茶，
自品自乐，是种享受。
而要论茶，进行鉴评，
评茶论质，才知品牌。
由此评茶，六个要素，
观看外形，欣赏汤色，
鼻闻香气，品尝味道，
评看叶底，综合评比。

评审茶叶，讲究茶德，
公平公正，以质论级，
以质评级，诚信社会。
评审绿茶，取各样品，
进行编号，各三克茶，
一百五十，毫升沸水，
茶叶冲泡，五分钟后，
按六要素，进行评茶。

（四）评茶：一观叶形

茶叶评审，六主要素，
外形汤色、香气韵味、
叶底综评，逐项叙谈：
其一观看，茶叶外形。
看是芽茶，还是叶茶，
看是珠茶，或条索茶；
要看干茶，色泽质地，
均匀之度，紧结之度。

观看外形，有无显毫，
外形细嫩，多为一心，

一至二叶，鲜叶嫩度，
且多芽毫，揉捻良好，
条索细圆，芽叶紧秀，
肥壮卷紧，有重实感，
则为上品，反之粗松，
叶形粗老，茶叶下品。

茶叶形状，粗细不整，
茶条两端，断口破损，
条形短碎，叶柄叶脉，
揉捻不当，茶梗粗老，
条索不圆，或者粗散，
紧中带扁，松扁弯曲，
短碎轻飘，夹有老叶，
茶夹杂物，短秃为次。

观看外形，看茶色泽，
色泽油润，光泽鲜嫩，
茶叶造型，新颖独特，
自然优美，增强名优。
反之枯暗，色泽青褐，
绿中带黄，叶色不一，
老嫩不匀，色泽不均，
无显光泽，茶叶次之。

（五）评茶：二观汤色

二是泡茶，欣赏汤色，
即看茶汤，是否清澈，
新鲜艳丽，清澈洁净，
透明光亮，无悬浮物，
设沉淀物，屈首佳品。
茶汤颜色，不同品种，
不同土质，工艺不同，
汤色各异，多色多彩。

汤色浅绿，犹如碧波，
清澈呈亮，生态之美；
浅黄橘黄，似橙子色，
亦称橙绿，望橙之馋；
汤色金黄，净亮金灿，
光圈呈亮，趣妙无穷；
微黄明亮，即为俗称，
绿豆汤色，称为上品。

辨别茶汤，颜色优劣，
要从色度，亮度及其，
清浊度中，或茶汤中，
有悬浮物，或沉淀物，
透明度差，汤色浑浊，
汤色泛青，且无光泽，
烘焙过头，或者红汤，

此种汤色，茶为次品。

（六）评茶：三闻香气

沏泡茶叶，轻揭杯盖，
茶香扑鼻，闻茶香味，
即可辨别，茶的优劣。
茶有甜香，清香花香，
栗香果香，香型分为，
馥郁幽雅，清高鲜灵，
辛锐纯正，清淡平和，
香气各异，美感之多。

茶的香气，源自茶树，
也受生态，环境影响，
茶园周围，百花百蜜，
百药百花，百花茶香；
林间茶园，百树百花，
百树茶香，栗香茶香，
果香茶香，鸟语花香，
生物治虫，生态茶园。

好茶香气，多种多样；
香气鲜浓，鲜爽持久；
鲜嫩香气，新鲜悦鼻。
香气浓烈，刺激性强；
香气清纯，愉人快感；
幽香散出，文气幽雅；
高香馥郁，活力充沛；
甜香入鼻，飘带甜美。

劣茶怪味，也各多样，
香气稀薄，茶质平淡；
香气钝浊，感觉不快；
香气低淡，做工不到；
闻茶青气，茶叶粗糙；
焦烟茶气，火温过高；
茶馊闷气，茶叶霉变；
铁腥气味，炒锅不洁。

毫香型茶，毛尖银针，
特有工艺，白毫显露；
花香型茶，茶质不同，
香气散发，类似鲜花；
清香型茶，芽叶初展，
香高纯正，嫩香扑鼻；
醇香型茶，功夫道茶，
通过发酵，系列变化。

（七）评茶：四品味道

细啜品茶，一品技艺，
主在火功，香气纯正；
二品滋味，茶入口腔，

舌端喉舌，体味感觉；
三品韵味，含茶口中，
慢慢咀嚼，细细品味，
四品回味，醇和纯正，
鲜快爽适，甘醇留香。

好茶入口，有其黏舌，
紧口感觉，鲜爽浓厚；
汤茶入口，浓而不涩，
爽而醇和，回味清甘；
啜茶入口，滋味丰富，
满口生津，富有韵味；
茶入喉底，甘爽畅通，
滋润脏腑，心旷神怡。

茶汤品差，茶味苦涩，
带生青味，老梗滋味；
汤味不浓，味淡薄滞，
没有鲜味，茶叶级低；
茶汤异味，焦烟馊闷，
麻嘴夹舌，茶为劣质；
茶汤入口，清淡不纯，
不鲜不醇，粗糙质差。

（八）评茶：五看叶底

评看叶底，将其泡过，
茶叶倒入，叶底之盘，
或杯盖中，并将叶底，
拌匀铺开，仔细观察，
茶叶嫩度，匀度色泽；
也可将其，泡过茶叶，
倒入有水，漂盘之中，
清水漂叶，进行观察。

观察叶底，芽头肥壮，
鲜嫩匀整，明亮为佳；
柔软黄亮，青蒂绿腹，
微红镶边，茶为上品；
泡后叶片，充分展开，
或芽细嫩，均齐为好；
叶底控水，自然晾放，
保持油润，光亮质优。

芽小叶薄，无肉质硬，
叶脉显现，茶叶为次；
冲泡叶后，底展不开，
蜷缩起皱，则为下品；
叶底粗老，硬杂多梗，
按之粗糙，叶底不好；
焦斑焦条，叶张边缘，
黑黄斑痕，茶叶劣质。

（九）评茶：六曰综合评比

评比茶叶，名优级第，
一般采用，百分制记，
即对茶叶，一观叶形，
二看汤色，三闻香气，
四尝味道，五看叶底，
六是综合，进行评比，
分项得分，系数相加，
按总得分，评定名次。

第十一章　武当道茶　特色茶具

一、茶具溯源，变迁演变

茶具溯源，先要研究，
茶树发现，我国古时，
神农最早，深山探险，
口尝百草，不幸中了，
七十二毒，得茶解之，
茶之为药，发乎神农，
茶古称荼，口嚼品尝，
没有茶具，传于百姓。

茶为药用，但茶清香，
也能消暑，解渴提神，
由此也为，生活饮料。
最早饮茶，土缶壶碗，
共用其具，随着发展，
渐用石碾，石臼茶杵，
制成茶膏，陶壶煮茶，
并用陶罐，储存茶膏。

古用陶壶，煮饮茶膏，
也用饭碗，饮用茶膏，
人们习称，茶壶茶碗，
至今房县，保留习俗。
湖南地名，尚有茶陵，
长沙考古，发现茶碗。
余姚遗址，出土茶壶。
有的收藏，茶盏茶瓶。

说起茶具，茶作饮品，
乃是汉时，茶进市场，
成为时尚，史有记载，
汉宣帝时，前五九年，
西汉《僮约》，文中记载，
舍中有客，提壶行酤，
武阳买茶，烹茶尽具，

成为最早，茶具史料。

二、古代茶具种类

茶具应指，有关栽培、
采制、储存、饮用工具，
亦称茶器、茶具茗器。
从广义讲，有兴茶园，
锄草之具，采茶茶篓，
晾放鲜叶，簸箕晾架，
用锅炒茶，茶罐茶盒，
包装储茶，多种工具。

茶具按其，狭义范围，
是指茶杯，茶壶茶碗，
茶盏茶船，尤其古代，
茶磨茶碾，茶榨茶槽，
茶臼茶瓯，茶笼茶柜；
制具材料，有金银具，
竹木陶瓷，工艺精美；
各种茶具，四十余种。

古代茶具，采制饼茶，
工具有其，一十九种；
煮茶饮茶，茶具却有，
二十八种，名称繁多。

而至宋代，已将兴茶，
采茶制茶，使用工具，
排在之外，茶具专指，
煮茶饮茶，所用茶具。

古代茶具，风格独特，
铜或铁铸，形象古鼎，
下有三脚，风能助火，
促水烧沸，沏茶之用。
古代采茶，制成饼茶，
使用碾槽，内圆外方，
内放碾轮，盘心有轴，
脚踩碾轴，碾碎茶饼。

茶具之多，尤其唐朝，
喜喝茶者，家庭备有，
成套茶具，每套多达，
二十余种，比较精致，
客主品茶，以茶会友，
即是一种，美好享受，
又是一种，欣赏茶具，
怡悦心情，增添雅兴。

文献记载，宋代蔡襄，
翰林学士，著作《茶录》，
介绍茶具，主有九种。
徽宗皇帝，《大观茶论》，

议及茶具，主有六种。
南宋咸淳，审安老人，
《茶具图赞》，一十二种，
写成诗歌，深得赞誉。

三、茶具发展　各朝特色

早期饮茶，虽没专具，
饭茶酒具，一器多用，
西汉时期，茶具面市，
黄釉耳盏，古朴雅致，
还有铜制，漆制茶具。
东汉年间，开始生产，
色泽纯正，透明发光，
青瓷茶具，浙江质好。

晋代浙江，青瓷茶具，
越窑婺窑，瓯窑已具，
相当规模，远销各地。
南北朝时，茶具出现，
青釉茶盏，还有托盘，
又称茶船，也叫茶拓。
唐代出现，宫廷茶具，
鎏金茶槽，金银茶匙。

唐代中叶，饮茶人增，
引起各地，瓷窑兴起，
越州岳州、鼎州婺州、
寿州洪州，四川福建，
均产著名，窑瓷茶具，
煮茶饮茶，贮茶用具，
茶具品种，有的一套，
件数多达，二十九种。

尤其唐朝，茶具繁杂，
喜喝茶者，家庭备有，
成套茶具，每套多达，
二十余种，比较精致，
客主品茶，以茶会友，
即是一种，美好享受，
欣赏茶具，又是一种，
增添雅兴，怡悦身心。

南宋时期，饮团饼茶，
饮用之前，需将饼茶，
碾碎筛后，进行烹煮，
《茶具图赞》：一十二种。
宋时皇帝，御前赐茶，
皆不用盏，用大汤瞥。
《宋史·礼志》，史有记载，
宋代皇帝，赐茶器具。

紫砂茶具，始见北宋，

文学名家，欧阳修诗：
喜见紫阳吟且酌，
羡君潇洒有余清。
文豪苏轼，寓居宜兴，
最爱提梁，紫砂茶壶，
被命名为，东坡茶壶。
宋时皇帝，御前赐茶，

宋代茶具，著名产地，
五大名窑，官窑杭州，
哥窑浙江，龙泉县域；
汝窑河南，临汝县境；
定窑河北，定州曲阳；
钧窑河南，钧州禹县。
尤其宋代，流行斗茶，
促起黑瓷，鼎盛于宋。

元代茶具，青花白瓷，
枢府釉具，盛是名贵。
尤其江西，景德镇产，
青花瓷具，釉色胎质，
还是纹饰、画技特别，
是将中国，传统绘画，
技法运用，瓷茶具上，
水平之高，远销国外。

到了明代，青瓷茶具，
质地细腻，造型端庄，
釉色青莹，纹样雅丽，
蜚声中外。龙泉青瓷，
出口法国，轰动欧洲。
白瓷茶具，致密透明，
更能反映，茶汤色泽，
堪称茶器，之中珍品。

明代盛行，条形散茶，
茶的制法，从原蒸青，
转变炒青，饮茶方法，
煮茶改为，沸水冲泡，
这样使得，唐宋时期，
碾茶煮茶，有些茶具，
由此成了，多余之物，
新的茶具，脱颖而出。

明代茶具，紫砂名贵。
紫砂矿土，成矿年代，
为古生代，泥盆系矿，
约在三亿五千万年，
紫砂矿土，主要组成，
石英黏土、水云母、
赤铁矿等，色有紫泥、
绿泥红泥，三种构成。

紫砂矿产，江苏宜兴，

丁蜀镇境，黄龙山地，
以及广东，大蒲等地。
紫砂矿土，开采千吨，
方得一吨，左右紫泥，
人工精选，剔除废土，
方可成为，制坯熟泥。
世称紫砂，富贵珍土。

紫砂泥料，独具双重，
气孔材质，透气性好，
附吸力强，紫砂泡茶，
不失原味，能够吸收，
茶的香味，保持较长，
茶汤不易，变质发馊，
茶壶外感，细腻良好，
使用越久，气韵温雅。

紫砂陶艺，起源宋代，
到了明代，日臻成熟，
壶的造型，完美丰富，
宜兴紫砂，最为名贵。
工艺精美，山水花鸟，
诗情画意，文化浓郁，
工艺造型，多种多样，
别具一格，值得收藏。

清代茶具，景瓷宜陶，
最为出色，尤以康熙、
乾隆时期，最为繁荣，
茶盏盖碗，最负盛名。
盖碗由盖、碗托组成，
盖呈碟形，茶碗口大，
碗底足小，碗托下面，
一个浅盘，置放盖碗。

说到清代，有的学者，
文谈茶史，清代茶类，
很大发展，除绿茶外，
又出现了，红茶白茶、
黑茶黄茶，和乌龙茶，
从而形成，六大茶类。
而饮用茶，无论哪种，
仍然沿用，前代茶具。

袁野清风，学研认为，
六大茶类，除绿茶外，
红白黑黄，及乌龙茶，
并非清代，开始出现，
宋徽宗著，《大观茶论》，
记载白茶，“自为一种”。
安化黑茶，追溯历史，
一千四百年前唐代。

红茶起源，年代难考，

明朝中期，《多能鄙事》，
提及红茶，最早文载。
黄茶历史，古来有之，
因其工艺，杀青闷黄，
制作独特，乃成黄茶。
福建北苑，乌龙茶史，
已有千年，产者味佳。

清代茶具，还创造出，
粉彩珐琅，多彩茶具。
清康熙时，宜陶名家，
陈鸣远制，梅干壶、
柴三友壶，及包袱壶，
南瓜壶等，集雕塑与，
装饰一体，情韵生动，
匠心独运，穷工极巧。

清代时期，福州生产，
胎漆茶具，四川竹编，
海南利用，椰子贝壳，
别具一格，逗人喜爱，
社会茶具，异彩纷呈。
清代以后，茶具逐步，
形成瓷陶，和玻璃器，
多种茶具，繁荣局面。

四、武当道茶茶具

武当道茶，茶具历史，
源远流长，武当方圆，
八百华里，房县红塔，
七里河地，二十世纪，
七十年代，农民挖掘，
腐殖酸土，用作肥料，
发现文物，七六年春，
省博物馆、武大考古。

经过发掘，有房基和，
灰坑墓葬，陶窑陶罐，
盆钵鬶等，大批陶器，
考古鉴定，此遗址是，
新石器时，距今时间，
四千六百，年代遗址，
系石家河，龙山文化，
及三房湾，文化遗址。

七里河地，考古出土，
陶器钵鬶，说文解字，
钵为古时，盛食之器，
饭钵茶钵；鬶为古时，
煮水器皿，也是古代，
煨酒煮茶，所用陶具。
七河考古，也是神农，

炎帝后裔，迁徙之地。

道家武当，春秋时代，
尹喜辞官，携《道德经》，
隐居武当，饮茶养生。
后周尹轨，西汉戴孟，
东汉著名，道家名人，
马明生，阴长生等，
寻用野生，太和之茶，
碗为茶具，隐居清修。

武当道人，最早有的，
探索茶味，嚼服鲜叶，
品尝滋味，不用茶具，
随着认知，饮茶作用，
用木茶杯，竹筒茶具，
葫芦装茶，古色古香，
饮茶品味，别具一格。

丹江口市，古称均州，
专家考古，说文解字，
均是一种，制陶器具，
所用转轮，称“陶旋轮”；
“均”字通“钧”，制陶工具；
陶均发源、均陵起源，
中国州名，古为均州，
后为均县，丹江口市。

袁野清风，二〇〇八，
一十二月，二十八日，
隆冬冒着，凛冽寒风，
专程考察，撰写新闻，
丹江口市，古为均陵，
是陶文化，发祥之地，
武当山下，浪河薄湾，
古代遗址，多种陶器。

武当山下，浪河镇地，
小店子村，考古发掘，
东周时期，汉代陶窑，
多种陶器，盂罐瓮豆，
觑盆纺轮，发现完整，
和已复原，二百多件，
陶片多达，三百余袋。
里面不少，喝茶用具。

武当道人，喜爱饮茶，
珍视收藏，所用茶具，
颇具特色，铜铸茶具，
武当龟蛇，栩栩如生，
刻有寿字，称百寿壶。
元代武当，建八仙观，
紫霄宫殿，有八仙图，
喜饮道茶，八仙铜壶。

道人喝茶，喜用盖碗，
青花瓷器，花文雅韵。
茶具珍品，神农茶匙，
骨雕神农，神态之高。
朝山贡品，皮囊茶袋，
厚皮缝制，十分珍贵。
竹制茶匙、竹制茶漏，
工艺精美，值得收藏。

第十二章　茶含多种　营养元素

导言

茶叶是宝，不单是其，
用于解渴，天然饮料，
而且富含，多种元素，
具有一定，保健功能。
生活之中，人们对茶，
一般视作，饮料看待，
而应认识，茶的功效，
明茶作用，养身长寿。

一、茶叶富含，多种元素

古往今来，研究得知，
茶中元素，五百余种，
微量元素，多达百种，
元素之多，甚是罕见。
茶树全身，均是宝贝，
茶之根叶，强心活血，
茶花功效，清热利咽，
作用之多，言之不尽。

茶叶内含，有机矿物，
氨基酸物，茶多酚物，
蛋白质物，叶绿素物，
胡萝卜素，咖啡因等。

茶叶还含，维生素A，
维生素B，维生素C，
维生素E，维生素P，
碳水化合，儿茶素等。

元素主有，钾钙镁钴，
锰铝钠锌，铜氮磷氟，
碘硒铁硼，硒钼镍镉，

元素多种，具是珍宝。
茶之营养，皆是人需，
能当药材，亦能保健，
补充维 C，以及维 B，
适当吃茶，益处多多。

（一）茶叶儿茶素功能作用

儿茶素类，称茶单宁，
特有成分，味道苦涩，
含量之高，亦是少见，
治病祛病，功效明显。
合咖啡因，缓和生理，
抑制病毒，抗氧活性，
抑制血压，还能抗癌，
延缓衰老，延年益寿。

（二）茶多酚

茶中多酚，含儿茶素，
与黄酮类，花青素类，
酚酸等类，俱是宝贝，
能溶于水，易于消化。
儿茶素类，制茶能变，
与色香味，均有关系，
聚合红茶，成茶黄素，
和茶红素，茶褐素等。

红茶品质，决定是它，
红色茶汤，亦是因它。
含黄酮类，称茶黄素，
以及糖类，藏于茶中，
均为黄酮，黄酮醇类，
绿茶汤色，主要物质，
含叶绿素，及其酚类，
二十一种，含量惊人。

花青素类，称花色素，
茶树遇旱，紫色芽现。
茶叶酚酸，含量较少，
茶多酚类，茶为原料，
经过提取，成儿茶素，
为多酚类，名维多酚。
儿茶素有，表儿茶素。
多酚含量，发酵越深。

转化物质，数量越多。
茶叶品质，影响含量，
茶叶越嫩，品质越好，
嫩叶在顶，最接阳光，
充分光合，酚性较多。
茶多酚类，呈淡黄色，
至单茶色，或茶褐色。

茶粉末状，或是膏状，
有茶香味，略带涩味。
易溶于水，乙醇甲醇，
乙酸乙酯、丙酮溶剂
微溶油脂，不溶氯仿，
有吸湿性，稳定性强。
茶多酚类，抗氧性能，
抗氧能力，非常强大。

茶作用大，无副作用。
抗氧机理，茶酚羟基，
自动螯合，金属离子，
亦能结合，氧化酶类。
茶多酚类，抗氧性能，
温度越高，效果越好，
性能优于，植物油脂，
合卵磷脂，维生素 E。

维生素 C，和柠檬酸，
一起使用，能够增效。
儿茶素类，保护食品，
食品色素，维生素类，
原有色泽，营养水平，
防止腐败，消除异味。
茶多酚类，合有机物，
延长贮存，防止褪色。

提高稳定，营养成分。
茶多酚类，能抗衰老，
抗氧化性，生理活性，
性能很强，作用很大，
可以抑制，脂氧合酶。
缓解过敏，抑制组胺，
变态反应，皮肤过敏。
对重金属，能够排毒。

茶吸附强，对重金属，
产的沉淀，减轻毒害。
改善肝功，能够利尿，
对生物碱，可以抗解。
能助消化，提高分泌，
增强分解，脂肪能力。
能防辐射，可以吸收，
放射物质，阻其扩散，

茶被称为，强过滤器，
能够护齿，杀乳酸菌，
及其龋齿，防止龋齿。
能够养颜，清除油腻，
收敛毛孔，消毒灭菌，
抗肤老化，减少辐射。
茶多酚类，抗氧活性，
用于油脂，含油食品。

天然抗氧，抑制氧化，
难溶油脂，技术未成。
能够保鲜，肉制品类，
和水产品，抑假单胞，
细菌繁殖，减缓氧化，
延缓腐败，延长保鲜。
茶多酚类，保鲜液体，
浓度越高，效果越好。

（三）氨基酸和蛋白质

茶叶中含，氨基酸类，
和蛋白质，多含氮物。
茶中蛋白，由谷蛋白，
与白蛋白，和精蛋白，
共同组成，能溶于水，
这种蛋白，提汤滋味。
茶氨基酸，通过氧化，
水解作用，转化物质。

（四）咖啡碱

茶咖啡碱，生物碱类，
含茶叶碱，和可可碱。
咖啡碱类，活跃嫩梢，
合成最多，含量最高。
茶咖啡碱，溶于热水，
遇上高温，升华挥发。
茶咖啡碱，能够促进，
新陈代谢，振奋精神。

茶咖啡碱，刺激中枢，
引起兴奋，使人清醒，
有助思维，促血循环，
利尿排出，解除疲劳。
促进人体，新陈代谢。
能够促进，胃液分泌，
有助消化，增进胃肠，
有助解除，烟酒之毒。

（五）咖啡因

茶咖啡因，带有苦味，
茶汤滋味，重要成分。
红茶茶汤，合茶多酚，
冲泡之时，掌握水温。

（六）矿物质

茶中富含，矿物质多，
钾钙镁锰，茶汤含量，

阴离子多，阳离子少，
碱性食品，帮助体液，
维持碱性，保持健康。
钾能促进，血钠排除，
多饮茶汤，防高血压。

（七）维生素

茶叶之中，含维生素，
分水溶性，和脂溶性。
水溶性类，抗坏血酸，
维生素 B，维生素 B_2，
维生素 B_3，维生素 Bu，
维生素 P，维生素 B_6，
维生素 C，和肌醇等。
辅助治疗，血管硬化。

（八）碳水化合物

碳水化合物，又称糖类，
包括单糖、双糖多糖。
光合作用，合成代谢，
转化而成，有助产量。
茶叶单糖，含葡萄糖，
果糖核糖，脱氧核糖，
阿拉伯糖，有半乳糖。
茶叶双糖，含麦芽糖。

还有乳糖，和棉子糖
易溶于水，具有甜味。
茶叶之中，碳水化合，
物的功效，但能刺激，
胃肠蠕动，增排粪便，
减少有毒，或对有害，
物质吸收，防糖尿病，
并且预防，肠肿瘤病。

（九）有机酸

茶有机酸，含苹果酸，
没食子酸，对香豆酸，
有柠檬酸、和脂肪酸。
有机酸与，物质代谢，
关系密切，茶的鲜芽，
含廿五种，有机酸物。
茶有机酸，却是形成，
茶的香气，重要成分。

（十）酶类

茶叶含酶，酶是一种，
生理活性，化合物质，

是生物体，内部进行，
化学反应，之催化剂，
俗称酵素，其功效高，
如茶根中，有了酵素，
就能形成，茶黄素及，
蛋白质和，茶氨基酸。

（十一）茶多聚糖

茶多聚糖，糖类分子，
缩合物质，分由糖基，
和糖基类，含脂多糖、
甙化合物，糖胺聚糖，
能够保健，保护造血，
防治放射，亦能防治，
心血管病，抗菌利尿，
作用明显，意义重大。

（十二）茶叶色素

茶叶色素，含叶绿素，
黄酮素类，胡萝卜素，
和叶黄素，及茶多酚。
黄酮素类，含花青素，
茶黄茶红，和茶褐素，
含量多少，决定汤色。
绿茶之中，叶绿素 A，
叶绿素 B，共同组成。

色素形成，通过光合，
无机物质，经过代谢，
成有机物，用以生长，
胡萝卜素，是为黄色
或橙黄色，茶叶多糖，
含纤维素，半纤维素，
和木质素，计十五种，
进行光合，成芳香物。

二、茶的抗辐射作用

现代科技，证实茶叶，
所含元素，亦有多种，
茶多酚和、茶多糖类，
及儿茶素、化合物等，
有抗辐射，抗氧化力，
提高免疫，抗癌功效，
可以吸收，放射性物，
阻止其在，人体扩散。

二战时期，风起云涌，
即在公元，一九四五，
那年八月，美军飞机，

飞入日本，广岛投下，
一原子弹，炸死四万；
八月九日，美机飞入，
日本长崎，投原子弹，
当即炸死，六万余人。

二十世纪，五十年代，
有关专家，研究发现，
广岛长崎，原子弹后，
为避辐射，部分被迁，
移居茶区，饮绿茶者，
仍然存活，体质良好，
日本惊奇，发现茶是，
一种有效，抗辐射剂。

茶叶中含，茶多酚等，
既可清除，辐射产生，
的自由基，提高机体，
免疫能力，又可保护，
机体造血，功能作用，
达到良好，抗辐效果。
使用电脑，多饮绿茶，
有助防预，电脑辐射。

第十三章　茶叶养生保健功能，茶与中药配方用法及功效

一、茶叶养生保健功能

古之以来，生活必需，
柴米油盐，酱醋水茶，
茶之功能，解渴润喉，
清心明目，悦志益思，
生津润燥，健康长寿。
世界公认，三大饮料，
茶是之一，饮茶保健，
功能之多，熟知有益。

（一）茶能清脑明目

茶之功效，古之有记，
秦汉时期，《神农食经》，
苦荼久食，悦志有力，
由此可知，饮茶使人，
精力饱满，兴奋愉悦。
华佗《食论》，“苦荼久食，
益意思”即，提神助思。
魏晋至清，多籍亦记。

唐代陆羽，所撰《茶经》，
称常饮茶，能治“目涩”，
宋周去非，《岭外代答》，
茶煮饮之，能愈头风。
元王好古，《汤液本草》，
茶苦其体，是清头目。
清黄宫绣，《本草求真》，
饮茶能疗，火伤目疾。

这里提示，泡过茶叶，
勿请丢弃，使其干燥，
配料制成，茶渣枕头，
保护视力，能去目赤，
防止眼疾，清脑安神，

茶枕有助，防抗病毒，
亦抗辐射，可降血压，
养颜明目，清热解毒。

（二）提神醒睡

茶之功能，提神醒睡。
晋代张华，撰《博物志》，
唐代苏敬，《新修本草》，
清代张璐，《本经逢源》，
分别称茶，“令人少睡”，
“令人少眠”，“令人少寐”，
“令人不眠”，明李士材，
《本草图解》，称茶“醒眠”。

绿茶中含，抗癌物质，
有咖啡碱，有茶多酚，
还有锰锗，钼硒元素，
养神提神，预防癌症，
提高机体，免疫能力。
但勿过量，导致“醉茶”，
扰乱胃液，影响消化，
产生心慌、头晕症状。

（三）下气消食

唐代孟诜，《食疗本草》，
明缪希雍，《本草经疏》，
明代王圻，《三才图会》，
分别称茶，能“消宿食”，
能“消饮食”，能“消积食”，
还能“下气”，清黄宫绣，
《本草求真》，“养脾最佳”，
称茶能治，“食积不化”。

中医临床，运用绿茶，
治疗疾病，千年历史，
改善消化，能够抗菌，
急性腹泻，可喝绿茶，
减轻病况，辅助治疗，
中医认为，茶叶性味，
苦甘带凉，入心肺胃，
“粗茶淡饭，延年益寿”。

（四）勿茶解酒

日常饮茶，也有误区，
保健养生，勿茶解酒，
朱彝尊说，酒后口渴，
不可饮水，及多啜茶，
茶性味寒，随酒入肾，

为毒之水。现代科学，
也已证实，酒后勿茶，
水果解酒，养生之道。

自古以来，饮酒之人，
常常喜欢，酒后喝茶，
以为喝茶，可以解酒，
实则不然。酒后喝茶，
极为有害。李时珍说，
酒后饮茶，首伤肾脏，
腰脚重坠，膀胱冷痛，
痰饮水肿、挛痛之疾。

葛粉解酒，保护胃膜，
有助防止，酒精伤害，
并可排毒，显著效果。
用白萝卜，洗净生吃，
或榨成汁，灌服解酒。
荸荠清热，止渴解酒；
绿豆汤水，西瓜捣汁，
梨子甘蔗，皆可解酒。

（五）利尿通便

茶之功能，利尿通便。
唐陈藏器，《本草拾遗》，
孙思邈撰，《千金翼方》，
分别称茶，能“利小便”，
唐代孟诜，《食疗本草》，
称茶药效，能“利大肠”，
清赵学敏，称茶能够，
“刮肠通泄”，“利大小肠”。

科学说法，喝茶利尿，
水与饮茶，利尿功能，
完全不同，同体比较，
茶叶要高，利尿是指，
尿量增加，血容量少，
消肿降压，强心解毒，
防止肾脏，功能衰竭，
治疗尿崩，减少尿量。

（六）喝茶治痢

喝茶治痢，古有定论，
宋代陈承，《本草别说》，
称茶“治痢”，效果不错，
明代吴瑞，《日用本草》，
称茶能够，“治赤白痢”，
清黄宫绣，《本草求真》，
茶治“血痢”，张璐撰写，
《本经逢源》，称茶“止痢”。

喝茶可以，治便秘吗？

生活中人，多有疑问，
觉得喝茶，能够“清火”，
改善便秘，利便通便，
其实不然，便秘患者，
不宜喝茶，因为茶有，
收敛作用，喝得多了，
反而更会，加重便秘。

（七）祛风解表

茶叶功效，祛风解表。
有五代蜀，毛文锡者，
所撰《茶谱》，称茶“疗风”；
明李时珍，《本草纲目》，
称茶可以，轻汗发出，
而肌骨清；清屈大均，
《广东新语》，茶“祛风湿”，
刘靖称茶，能治痘疹。

（八）生津止渴

《神农食经》，称茶“止渴”，
唐代李肇，《唐国史补》，
称茶“疗渴”，孙思邈撰，
《千金翼方》，称饮茶汤，
能治“热渴”，清王孟英，
撰写茶著，称茶“解渴”，
此外还有，“消渴不止”，
“止渴生津”，各家之说。

（九）清肺去痰

唐代孟诜，《食疗本草》，
称茶“解痰”，苏敬编撰，
《新修本草》，称茶“去痰”；
元忽思慧，《饮膳正要》，
茶“去痰热”，清赵学敏，
黄宫绣称，“涤痰清肺”，
“入肺清痰”，张璐撰著，
《本经逢源》，称茶“消痰”。

（十）去腻减肥

唐陈藏器，《本草拾遗》，
称茶“去人脂”；宋代苏轼，
《东坡杂记》，称茶“去腻”；
明李士材，《本草图解》，
称茶能够，“解炙博毒”；
清曹慈山，《老老恒言》，
茶“解肥浓”，赵学敏著，
茶“解油腻”，“久食人瘦”。

科学证明，久饮茶汤，
确实能够，降脂减肥，
绿茶中有，氨基酸类，
维生素类，酚类衍生，
芳香物质，综合起来，
降低血液，胆固醇类，
还有血脂，促进脂肪，
快速氧化，减肥瘦身。

（十一）清热解毒

唐孟诜撰，《食疗本草》，
清代张璐，《本经逢源》，
分别称茶，“去热”“降火”；
唐陈藏器，《本草拾遗》，
称茶能够，“破热除瘴”；
陈承撰著，《本草别说》，
称茶“消暑”，清黄宫绣，
《本草求真》，“清热解毒”。

茶之药效，不一而足，
其中主要，清热解毒，
刘献庭撰，《广阳杂记》，
称茶可以，“除胃热病”。
此外还有，“清热降火”，
退却“涤热”，扫去“泻热”，
治“疗热症”，还“治伤暑”，
功效明显，用之不凡。

（十二）疗疮治瘘

《枕中方》佚，疗疮治瘘，
引自《茶经》，济世慈航，
称茶可以，“疗积年瘘”，
明代名医，缪希雍著，
《本草经疏》，茶治“瘘疮”，
李中立撰，《本草原始》，
称茶能够，“搽小儿疮”。
众家皆言，疮瘘仙方。

（十三）涤齿坚齿

宋代苏轼，《东坡杂记》，
称茶能使，牙齿“坚密”，
元代李治，称茶能使，
牙齿“固利”；明钱椿年，
《茶谱》称茶，能够“救饥”，
清代张英，撰写著述，
称茶可以，“涤齿颊”等。
古人经验，不可不记。

饮茶保健，龋齿不生，
氟是人体，机能所需，

微量元素，其中之一，
缺氟影响，牙齿健康，
茶是含氟，天然饮料。
有助强化，牙珐琅质，
从而有效，预防龋齿。
茶中多酚，防牙结石。

（十四）补维生素

维生素 C，又被称为，
L- 抗坏血酸，在茶叶中，
含量最高。泡抹茶时，
水温适宜，否则茶中，
维生素 C，遭到破坏，
营养尽丢，得不偿失，
饮用抹茶，补充天然，
维生素 C，最佳办法。

（十五）防高血压

抹茶富含，儿抹茶精，
增强人体，积累能力，
减少血液，和肝脏中，
脂肪积累，能够保持，
毛细血管，抵抗能力，
常饮抹茶，防高血压，
动脉硬化，与冠心病，
五脏六腑，皆可受益。

常饮绿茶，护心血管，
扩张动脉、改善血流；
保护动脉，血管平滑，
降胆固醇，甘油三酯。
血管炎症，能够介导，
调节血脂，抑制硬化。
绿茶中含，抗氧化剂，
软化血管、保健有益。

（十六）降胆固醇

抹茶中的，维生素 C，
降胆固醇、增强血管，
韧性弹性，防心脏病。
绿茶助于，降低血糖，
空腹胰岛，空腹甘油，
还能控制，内脏脂肪。
因此绿茶，用于医疗，
中外皆有，历史悠久。

（十七）泡脚解乏

茶水还可，泡脚解乏：

身体疲劳，茶水泡脚，
通透舒泰，疲劳顿除，
少许茶叶，放进鞋子，
治疗脚臭，还可预防，
治足跟裂，茶叶洗脚，
一个星期，即可痊愈。
同时还可，消除脚气。

（十八）养生益寿

宋代苏颂，《本草图经》，
称常饮茶，能“祛宿疾”，
明程用宾，《茶录》称茶，
“抖擞精神，病魔敛迹”；
清俞洵庆，《荷廊笔记》，
茶“养生益”。此外还有，
茶水“久服，能令升举”，
养生益寿，简单易行。

研究表明，绿茶含有，
抗氧化剂，有助于人，
抵抗老化。因为人体，
新陈代谢，如过氧化，
生自由基，损伤细胞，
加速衰老，绿茶汤中，
有儿茶素，可把过剩，
进行清除，延年益寿。

二、茶与中药配方用法及功效

（一）五味子绿茶

用五味子，剂量五克，
绿茶三克，煎煮成液，
取液二百，五十克量，
此茶功效，敛肺滋肾，
收汗涩精，肺虚喘咳，
自汗冷汗，梦遗滑精，
无黄疸型，传染肝炎，
肠道感染，神经失调。

（二）天门冬草茶

天门冬草，剂量十克，
绿茶三克，可加冰糖，
用三百克，开水冲泡，
饮用此茶，滋阴润燥，
清肺降火，抗菌抗瘤。
治疗用途，阴虚发热，
咳嗽吐血，肺痈解渴，
喉咙肿痛，便秘肿瘤。

（三）蜂蜜茶

茶叶适量，开水冲泡，
加入上好，蜂蜜一匙，
茶水调服，每日中晚，
餐后服饮，此茶有益，
滋肺润肠，调理脾胃，
益肾养精，可以防治，
咳嗽便秘，腹胀耳鸣，
食欲不振，腰膝酸软。

（四）枣茶

红枣十枚，放入红糖，
兑入红茶，加水煮烂，
饮用此茶，补益气血，
健脾和胃，尤宜幼儿，
中老年人，服用此茶，
舒肝解郁，有利健康。

（五）当归柏仁茶

茶药配方，当归五克，
花茶三克，煎煮成液，
取其液量，为三百克，
加柏子仁，剂量三克，
泡茶饮用，养血润燥，
治疗便秘，血虚绝经。

（六）首乌芍茶

配何首乌，剂量五克，
白芍三克，绿茶三克，
煎煮泡茶，益于肝肾，
补血柔肝，敛阴收汗。
治疗用途，肝肾不足，
精气亏损，虚烦不眠，
心悸不宁，头晕耳鸣，
高血压病、肝肾阴虚。

（七）天冬板蓝茶

天门冬草，剂量五克，
配板蓝根，剂量三克，
绿茶三克，开水冲泡，
可加冰糖，开水二百，
五十克泡，清热养阴，
还能解毒，治口烦渴，
热毒上攻，咽喉肿痛，
扁桃体炎，口舌生疮。

（八）芍姜茶

白芍五克，干姜三克，
煎煮成液，取其液量，
为三百克，再加红茶，
剂量三克，冲泡饮用，
温经止痛，有助治疗，
因寒所致，胃腹疼痛。

（九）麦门冬茶

配麦门冬，剂量五克，
绿茶三克，开水冲泡，
可加冰糖，养阴润肺，
清心除烦，益胃生津。
治疗用途，肺燥干咳，
咯血肺痿，肺痈烦渴，
虚劳烦热，热病伤津，
咽干口燥，还有便秘。

（十）益胃茶

配方玉竹，剂量五克，
沙参三克，麦冬三克，
生地三克，绿茶三克，
冰糖十克，开水冲泡，
饮用此茶，益胃生津，
有助治疗，阴虚口渴
津枯便秘，干咳不停，
热病伤阴，亦可应用。

（十一）天花粉茶

配天花粉，剂量十克，
绿茶三克，开水冲泡，
可加冰糖，生津止渴，
降火润燥，排脓消肿。
治疗有助，热病口渴，
痔瘘疮疖，痈疽肿毒。

（十二）沙参茶

配方沙参，剂量十克，
绿茶三克，开水冲泡，
可加冰糖，养阴清肺，
祛痰止咳，强心抗菌，
降低血压，亦可治疗，
肺热燥咳，虚劳久咳。

（十三）石斛茶

配方石斛，剂量五克，

绿茶三克，用其开水，
二百克量，可加冰糖，
冲泡饮用，益胃生津，
清热养阴，还能治疗，
热病伤津，口干烦渴。

（十四）芦麦茶

配方芦根，剂量五克，
加麦门冬，剂量三克，
绿茶三克，再添冰糖，
用其开水，二百五十克，
冲泡饮用，养阴清热。
口烦吐泻，小便较黄。

（十五）玄参茶

配方玄参，剂量十克，
绿茶三克，开水冲泡，
可加冰糖，滋阴降火，
除烦解毒，还可治疗，
热病烦渴，瘰疬痰咳，
喉咙肿痛，皮肤炎症。

（十六）玉竹薄荷绿茶

配方玉竹，剂量五克，
薄荷三克，菊花三克，
绿茶三克，开水冲泡，
可加冰糖，养阴明目，
治疗用途，外感热病，
目赤肿痛，视物昏花。

第十四章　茶艺表演

导言

（一）

武当道茶，茶艺表演，
语言口才，朗朗解说，
表演技艺，舞戏动作，
科学解释、形象演示，
茶艺情趣、精妙艺术，
优雅演艺，展示沏茶，
宣传启迪，饮茶功能，
陶冶情操，美的享受。

（二）

漫话茶艺，古称茶道，
起萌周朝，《诗经》时代，
晋代渐兴，唐代盛行。
尤其陆羽，著书《茶经》，
深刻描述，选茗用水，
置具烹煮，品茗赏艺，
宋代兴起，斗茶论高，
时人称为，茶艺百戏。

（三）

何谓茶道，是以修行，
品茶悟道，是为宗旨，
饮茶艺术，品茶之道，
饮茶修道，完美统一。
茶道包括，茶艺茶礼、
茶境修道，四大要素，
讲究整套，茶艺程序，
内涵丰富，完美茶艺。

（四）

所谓茶艺，是指备器，
选茶用水，取火加热，
候汤习茶，通过解说，
表演艺术，展示技艺；
所谓茶礼，乃是按照，
礼仪规则，烧水沏茶，
文雅而致，彬彬有礼，
饮茶品茶，以茶交友。

（五）

所谓茶境，乃指饮茶，
场所环境，幽静别致，
饮茶品茶，增添雅兴，
清心愉悦，感悟茶道。
饮茶修道，通过茶道，
养生修性，怡情静思，
茶道相结，悟道体道，
品茶论道，感悟人生。

（六）

茶艺表演，多种分类，
道茶茶艺，武术茶艺，
功夫茶艺，民俗茶艺，
笙箫茶艺，悬壶茶艺，
仿古茶艺，戏曲茶艺，
多种名称，众多演技，
茶具服装，审美感强，
引人注目，观赏点赞。

茶艺表演，讲求六美：
茶艺解说，语言之美；
茶艺编排，新颖之美；
茶艺表演，动作之美；
茶艺布置，结构之美；
茶艺选场，环境之美；
茶艺动作，神韵之美。
完善尽美，美不胜收。

（七）

茶艺表演，十分讲究，
语言艺术，语言修辞，
抑扬顿挫，精气神备，
朗朗之声，悦耳动听。
沏茶技艺，选茶辨水，
烫壶投茶，温杯高冲，
低泡分茶，观色论茶，
敬茶闻香，品茶论艺。

（八）

表演茶艺，体现茶道，
茶水相济，清香扑鼻，
传统道乐，玄妙神韵，
柔美和谐，悠扬动听，
表演体现，茶道精神，
和敬清寂、廉美优雅。
耐人寻味，艺感深刻，
道法自然，上善若水。

一、武当道茶针井（茶艺解说）

（一）

武当针井，源自武当，
著名道观，磨针井观，
神话传说，铁杵磨成，
绣花细针，以此典故，
采用手工，传统技艺，
特制茶叶，细搓似针，
展示芽茶，香美色艳，
形神兼备，亭亭玉立。

（二）

道茶茶艺，物我展示，
茶艺之道，栎木茶桌，
木之本色，精美雕刻，
八卦图案，古案古色；
玻璃亮杯，摆放成线，
大小一样，形状相同，
给人一种，美的享受，
达到物我，两忘境界。

（三）

道茶茶艺，涤尘玄鉴，
道茶沏泡，用器讲究，
至清至洁，涤尘玄鉴，
即讲洁净，再烫洗杯；
巧手亮杯，环绕一周，
以示茶礼，尊重客人，
表达心意，情切意真，
去除妄念，超然自我。

（四）

道茶茶艺，采气调息，
武当道茶，天地精华！

提壶向杯，少量注入，
开水润茶，充分调和；
茶水相融，针井齐齐，
亭亭玉立，茶叶嫩绿，
水变淡黄，与叶不一，
双色透亮，茶香扑鼻。

（五）

道茶茶艺，视觉审美，
玻璃茶杯，晶莹透亮，
茶在杯中，怒放美态，
婀娜多姿，闪转腾挪，
轻雾缥缈，氤氲升腾；
可观汤色，由绿浅黄，
可视水色，茗形百态，
尽收眼中，品茶自然。

（六）

道茶茶艺，艺解茶香，
汉代名臣，中华典故，
卧雪堂号，袁安后裔，
袁野清风，二十三年，
研究道茶，作有茶诗：
嫩绿芽儿，茶似针井，
沏泡奇香，如饮甘露，
清心明目，怡悦提神！

（七）

道茶茶艺，流星飞舞，
茶艺奇妙，铜壶之美，
盛水数杯，壶嘴三尺，
好似铜锤，又似鹤嘴，
呼呼舞动，如若流星，
无不令人，眼花缭乱，
啧啧惊赞，阵阵掌声，
中华茶艺，尽显其中。

（八）

道茶茶艺，凤凰点头，
冲泡绿茶，颇有讲究，
悬壶高冲，贵在手艺，
挥臂提壶，凤凰点头，
三起三落，举壶樽茶，
泉水飞流，茶樽八分，
留下二分，举杯好饮，
一是礼仪，二是尊重。

（九）

道茶茶艺，乾坤交泰，
武当绿茶，叶在水中，
慢慢舒展，茶芽绽放，
汤色逐变，先是嫩绿，
渐渐淡黄，清澈明亮，
滋味鲜爽，醇厚回甘，
壶中日月，杯中光阴，
茶之变化，天地乾坤。

（十）

道茶茶艺，仙山玉露，
武当奇峰，飞云荡雾，
天降玉露，盛产道茶，
仙芽奇香，甘醇味美，
道家饮茶，修性养生，
解渴清嗓，润肺化痰，
提神解困，怡悦心身，
飘飘欲仙，神灵造化。

（十一）

道茶茶艺，茶道杯中，
品尝道茶，一是看茶、
二要闻茶、三者品尝。
道茶之香，更加注重，
清幽淡雅，须用心灵，
细心感悟，清醇悠远，
热心言传，品出茶香，
悟出茶道，茶如人生。

（十二）

道茶茶艺，茶生清风，
一杯香茶，以茶代酒，
待接客人，道廉清风。
品茶至清，至醇至真，
至俭至廉，茶艺之美，
盛情展演，玻璃杯茶，
茶道自然，道茶之妙，
鞠躬致谢，旅途愉快！

二、武当道茶银剑（茶艺解说）

（一）

诸位游客、游武当好：
唐代名道，乃吕洞宾，

慕名武当，隐于洞中，
修炼武功，擅长剑法，
名纯阳剑，人称“剑仙”。
武当名茶，独特工艺，
仿纯阳剑，牙茶造型，
扁平显毫，美形似剑，
武当银剑，国际名茶。

（二）

相传八仙，慕名武当，
到八仙观，品茶论道，
心旷神怡，八仙醉茶，
连称好茶，尤其饮茶，
非常兴奋，各显武功，
痛饮道茶，尽情展示，
八仙功夫，品茶论道，
无不赞美，武当剑茶。

（三）

八仙功夫，尤纯阳剑，
四十二式，秘法剑谱：
提剑归丹定五行，
返本还原把剑进。
龙心指路悬左足，
穿越云天指星宿。
玉拐出鞘阴阳触，
青龙抬头风云吼。

（四）

武当横云观日月，
刺破云天青龙现。
龙吟步绕云天劫，
翻江倒海神针定。
风舞梨花迎面起，
纯阳追月云中絮。
神龙隐现单边绕，
风吹荷花根亦牢。

（五）

春风梨花八方飞，
白云缠绕紫气随。
荷塘波涌神龙现，
穿云破雾白云边。
龙飞凤舞行如风，
拔草擒蛇七寸中。
龙蛇盘圆金戈起，
寒水渡萍翻腾急。

（六）

游龙缠蛇入海流，
一波千丈古洲头。
飞凤陆地三点头，
游龙碧波上九楼。
拂尘轻扬返手来，
太阴举柱下尘埃。
寒塘旋萍少阳开，
玉笛三剑旋转截。

（七）

游龙入海随身缠，
神光护顶祥云穿。
倒步抽纤圆如意，
龙珠飞旋随身依。
游龙探穴左右摆，
秋江横钓悬竿外。
玉拐一剑进中焦，
右拐一剑化为撩。

（八）

阴阳合道重交手，
倒步悬足背剑收。
归丹提剑五行定，
功归大道气血润。
纯阳剑法，乃真功夫，
武当剑茶，真是好茶，
功夫醉茶，醉茶功夫，
八仙醉茶，成为名茶。

（九）

武当仙山，八仙观村，
茶叶总场，盛产剑茶，
不施农药，不经发酵，
传统技艺，精制而成，
有机肥料，生态茶园，
地理标志，保护产品，
著名商标，并被授予，
“中国道茶文化之乡”。

（十）

两仪交泰，万物和谐。
道藏有言，茶似道意。
茶叶冲泡，汤明绿亮，
天地交泰，万物和谐，
谱写一曲，时代赞歌！
武当银剑，道和茶艺，

到此结束，感谢观赏！
不足之处，敬请指正！
谢谢！（鞠躬）

三、武当功夫茶（茶艺解说）

中华武术，两大流派：
一曰“外家”，源自少林，
弹腿劈挂，防身上乘；
一曰“内家”，源自武当，
吐纳导引、以柔克刚，
技进于道，贵在养生。
武当武术，历史悠久，
源远流长，堪称国粹。

（一）

武当功夫，制作道茶，
挖掘利用，武当内家，
太极拳法，三十六功，
四两能拨，千斤之力，
包揉发酵，多个工序，
方可制成，沸水冲泡，
绿豆汤色，芳香扑鼻，
七泡余香，强身健体。

（二）

武当功夫，融入道茶，
以柔克刚，刚柔相济，
玄妙功夫，制茶技艺，
功夫道茶，玄机秘法，
传统工艺，制作独特，
千年道茶，非遗传承，
功夫道茶，养生修性，
茶艺表演，无不称道。

（三）

温烫炉鼎，拨入仙茗，
温烫炉鼎，开水烫壶，
净壶提温，必要准备。
道家炼丹，器称炉鼎，
借比茶壶，更有神韵。
茶叶入壶，仙丹入鼎，
好似仙物，落入凡尘，
拨入道茶，杯中馨香。

（四）

洗温香肌，春回大地，
壶中注入，少量开水，

不多不少，要求刚好，
开水入壶，浸润茶叶，
洗温香肌，汤入公杯，
旋转摇荡，汤浸杯壁，
一提杯温，二做清洗，
温杯洁具，春回大地。

（五）

玉杯呈亮，普泽甘露，
茶艺手法，手端玉杯，
双手联动，心手合一，
倒扣香杯，翻至正位，
飞鸟展翅，翩翩而成。
普泽甘露，公杯茶汤，
道茶讲究，泡茶程序，
再次洁具，以示尊重。

（六）

龟蛇合动，狮子滚球，
香杯倒合，品茗杯转，
合二为一，形似玄武，
龟蛇合动，品茗双杯，
逐一清洗，有条有序，
滚动洗涤，上下翻飞，
态势优雅，狮子滚球，
品茗杯齐，喜品佳茗。

（七）

高山流水，风吹浮云，
悬壶高冲，银河细流，
茶水相融，充分浸润，
茶香散发，茶叶舒展，
亭亭玉立，妙趣横生，
霓裳仙子，如遇知音。
风吹浮云，春风拂面，
壶盖轻拨，明亮清澈。

（八）

无为抱朴，修性养生，
道茶之法，茶入道规。
无为抱朴，茶道生辉。
形神守静，天乐相随。
道心得了，无欲忘杯。
长生之道，唯茶是归。
道家修炼，是为长生，
长生之道，首先养生。

（九）

品道家茶，健康良药，
生活享受，修身途径。
鲁迅曾说，有好茶喝，
会喝好茶，是种幸福。
大家品茶，切身感受，
道家文化，文化精髓，
保养身心，增进和谐，
平安幸福，益寿延年。

（十）

道家功夫，内外养生，
表里兼顾，不可缺一，
用于茶道，同样重要，
开水烫壶，外部浇淋，
内外夹攻，壶外追香，
外练筋骨皮，内练一口气，
道家功夫，刚柔相济，
功夫道茶，相映生辉。

（十一）

炉火纯青，活煮甘泉，
中国宋代，文豪东坡，
总结经验，泡茶活煮，
简要叙说，活水活火，
壶下旺火，煮沸山泉。
煮沸茶汤，注入公杯，
显示道家，茶艺功夫，
“忘我忘私，无我无私”。

（十二）

孔雀展翅，凤凰点头，
冲泡绿茶，讲究高冲，
水壶节奏，三起三落，
好比凤凰，点头致意。
冲泡完毕，凝神静气，
示意等候，孔雀开屏，
稍安勿躁，自有公道，
充分准备，迎接佳茗。

（十三）

捧献丹液，涵盖日月，
沏好香茶，日月精华，
天地灵气，金丹玉液，
诚挚捧献，表达热情，
各位嘉宾，敬请品尝。
慕登仙山，口品名茶，

耳听道乐，心怀天下。
境界高雅，朴实无华！

（十四）

收具谢茶，福寿康宁，
收具谢茶，恭送祝福，
祝福各位，福寿康宁，
家庭和美，事业有成，
功夫茶艺，到此收场，
不足之处，指正原谅，
感谢各位，捧场观赏！
欢迎下次，再来观赏！
（茶艺师敬礼）！

四、武当红茶茶艺（解说词）

（一）红茶之由绿

武当道茶，盛产绿茶，
亦有红茶，名功夫茶，
所采茶叶，鲜叶凉放，
经过萎凋，茶叶失水，
蒸发水分，叶片柔软，
韧性增强，揉捻成形，
氧化发酵，叶色由绿，
变成土红，形成红茶。

（二）红茶之功效

红茶含有，抗防氧化，
含脂多糖，降低血脂，
茶红素多，含氨基酸，
抑制预防，动脉硬化，
降低血糖，杀菌消炎，
平缓温和，清心养胃，
作用多种，茶友青睐，
茶艺表演，特展红茶。

（三）宝光出武当

武当红茶，仙山道乐，
独特创新，武当茶道，
给人感觉，耳目一新。
武当红茶，条索紧秀，
外形似针，锋苗姣好，
乌黑润泽，香气持久，
干茶褐色，俗称“宝光”。
请君欣赏，佳品红茶。

（四）拨入仙茗

武当功夫，阴阳太极，
吸髓入茶，独创茶道，
道茶艺师，纤纤玉手，
舒展玉臂，兰花玉指，
轻拿茶匙，致意展示，
茶匙拨叶，天女散花，
叶入壶中，准备泡冲，
艺师示意，静候佳茗。

（五）烫盏待嘉宾

武当红茶，有所讲究，
泡茶之前，准备山泉，
洗净茶壶，慢火烧开，
初沸之水，温杯烫盏，
环绕三匝，游龙窜杯，
手随杯转，姿态优美，
一洗茶具，二示好客，
温杯烫盏，表达敬意。

（六）飞流凌空下

冲泡红茶，水温严格，
水温不够，影响茶色，
水温不到，影响茶香，
百摄氏度，悬壶高冲，
水跌茶杯，飞花溅玉，
飞流激荡，充分浸润，
色香味形，充分发挥，
武当红茶，奉献各位。

（七）甘露逢知音
（敬茶）

武当红茶，冲泡而成，
深藏壶中，蛟龙卧海，
壶中之茶，均匀入杯，
壶嘴吐玉，似龙出行，
琼浆玉液，杯中荡漾，
高山流水，巧遇知音，
茶有缘分，百年修成，
缘茶缘人，敬奉嘉宾。

（八）花香醉乾坤
（闻香）

武当红茶，道茶之一，
武当仙山，出产佳茗，
其中红茶，更是上品，
佳茗奉客，请客鉴赏，

手捧茶杯，远闻茶汤，
其香浓郁，高超群芳，
甜润清爽，蕴藏花香。
沁人心脾，神清气爽。

（九）迎光赏汤色
（鉴汤）

武当红茶，汤色红艳，
透明亮丽，赏心悦目，
更奇汤中，如有黄金，
金光闪闪，聚集杯沿，
杯沿金圈，佛光闪现，
犹如佛祖，普度众生，
佛法入茶，点汤成金，
迎光看去，十分迷人。

（十）细细品佳茗
（品饮）

武当红茶，香浓味醇，
回味绵长，性情温和，
易于交融，用之调饮。
清饮更绝，“武当神韵”，
独特内质，珍稀佳茗，
滋味厚道，道法自然，
茶艺表演，流程走完，
到此结束，谢谢大家！

五、武当道茶周易茶艺（解说词）

周易之经，相传文王，
演义八卦，形成周易，
既而发祥，道儒墨法，
百家争鸣，百花齐放，
诸子百家，深深影响，
形成中华，古老哲学，
闻名世界，神州华夏，
中华千年，悠久文化。

仙山武当，层峦叠嶂，
奇峰秀美，山清水秀，
生态良好，茶的故乡。
有机道茶，功夫名茶，
特殊技艺，特殊制法，
运用太极，乾坤球法，
千斤之力，打包制成，
茶艺表演，敬请欣赏。

（一）无极初始

周易易经，文王制成，
伏羲八卦，演义所形。
既而发祥，儒道墨法，
诸子百家，深深影响，
中华文化，博大精深，
茶的故乡，无极初始，
茶之文化，华夏文明，
茶道悠远，易道广大。

（二）两易开天

两易开天，丝竹合鸣，
煮水候汤，道乐悠扬。
仙山武当，八仙观村，
茶叶总场，状元岩下，
山谷奇特，野生茶树，
资源丰富，茶叶生产，
历史悠远，尤传八仙，
慕名品茶，传为美谈。

（三）三才成列

悬壶沏茶，天地人间，
赏茶烫壶，洗杯洁具，
形象称为，天地人合。
茶叶入荷，也有称谓，
茶人献情，工夫道茶，
天地灵气，日月精华，
品质独特，卷曲成螺，
茶色沙绿，汤色金黄。
（具有武将身，菩萨心之称。）

（四）四象乃成

四象乃成，茶水气香，
有机结合，投入茶叶，
茶叶入壶，摇壶添香，
对应周易，少阴少阳，
太阴太阳，万物之道，
二实二虚，四物四象。
万物之道，归于茶道。
茶道之理，滋生万物。

（五）五行深化

一道茶水，留于杯中，
亦洗人心、亦化人性。
茶本属木，土中天生、
锅中转炒、火中淬炼、

茶入水中，浴火重生，
五行皆备，香茶乃成。
五行深化，茶道茶经，
融入《周易》，博大精深。

（六）六合同春

上下四方，东南西北，
左右前后，天地宇宙，
《周易》里面，称之六合，
一壶好茶，彰显乾坤，
宠辱皆忘，六合同春，
丢掉世间，一切俗物。
升华境界，净化心灵，
茶中感悟，今世今生。

（七）七星高照

北斗七星，为人指路，
带来希望，重生干劲，
手把茶壶，持壶分茶，
分享甘露，众人平等，
不偏不私，公开公正，
甘霖一泻，犹如七星，
七星高照，惠泽人间。
茶解困苦，苦尽甘来。

（八）八卦呈祥

八卦代表，天地万物，
八卦呈祥，宇宙之象，
层峦叠嶂，奇峰秀谷，
山清水秀，生态生物，
风水宝地，生产道茶，
茶叶汲取，日月精华，
天地万物，留于杯中，
愿这甘露，送祥纳福。

（九）九九归一

茶中百味，亦是人间，
一盏一杯，一香一味，
一经一卦，一世一生，
九九归一，万法归宗，
茶表敬意，茶表心情，
衷心祝愿，各位嘉宾，
万事顺心，福寿康宁！
家庭美满，双喜临门！

（十）十全十美

饮茶读易，修身养性，
做事为人，品茶真谛，

一理之中，天人合一。
十方相合，十全十美，
共同祝愿，友谊天长，
茶香四海，不忘武当，
武当山人，热情豪爽，
欢迎莅临。谢谢观赏！

六、武当功夫太极十三式茶艺（茶艺表演解说词）

武当功夫太极十三式茶艺是武当山八仙观茶叶总场创立的，由“八仙八式”加“武当五式”组成太极十三式，淋漓尽致地表现出古代八仙的神通、武当仙山的神奇以及武当道茶的神韵！

各位嘉宾，听我细言，
我给大家，做茶表演。
茶亦醉人，人须尽欢，
武当太极，一十三篇：

两仪四象，阴阳互转，
道法自然，八卦古盘。
（道法自然）

云里雾里，逍遥神仙，
驾鹤展翅，云游天边。
（仙鹤展翅）

高山流水，飞射一线，
一柱擎天，直冲霄汉。
（一柱擎天）

四海宾朋，皆来游玩，
万山来朝，感应上天。
（万山来朝）

八仙神通，各有虎胆，
旋转乾坤，古今传颂。
（旋转乾坤）

洞宾背起，武当玄剑，
云游诸峰，把妖斩断。
（洞宾背剑）

韩湘吹笛，山谷溪间，
滋长万物，浇灌茶园。
（韩湘吹笛）

钟离袒胸，轻摇宝扇，
生出道茶，好大一片。
（钟离摇扇）

果老骑驴，倒着观看，
茶园春色，渐迷人眼。
（果老骑驴）

国舅入道，辞了高官，
品茶悟道，终修成仙。
（国舅辞官）

拐李治病，神奇灵验，
茶做药引，苦炼金丹。
（拐李炼丹）

采和腰挎，小小花篮，
满园道茶，采撷不完。
（采和挎篮）

仙姑采茶，柳腰弯弯，
回头望月，留下美谈。
（仙姑采茶）

太极十三表演完，
更多招式有特点。
武当功夫茶艺多，
除了太极十三式，
还有那猛虎下山，
勇猛苍劲显阳刚，
昆仑山大鹏展翅，
鹏程万里奏华章，
南海里百龙过江，
龙腾盛世茶飘香，
王昭君反弹琵琶，
和谐社会奔小康，
唐明皇贵妃醉酒，
雍容华贵又端庄，
十多个自选招式，
每招每式都非常。
时间有限不再演，
我们共同来祝愿：
武当道茶永天然，
香高味醇天地间。
品茶悟道结善缘，
福寿康宁保平安。
文化名茶排在前，
驰名中外销得远。
秦巴武当共发展，
道茶产业万万年。
更祝嘉宾似佳茗，
东南西北走四方。
跨出国门奔世界，
五湖四海把名扬。

财源滚滚滚滚来，
好运连连年年红。

七、武当道茶功夫茶艺

各位来宾，向您问好！
来到仙山，品味道茶，
沁人心脾，境界高远，
天上宫阙，仙山武当，
美好时节，游客如织，
慕名武当，品饮道茶，
茶艺表演，一展风采，
敬请观赏，请多指导。

（一）道茶功法

仙山武当，道家功夫，
有其四大，必备功法，
诵经修道，打坐健身，
道教医药，饮茶养生。
功夫道茶，内涵丰富，
玄妙茶艺，博大精深，
人茶相通，天人合一，
道法自然，感悟人生。

（二）佳叶鉴赏

清明采茶，树吐嫩叶，
一芽一叶，毫尖显露，
条索细圆，锋芽细嫩，
圆直紧卷，似笋初出，
鲜芽质嫩，叶芽重实，
芽毫白绒，条形短壮，
整齐匀称，芽嫩肉厚，
卷曲成螺，色泽翠绿。

（三）天然生态

武当道茶，茶中奇葩，
气候环境，天然独特，
海拔八百，乃至千米，
阳光充足，雨水适量，
云雾缭绕，流水潺潺，
高山高香，品质上乘，
制茶工艺，更是一绝。
杀青揉捻，高档名优。

（四）甘泉沸水

泡茶选水，自古重视，
宋代文豪，东坡居士，

总结泡茶，经验绝佳，
溪流潺潺，壶中山泉，
取水入壶，壶置火上，
活水活火，活火活水，
紧火慢煮，泉清火旺，
甘泉沸水，沏泡道茶。

（五）涤尽凡尘

沏泡道茶，颇有讲究，
要求活水，掌好沸水，
洁具洗尘，泡茶壶中，
切勿冷水，直冲壶身，
要用开水，慢慢浇淋，
温度适当，泡茶才香，
开水淋壶，提高温度，
洁浊扬清，解秽涤垢。

（六）高山流水

功夫茶道，颇有讲究，
“高冲水、低斟茶”，
高提茶壶，飞流直下，
玉龙衔花，孔雀开屏，
充分浸润，香气散发，
利叶舒展，形态优雅，
动作神似，高山流水，
悬壶知音，结缘天下。

（七）乌龙入海

功夫道茶，沏茶有道，
投放茶叶，少倒杯水，
轻摇慢晃，去尘温杯，
放去杯水，方兑沸水，
乌龙入海，茶叶舒展，
头泡属汤、二泡为茶、
三泡四泡，才是精华，
五六七道，仍有茶香，
细细品尝，饮茶有道。

（八）狮滚绣球

茶艺展示，动作优雅，
沏茶杯中，茶叶翻滚，
上下游动，怒放仙颜，
姿态优美，浪里连珠，
犹如狮子，戏滚绣球，
茶为灵物，感悟道茶，
饱饮道茶，赏心悦目，
返老还童，道茶长寿。

（九）追香聚气

壶外追香，壶内聚气，
好似道家，功夫名言，
旨在外练，筋骨之皮，
又言内练，一口之气，
道家功夫，功夫道茶，
相互渗透，相互体现，
相互制约，相互平衡，
茶中有道，修性养生。

（十）斟茶礼节

水杯倒茶，讲究分寸，
待客敬茶，切忌倒满，
一般茶杯，倒入七分，
多了会溢，烫到客人，
少了不雅，显得小气，
注意观察，提壶斟茶，
好似武当，黑虎巡山，
茶礼待客，恭敬文雅。

（十一）喜闻幽香

品茶有序，遵循常理，
嗅觉五官，激发情趣，
先闻热香，嗅觉第一，
太极养生，自然规律，
茶香犹花，花香扑鼻，
持久馥郁，绵绵不已。
喜闻幽香，品茶要义，
再品茶味，如逢知己。

（十二）鉴赏汤色

鉴赏汤色，诸多讲究，
春风拂面，壶盖轻开，
茶汤表面，去除白沫。
茶汤金黄，像软黄金，
色泽鲜艳，清澈透明。
上乘茶汤，甘醇纯正。
头道轻泡，去尘不喝，
二三四泡，才是精华。

（十三）品茶悟道

品茶论道，鲁迅先生，
有好茶喝，会喝好茶，
是种幸福，幸福一生。
两种清福，要有工夫，
还要修炼，特别感触。
我们希望，大家品茶，

切身感受，道家文化，
吸取传统，文化精髓。

（十四）收具谢宾

茶艺最后，真心祝福，
父老乡亲，平安幸福，
万事如意，延年益寿。
功夫茶艺，表演结束，
谢谢大家，耐心观赏！
祝愿大家，道茶为媒，
共结良缘，共谱新篇，
道茶精神，发扬光大。

八、武当盖碗茶艺

导语
（向观众行礼）

盖碗茶具，则是一种，
上有茶盖，中有茶碗，
下有底托，名“三才杯”，
所含寓意，盖为苍天、
托为大地、碗即为人，
天地人和，国运昌盛。
茶入盖碗，更保香气，
雍正年间，盛行盖碗。

盖碗茶具，造型独特，
盖碗泡茶，久留余香，
甚是惬意，受人青睐。
鲁迅《喝茶》，道喝好茶，
要用盖碗，泡了之后，
色清味甘，微香小苦，
确是好茶，盏壶杯具，
鲁迅赞誉，盖碗美矣。

（一）整理茶台·其一

茶艺行礼，双手将碗，
翻转过来，面对客人，
茶器摆放，合适位置。
茶器整理，接着开始，
茶则茶匙，茶漏茶荷，
茶擂茶仓，茶夹茶针，
茶桨及簪，一一整理。
茶海茶巾，煮水器具。

（二）整理茶台·其二

双手翻转，品茗杯子，

面对客人，展示亮杯，
从右至左，依次摆放。
接着开始，茶器整理，
茶则茶匙，茶漏茶荷，
茶擂茶仓，茶夹茶针，
茶盅母杯，茶簪茶巾，
公道杯等，一一整理。

（三）温杯

温杯作用，一可洁具，
可以去掉，茶杯污垢，
避免串味，影响茶汤。
二是温杯，可以防止，
茶具突然，遇热胀裂。
三是促进，茶叶去尘，
有效防止，茶水温低，
有青草味，激发茶香。

（四）投茶

泡茶程序，投茶置茶，
右手掀盖，左拿茶匙，
平行垂直，稍作停顿，
三次拨茶，投茶归位。
武当绿茶，色泽油润，
茶汤清澈，滋味醇厚，
香气清淡，投茶适量，
闻香观色，雅悦享受。

（五）摇香

右手盖盖，双手将碗，
捧与胸前，再摇三下。
微开小口，将气吐尽，
切勿对着，盖碗吐气。
加速茶叶，水分吸收，
更好体现，茶叶香味。
公道杯中，水倒出后，
闻公杯中，袅袅香气。

（六）泡茶

沏茶冲泡，凤凰点头，
用力冲水，使茶翻滚，
加速茶叶，有效物质，
快速浸出，用“三点头”，
冲水节奏，三起三落，
也寓意着，凤凰向客，
三鞠躬也，以示尊敬，
先浮水面，后入杯底。

（七）鉴汤闻香

鉴赏汤色，客人左手，
端稳茶杯，右手提起，
闻香杯具，将那热茶，
入品茗杯，黑变五彩。
喜闻高香，杯底留香。
闻茶纯度，有无异味。
赏茶春波，特色程序，
茶汤绿橙，清亮艳丽。

特色程序，赏茶叶形，
一芽一叶，叶芽尖尖，
尖直如枪，称为“旗枪”。
一芽两叶，称为“雀舌”，
直的茶芽，称为“针”形，
弯曲茶芽，称为“寿眉”，
卷曲茶芽，称之为“螺”。
茶芽在碗，波晃生动。

（八）奉茶

泡好茶后，奉茶请茶：
应该示意，双手奉茶，
捧杯敬茶，众手围盅：
双手把杯，捧到眉高，
把茶传给，第一位客，
客人接茶，不能独品，
点头致谢，按照姿势，
依次将茶，传给他客。

（九）品茶

品茶就是，品评茶味；
饮茶品茶：先闻其香，
再观汤色，小口品饮，
茶味鲜爽，回味甘甜，
口齿留香。一般来说，
这是一种，艺术享受。
一口为喝，二口为饮，
三口为品，闻香之后。

拇指食指，握住杯沿，
中指托底，分为三次，
细细品啜，便是品茗。
品茶三乐：独品得神、
对品得趣、众品得慧。
慧心悟香，人生韵味。
主人添巡，多情笑我，
醉迷茶乡，品评悦雅。

（十）谢客

茶艺有道，道在精细，
道在用心，道在自然；
水有其源，源在博大、
源在精深、源在厚德；
茶水相依，自然和谐，
嘉宾品茶，雅兴得慧，
养生修性，品味人生，
无穷乐趣，诚谢宾客。

第十五章　诗赋楹联　茶歌谚语

一、茶赋　诗歌　楹联

（一）武当道茶赋

武当道茶赋

仙山武当，一柱擎天，万山来朝，群峰耸峙，
五岳独尊，亘古无双，道教圣地，道茶发祥。

茶之道茶，非常茶道，道茶茶道，非常道茶。
武当道茶，天地精华，品茶悟道，养生修性。

大岳武当，仙山琼阁，古木参天，林海茫茫，

飘云荡雾，溪泉飞瀑，植物宝库，天然氧吧。

武当域阔，皇帝圣旨，御制碑记，蟠椐八百，
南依神农，北面汉水，西通秦岭，东接襄阳。

太和武当，众星捧月，茅箭房陵，有赛武当；
汪家河有：西武当山、门古寺镇、望佛武当。

武当之南，神农架峰，中武当山；古房陵郡，
所辖兴山，有南武当；竹溪武当，名真武山。

世界之茶，故里中国，茶树发祥，蜀东鄂西，
云南贵州，浙江福建，神农武当，秦巴汉水。

武当之茶，历史久远，茶之为药，发乎神农，
房陵七河，考古为证，神农后裔，徙居房陵。

鄂西武当，古为庸巴，我国首部，地方志书，
《华阳国志》，史有记载，武王伐纣，茶蜜纳贡。

武当山南，西周太师，名尹吉甫，编纂《诗经》，
故里房陵，《诗经》七首，记载有荼，茶古称荼。

老子西游，关令尹喜，敬茶老子，茶始为礼。
老子尹喜，慕名武当，品茶悟道，留古遗迹。

茶树发祥，蜀东鄂西，汉司马迁，史记房陵，

古为蜀东，然又房域，鄂西北境，茶史悠久。

汉元帝时，武当南域，秭归兴山，香溪河流，
妃王昭君，和亲匈奴，元帝赏茶，成为茶使。

诸葛亮传，司马德操，荐亮武当，担柴沏茶，
居日既久，方授道术，传茶云贵，尊为茶神。

茶圣陆羽，《茶经》记载，茶者南方，之嘉木也，
巴山峡川，有其两人，合抱茶树，乃武当域。

古之武当，许多名道，采茶制茶，品饮道茶，
清心明目，养身修性，专心追求，长生不老。

汉马明生，丹道长生，晋朝谢允，唐吕洞宾，
药王思邈，睡仙陈抟，三丰练拳，饮品道茶。

武当尊称，取籍《周易》，保合太和，阴阳之合，
天地万物，人与自然，天人合一，名太和山。

仙山太和，野生茶树，主有两种，一种随其，
太和山名，谓太和茶，初泡味苦，逐品甘醇。

一种茶树，《武当福地总真集》载，骞林茶树，
叶青而秀，春气始动，萌芽菡秀，清香芬散。

《敕建大岳太和山志》，骞林茶叶、甘露灵芽，

明朝皇帝，圣旨骞林，作为武当，上贡仙品。

古代道人，直接含嚼，茶树鲜叶，汲取茶汁，
感受茶叶，清心芬芳，久而久之，茶成嗜好。

生活方式，不断变化，生嚼茶叶，转为煮服，
斗转星移，逐渐成为，沸水沏茶，品饮习俗。

道家嗜茶、茗尽琼浆，高雅洁净，百寿龟壶，
品茶涤凡，舌底生津，提神益思，茶道无穷。

武当道人，钟爱饮茶，心旷神怡，清心明目，
心境气舒，人生至境，平和至极，谓之太和。

道家千年，传承道茶，贵在道茶，养生之道。
道家以其，天人合一，哲学思想，茶道灵魂。

饮茶表达，道法自然，崇尚朴素，重生贵生，
养生修性，彻悟茶道，天道人道，回归自然。

武当道人，常饮道茶，功课诵经，道乐常奏，
道气长存，打坐修性，品茶论道，必备功夫。

探索发现，武当道茶，神农架山，北坡地域，
东蒿千坪，长有一株，三人合抱，大古茶树。

树蔸围径，三点二米，古树高达，一十五米。

专家研究，天然野生， 树龄千年，太和茶树。

武当山南，万峪河乡，摩天岭峰，水沟后河，
峡谷野生，骞林茶树，天然原始，两千余亩。

春开白花，奇香满谷，名骞林茶，最大茶树，
高廿余米，围径长达，三点九米，称野茶王。

考察发现，武当口村，黄朝坡村，榔梅祠后，
南岩五龙，岩壁山谷，烂石砾壤，太和骞林。

新的世纪，新的征程，规模茶园，七十万亩，
支柱产业，绿浪万重，道茶香飘，五洲四海。

武当道茶，玉露灵芽，高山高香，绿豆汤色，
滋味栗香，爽口甘醇，清澈明亮，浓郁持久。

品牌道茶，神农眉须，武王贡茶，银剑针井，
太和奇峰，龙峰圣水，梅子贡茶，功夫道茶。

名茶评比，武当道茶，荣获国际，博览金奖，
欧盟认证，环保产品，国家地理，标识产品。

专家评定，农业部授，道茶之乡，中国第一，
文化名茶，国家工商，著名商标，驰名中外。

仙山道茶，千古名扬，游客如织，朝山谒祖，
品饮香茗，上善若水，天人合一，福寿康宁！

袁正洪

2019 年 10 月 18 日

（二）仙山香茗

仙山香茗

茶 茶
仙山 武当
云荡雾 百瀑飞
奇峰峭壁 悬岩石浪
玄天太和树 月下骞林枝
玉露滋润叶秀 傲风抖霜挺拔
越冬迎春吐蓓蕾 花似铜钱芳奇香
林海寻觅欣采香茗 妙手巧制功夫道茶
圣水沏茶道观百里香 朝山谒祖客饮谁不夸

挖掘、整理、研究武当道茶 23 年感怀，“卧雪堂”袁野清风作

1997 年 3 月 16 日

（三）品茶悟道

品茶悟道

茶 茶
武当 道茶
采灵气 吸玉露
天地精华 久负盛名
首茗敬真武 朝廷骞林贡
诵经润喉清心 打坐解困提神
道医用茶来解毒 修性养生能长寿
生津润肺怡悦身心 品茶论道感悟人生
道法自然乃上善若水 茶道精气神福寿康宁

挖掘、整理、研究武当道茶感怀，卧雪堂袁野清风作
2019 年 12 月 2 日

（四）武当道茶赞：茶与道

茶与道，仙山武当，非常道茶。

道茶一体，茶道一味，源远流长。

天然之茶，甘味之美，
馨香爽口，润肺滋阴。
消食健胃，祛尘除腥，
解渴去烦，去困提神。
清热解毒，祛风解表，
除腻减肥，去疾降糖，
解醉醒酒，涤菌健齿，
消炎化痰，利尿通便，
清心明目，生径润律，
怡悦身心，福寿康宁。

（五）武当道茶赞：道与茶

道与茶，品茶论道，非常茶道。

茶中有道，道中有茶，博大精深。

茶俗有礼，茶道结友，
茶中有德，修身养性。
茶中节俭，茶道清廉。
道茶纯洁，茶艺美誉。
品茶观道，万象俱呈；
品茶论道，崇尚自然；
品茶悟道，贵在清静；
品茶修道，性情高洁。
道茶精神，感悟人生，
上善若水，天人合一。

（六）道茶十四功

诵经做功，饮茶润喉，
打坐提神，驱除睡意，
道乐常奏，道茶爽嗓，
采茶为药，十道九医。
以茶为礼，节俭倡廉，
解毒降火，清心明目，
生津止渴，清肺去痰，
消除烦恼，怡悦身心。
品茶悟道，修身养性，
茶可雅兴，习文赋诗。
茶艺表演，精彩玄妙，
功夫道茶，拳勇无比，
茶道精神，上善若水，
福寿康宁，道气长存。

（七）茶礼情

客来常礼端杯茶，
解渴润喉心怡悦，
品味雅兴叙佳话，
深情尽在道茶中。

（八）岩茶吐蕾傲冰霜

仙山圣境云荡雾，
岩谷骞林四季青，
严冬吐蕾傲冰霜，
百里道观茗馨香。

（九）仙山武当出名茶

仙山武当出名茶，
举杯香茗敬祖师；
茶树开花白如玉，

贡茶年年送京城。

嫩绿芽儿制针井，
亭亭玉立在杯中，
呷口如饮甘露液，
清心明目提精神。

益鸟昆虫生物多，
满山碧波有机茶，
一片茶树一丛林，
百花园中茶奇香。

武当道茶是香茗，
自然纯真为最佳。
强身长寿何处求，
秦巴武当品道茶。
西湖龙井，武夷岩茶，
武当道茶，寺院禅茶。
唱一首来又一首，
茶歌越唱越动听。
（毛雅鑫、袁正洪）

（十）骞林香

骞林生在岩壁间，
严冬傲雪吐蓓蕾，
迎春白花铜钱大，
吐出嫩芽特奇香，
初泡味苦渐甘醇，
修身养性数贡茶。

（十一）茶树赞

隆冬腊月斗冰寒，
栎栗花草一片黄，
但看茶树万朵花，
绿锦缎中白玉莲。

（十二）楹联9幅

1. 道茶一杯仙山情
   武当千年好廉风
2. 道茶养身精气神
   拳法练就筋骨皮
3. 纳仙山武当之灵气
   品骞林道茶乃馨香
4. 仙山太和云雾树玉露芽
   武当道茶绿豆汤清花香
5. 骞林吐蓓蕾太和抽箭芽
   佳茗氛外香道气更焕发
6. 攀岩采茶仙山骞林四季翠绿
   饮茗润喉仙山道乐日月悠

扬

7. 巴山蜀水万茗竞馨香

神农武当道茶冠风流

8. 绿水青山茶山花芳引来百里蜜

丹墙翠瓦宫观茗香礼迎八方客

9. 茶道茶经茶文化茶传世界

绿山绿水绿生态绿满人间

二、武当茶歌

（一）武当道茶歌

世界茶叶，中国发祥，
武当道茶，源远流长；
先民有贤，撷而啜尝，
苦而回甘，茶壶茗香。

巍巍武当，云蒸翠岭，
雾罩碧嶂，水绿山苍；
中华瑰宝，太和骞林，
道茶之乡，四海扬名。
（袁正洪、张丙华整理）

（二）武当贡品骞林茶

仙山武当出名茶，
明代宫廷为贡品，
骞林亦名太和茶。
太和香茶养生茗，

太和古茶渊源长，
武当山南尹吉甫，
《诗经》七首赞颂茶，
谁谓荼苦其甘荠。

《神农本草经》记载，
茶能解毒味苦寒，
久服安心益气力，
轻身耐老可延年。

宋史学家马端临，
《文献通考》有描述，
太和山中出骞林，
初泡极苦后清香。

道藏云笈七签载，
骞林仙化月中树，
七宝浴池八骞林，
骞林树下采三气。

元代真人刘道明，
《武当福地总真集》，
芳骞树叶青且秀，
木大而高根藤萝。

云麓樵翁罗霆震，
歌咏武当骞林树，
七宝林中上界奇，
枝枝翡翠叶玻璃。

《西游记》中有记载，
仙境标志骞林树，
花盈双阙红霞绕，
日映骞林翠雾笼。

太常寺丞任自垣，
编纂《大岳太和志》，
武当骞林治愈疾，
滋惜世人皆敬重。

骞林应祥出奇观，
萌芽菡秀细叶披，
瑶光玉彩依岩石，
茗香武当八百里。

明代张信隆平侯，
驸马沐昕修武当，
心旷神怡骞林茶，
朝廷贡品上百年，
明代文豪袁宏道，
惠山后记赞道茶，
偕友汲泉试骞林，
色味清香属最佳。

康熙续有均州志，
骞林芽茁如阳羡，
能涤烦热缓急躁，
羽衣道流所珍视。

民俗专家袁正洪，
相邀教授陈吉炎，
武当陆羽王富国，
倾情研究太和茶。

榔梅后山太和茶，
围径粗达一米一，
房陵山中古茶树，
三人合抱世称奇。

自古道人钟爱茶，
修身养性怡情志，
奇草灵木芳骞林，
品茶悟道感自然。

仙山佳品骞林茶，
嫩绿披毫似雀舌，
杯中油润色秀美，
未饮扑鼻有异香。

骞林微量元素多，
硒锌钴锗钼钒铜，
氨基酸和茶多酚，
清心明目提精神。

骞林传承历悠久，
以茶礼待古至今，
武当游客品佳品，
骞林茶叶留美名。
（袁正洪、胡继南整理）

（三）饮茶养生歌

姜茶可治痢，糖茶能和胃；
红茶暖肚腹，青茶清心肺；
绿茶好解暑，烫茶伤五内；
饭后茶消食，晚茶难入睡；
餐后茶漱口，洁齿除垢秽；
空腹茶心慌，隔夜茶伤胃；
困倦茶提神，淡温保年岁。
饮茶胜良药，身强体健美。
（张红梅、袁源搜集）

（四）饮茶十忌歌

一忌空腹饮，
茶性入肺伤胃肠。
二忌烫口茶，
烫茶下肚烧喉膛。
三忌茶浓烈，
刺激头痛睡不香。
四忌饮冷茶，
冷茶滞寒聚痰强。
五忌冲泡长，
养分降低空自忙。
六忌泡数多，
茶素泡尽成白汤。
七忌饭前饮，
冲淡唾液食欲降。
八忌饭后茶，
食物摄养受影响。
九忌送药服，
得茶解之传药效。
十忌隔夜茶，
茶质菌变无营养。
（袁源、张红梅、博文搜集整理）

（五）饮茶能提精气神

仙山武当是茶乡，
生活饮茶习俗好，
不仅清心能明目，
而且能提精气神，
若还遇事生了气，
饮茶消气效果好。
他人气我我不气，
我本无心他来气。

倘若生气中他计，
气出病来无人替。
请来医生把病治，
反说气病治非易。
茶不思来饭无味，
通宵达旦难入睡。
倘若呕气闷在心，
身受哑气活受罪。

奉劝好友想开点，
千万不要再生气。
气是杀人刀，
装进没法消。
气是杀人贼，
装进遭大孽。
如果把气装肚里，
就像喝了剧毒药。

气字危害真可惧，
诚恐因病把命弃。
如今尝够气中气，
我想不气就不气。
劝你沏杯好茶叶，
清心明目驱烦躁；
修身养性把茶饮，
爽快提起精气神。

（谢登菊搜集）

三、民间茶歌

（一）种茶人

东芳晨曦日正出，
踩着露珠上茶山，
站在茶园喊歌声，
千山万篓茶丰收，
背着太阳西霞回，
苍天不负种茶人。

（袁正洪）

（二）采茶图

早上起来雾腾腾，
只听茶歌不见人，
双手拨开云和雾，
层层茶园排排人。

（袁野清风）

（三）茶园风光

条条茶带，绕山盘旋；
恰似青龙，飞舞腾跃；
又如海洋，绿波起伏；
茶园美景，令人陶醉。

（袁正洪）

（四）采茶时节

清明谷雨，采茶大忙，
挎起茶篓，拌着露珠；
双手飞舞，似鸡啄米；
一芽一叶，茗香百里。

（袁正洪）

（五）问茶壶

问：什么有嘴不说话，
什么无嘴叫喳喳，
什么有腿不走路，
什么无腿走九州。
答：茶壶有嘴不说话，
胡琴无嘴叫喳喳，
板凳有腿不走路，
船儿无腿走九州。

（袁正洪搜集）

（六）采茶歌

正月里来是新年，
沏杯香茶话新春。
千山万岭好茶园，
仙茗越品越香甜。

二月里来龙抬头，
茶园管理下功夫。
精耕细作施足肥，
茶树长得绿油油。

三月里来是清明，
茶树梢上吐嫩芽。
杀青捋挤按揉茶，

片片香茗似雀舌。

四月里来是谷雨，
农人采茶争时光。
抢抓晴天不停手，
筐筐茶叶百里香。

五月茶叶青又青，
太极道茶功夫深，
四两能够播千斤，
乾功球法茶味浓。

六月里来热难当，
茶树园里薅草忙。
深挖细锄草除尽，
茶树长得粗又壮。

七月茶园似流火，
茶农田管歇边伙，
唱支山歌长精神，
茶山长出新天地。

八月十五月光明，
茶艺表演迎嘉宾。
玉杯展翅承香露，
呷口道茶妙如神。

九月里来是重阳，
茶农再把茶山上。
秋茶好喝不好摘，
清香扑鼻好养生。

十月里来管理忙，
茶树修剪多整齐。
枯枝杂草都除尽，
满园茶树吐翠滴。

冬月里来茶花开，
朵朵白花惹人爱。
白花绿树铺锦绣，
人在画中乐开怀。

腊月飞雪不出门，
茶农房中丝绣忙。
绣满金山和银山，
幸福生活万年长。

（袁正洪、胡继南 搜集整理）

（七）茶乡武当对茶歌

茶乡武当遍地茶，
年年采来年年发，
一年要采三季茶，
春茶毛尖是香茗，

开发夏茶功夫茶，
秋茶好喝难采摘，
冬管来年又丰收，
千家万户喜洋洋。

古人说得好，
家有一亩茶，
子孙有钱花，
家有一亩桐，
子孙不受穷，
生活不受穷，
家有一园竹，
用钱不用愁。

茶园是个宝，
学问真不少，
茶山小伙勤，
拜师老茶农，
小伙考茶农，
老农问小伙，
一问又一答，
老农乐传经，
小伙消息灵，
听了乐哈哈，
茶乡人人夸。

站在高山唱茶歌，
歌儿不唱喉咙痒，
山歌越唱越想唱，
不唱天南海北调，
专把茶山老农唱，
每日清早采茶忙，
小伙请教老茶农，
年轻小伙想学艺，
也想考考老茶农。

茶山小伙唱问道：
什么时候来种茶，
什么时候剪枝忙，
什么时候来采摘，
选何土壤茶园好，
用何肥料来培养？
老茶农唱答：
冬季下种秋剪枝，
春季采茶忙又忙，
砾石沙壤朝阳坡
有基肥料施土壤，
化学农药损健康，
原生态茶满山冈，
昔日荒山披绿装。

茶山小伙唱问道：
一年要采几道茶，
茶叶品种有几样，

为何待客茶为上？
把茶根源讲一讲？

老茶农唱答道：
茶叶养生又修性，
绿茶清火和明目，
心情怡悦能提神；
红茶护胃赛良方，
悬壶济世福寿康；
神农昔日尝百草，
中毒几乎把命伤，
茶叶解毒功能强，
从此传下茶典故，
真是万古又流芳；
夏茶涩来春茶香，
秋茶好喝要少摘，
好让茶树快生长；
茶叶一壶煮三江，

文人待客茶为礼，
饭后茶水来漱口，
除去污垢清口腔；
茶树好似聚宝盆，
年年来摘年年长，
家有茶园是金山，
幸福生活万年长。

茶山小伙考茶农，
老农也把小伙考：
茶山小伙有文化，
怎么兴建科技园，
怎么建成生态园
怎么去闯茶市场，
美丽乡村咋结合？

茶山小伙唱答道：
科学就是生产力，
优选优育出良苗，
无性繁殖用根茎，
讲求科学测土壤，
阳光气候很重要，
高山高香好茶园；
禁用农药和化肥，
坚持施用有机肥，
保护生物多样性，
着力建设生态园；
如今进入新时代，
微信 QQ 互联网，
建立茶业合作社，
开公司来闯市场，
网上销售信息广，
带动消费促产业，
生态旅游好观光，
美丽乡村把名扬。

茶叶好处唱不完，
越唱心里越想唱，
茶乡武当出好茶，
人人喝来人人夸，
老人喝了武当茶，
耳不聋来眼不花，
健康长寿活百年。
青年人喝武当茶，
建设祖国贡献大，
男儿有志闯天下，
务工抱回金娃娃。
妇女喝了武当茶，
勤俭节约会持家，
心灵手巧贤内助，
容颜赛过芙蓉花。
武当遍山都是茶，
茶农四季忙茶园，
百闻不如亲眼见，
八方宾朋来品茶，
武当茶香四海扬。
（王义富、陈如军、袁野清风收集整理）

四、茶叶谚语

导 言

古之以来，我国饮茶，
种茶历史，十分久远，
而其茶谚，乃是茶叶，
生产生活，之中产生，
言简意明，生动谐趣，
朗朗上口，通俗易讲，
富含哲理，便于传承，
茶的谚语，茶之文化。

（一）茶树种植谚语

千茶万桐，一世不穷；
千茶万枣，万事兴旺；
向阳种茶，背阳插杉；
茶栽沙壤，根扎深牢；
种茶黄土，根透不强；
科学良种，满园好茶；
高山高香，长出名茶；
强化茶管，生机盎然。

茶园治地，坡度等高，

水平一线，绕山一转，
宽度适当，长度不限，
随弯就势，小弯取直，
深挖三尺，刨三尺宽，
草埋万斤，苗栽一千，
施足粪肥，挑水浇足，
百斤好茶，三年见收。

一年种茶，二年园管，
三年试采，四年旺发。
种茶千千，贫穷不沾；
茶栽万亩，村庄富饶。
茶出高山，日月精华；
飞云荡雾，天然氧吧；
茶树环保，四季常青，
满园茶花，兴旺四方。

（二）茶园管理谚语

茶园生产，有收无收，
三分耕种、七分管理；
七月挖金，八月挖银，
九冬十月，了个人情。
要茶树好，茶蔸铺草，
三年不锄，茶树瘦苗。
老茶不改，树成“鸡骨”；
精耕细作，茶园才好。

茶是仙草，肥多是宝；
多收少收，全在于肥；
茶园无粪，地就板结；
多上农肥，茶地松泡；
肥足根底，枝上催稍；
栏肥壅肥，三年茶青，
一亩茶园，十万斤草；
一担春茶，百担肥保。
（十万斤草：割青蒿沤制农家肥）

面朝黄土，背朝蓝天，
宁少休息，不多一草。
锄头底下，三分水流；
茶地保墒，防止干旱；
科学喷灌，茶叶增收；
修好边沟，有助排涝。
茶枝要修，茶脚墉蔸；
茶带平毯，采茶直点。

茶园四周，郁林环绕，
百花百蜜，追花寻蜜，
鸟语花香，生物治虫；
茶园养鸡，生态农业，
鸡啄虫子，又食杂草，
不施农药，鸡粪有机，

茶禽双赢，循环经济，
生态环保，欧盟认证。

（三）茶叶采摘谚语

清明谷雨，采茶时节，
笋者为上，芽展为次；
叶卷为上，叶舒为次；
头茶不采，二茶不发，
头茶荒荒，二茶光光，
小满足足，樱桃茶熟，
立夏采茶，一夜老哒，
夏至过了，茶叶变草。

茶对尖尖，四十天天，
混茶无主，藏在中间，
巧姑会采，年年可采，
贪汉不会，一年光光，
采谷雨茶，与天争时，
抢茶如宝，耽误不了，
外出经商，等到茶尝，
枣树发芽，上山采茶。

春茶一担，秋茶一头，
三年破叶，五年能摘，
惊蛰过脚，茶脱壳壳，
四月天长，累死无闲，
割不尽麻，采不尽茶，
五月插秧，茶叶渐老，
秋茶好喝，却难采摘，
采采茶芽，手留余香。

天晴采茶，便利晾放；
雨后采茶，不好制茶；
掐茶变色，茶要手摘。
采茶不拉，拉一包渣；
清明开采，一家两家，
谷雨采茶，千家万家；
茶芽茶芽，早采早发，
迟采迟发，滥采不发；

头茶不采，二茶无芽，
头茶撂荒，二茶光光；
春留一丫，夏发一把；
八万个芽，一公斤茶；
早采三天，茶叶是宝；
迟采三天，茶叶是草；
惊蛰一过，茶要脱壳；
春分清明，茶开园笑。

（四）茶叶制作谚语

茶叶制作，高温杀青，
杀青要好，锅底烧白；

嫩叶老杀，老叶嫩杀，
掌好火候，先高后低，
抛闷结合，快揉少搂，
使劲要缓、切莫反转，
烘青看毫，炒青看苗；
烧火师傅，炒茶的将。

（五）茶叶贮藏谚语

茶叶保鲜，重在贮藏，
贮藏得好，茶叶就鲜；
密封紧藏，吊挂屋梁，
避光防潮，炭是良药，
茶是仙草，箬是珍宝，
茶叶珍贵，跑气变味，
茶叶贮藏，怕潮变黄，
藏茶无巧，密封干藏。

茶叶要干、手磨成面、
皮纸来包、中间放炭。
选好茶罐，密封良好，
不透空气，注意避光。
瓶胆来装，塞要压紧；
铁罐陶瓷，洁净干燥，
没有异味，避免阳光；
储藏保鲜，喝来味香。

（六）茶叶饮用谚语

喝茶讲味，好茶好水，
活水活茶，好水好味。
地宙矿泉，营养丰富，
喷出地面，沏茶最上。
溪水泉流，泡茶为好；
江水一般，井水质次。
纯净水差，营养被滤；
科学用水，优中选水。

喜鹊喳喳，烧水沏茶，
饮品道茶，高山高香；
绿豆汤色，清花味香；
来了想喝，喝了想来。
善男信女，朝山谒祖，
汗流夹背，兴致不休，
壶壶好茶，众人来喝，
余味无穷，登山劲足。

早茶一杯，精神百倍；
饭后杯茶，老不眼花；
头道水，二道茶，
二泡三泡，茶道精华；
常喝清茶，肠胃舒畅；
茶水嗽口，除臭洁齿；
饮茶利尿，祛风解表；

茶水养生，延年益寿。

（七）茶叶贸易谚语

新茶上市，价格抢先；
茶抢春头，卖出不愁；
茶到春尾，价贱半边；
绿茶怕存，普洱要陈；
抓住节令，卖个好价；
早买春茶，晚买得秋；
茶认季节，价分时节；
茶业订单，竞买竞卖。

（八）茶叶礼仪谚语

待客茶先，茶好客来；
客来敬茶，礼仪人家；
茶逢知己，千杯嫌少，
清茶一杯，亲密无间；
客来茶待，情谊融融；
随茶便饭，来客好待；
客来无茶，不成礼义；
以茶代酒，宽松和谐。

五、茶叶谜语

导 言

中国谜语，传统文化，
源远流长，也属奇葩，
构思巧妙，充满悬念，
引人入胜，话中有话，
喝茶猜谜，多了情趣，
以茶入谜，锦上添花，
茶谜文化，犹如好茶，
品咂玩味，增添高雅。

（一）武当道茶品牌谜语

1. 武王伐纣，茶蜜纳贡
——打一名茶品牌
（武王贡茶）

2. 吕洞宾纯阳功法
——打一武当道茶品牌
（武当银剑茶）

3. 铁棒磨成绣花针
——打一武当道茶品牌
（武当针井茶）

4. 保合太和，合为长合，

阴阳互补，长寿之饮。

——打一武当道茶品牌

（太和茶）

5. 七十二峰朝大顶

——打一武当道茶品牌

（武当奇峰茶）

6. 老子拂眉笑开颜

——打一武当道茶品牌

（老君眉茶）

7. 千山万岭龙飞舞

——打一武当道茶品牌

（龙峰茶）

8. 望梅止渴

——打一武当道茶品牌

（梅子贡茶）

9. 神农尝百草

日遇七十二毒，

得茶解之。

——打一名茶品牌

（神农贡茶）

10. 采三气华，拂日月光；

七宝浴池，八骞之林。

——打一武当道茶品牌

（骞林贡茶）

11. 真武降福，仙山玉露，

圣水至善，滋养万物。

——打一武当道茶品牌

（圣水名茶）

12. 仙山胜景，飞云荡雾，

虚无缥缈，天然氧吧。

——打一武当道茶品牌

（云雾茶）

（二）茶叶谜语

1. 生在山上，卖到山下，

一到水里，就会开花。

（茶叶）

2. 生在高山，四季青青，

隆冬花艳，清明放箭。

沸水一冲，满屋绿香。

（茗）

3. 人爱请客，先来请我，

我却不在，酒肉之中。

（茶）

4. 颈长嘴小，肚子挺大，

头戴圆帽，身披花袍。

（茶壶）

5. 没脚公鸡，蹲不会啼，

只喝绿水，不吃白米，

若有客来，头低叫呜。

（茶壶倒水时哗哗呜响）

六、茶歌曲谱

（一）神农茶歌

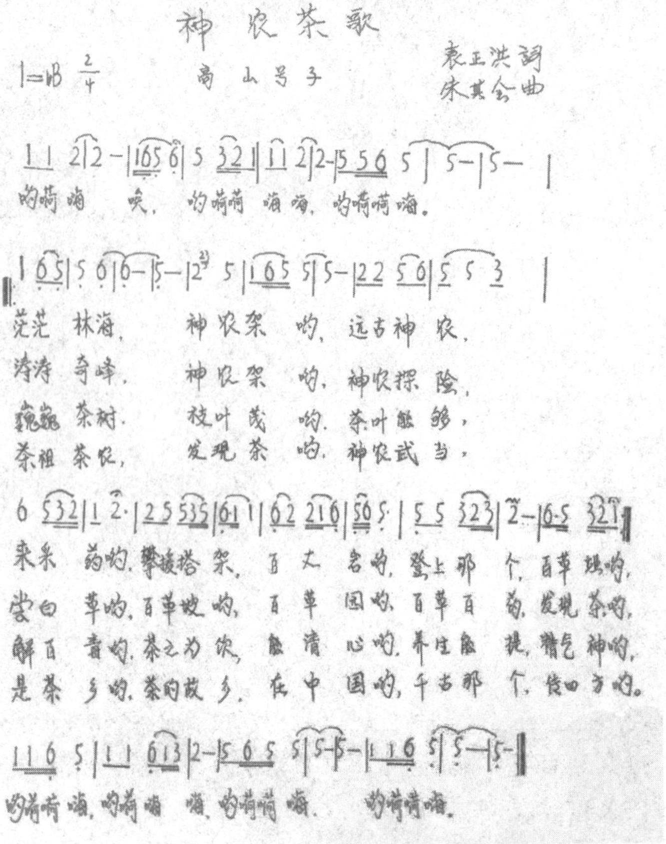

神农茶歌

1=^{b}B $\frac{2}{4}$

高山号子

袁正洪词
宋其会曲

1 1 2 | 2 — | 1 6 5 6 | 5 3 2 1 || 1 1 2 | 2 — | 5 5 6 5 | 5 — | 5 — |

哟嗬嗨 唉，哟嗬嗬 嗨嗨，哟嗬嗬嗨。

|: 1 6 5 | 5 6 | 6 — | 5 — | 2 5 | 1 6 5 5 | 5 — | 2 2 5 6 | 5 5 3 |

茫茫 林海，神农架 哟，远古神 农，
涛涛 奇峰，神农架 哟，神农探 险，
巍巍 茶树，枝叶茂 哟，茶叶能 够，
茶祖 茶农，发现茶 哟，神农武 当，

6 5 3 2 | 1 2· | 2 5 5 3 5 | 6 1 1 | 6 2 2 1 6 | 5 0 5· | 5 5 3 2 3 | 2 — | 6·5 3 2 1 :|

来采 药哟，攀援搭 架，百 丈 崖哟，登上那 个，百草 坝哟，
尝百 草哟，百草坡 哟，百 草 园哟，百草百 药，发现 茶哟，
解百 毒哟，茶之为 饮，能 清 心哟，养生能 提，精气 神哟，
是茶 乡哟，茶的故 乡，在 中 国哟，千古那 个，传四 方哟。

1 1 6 5 | 1 1 6 1 3 | 2 — | 5 6 5 5 | 5 — | 5 — | 1 1 6 5 | 5 — | 5 — ||

哟嗬嗬 嗨，哟嗬嗨 嗨，哟嗬嗬 嗨。 哟嗬嗬嗨。

（二）采茶民歌

采　茶　歌

演唱：邓发鼎
记谱：孙希政

1＝A 2/4

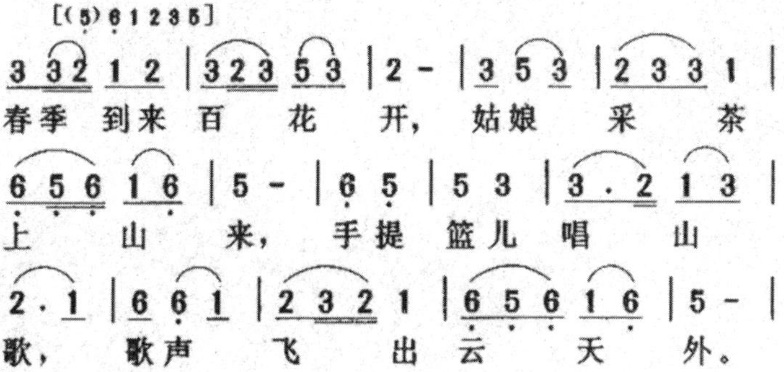

[(5)61235]

3 32 1 2 | 323 53 | 2 - | 3 5 3 | 2 3 3 1 |
春季到来百花开，姑娘采茶

6 5 6 1 6 | 5 - | 6 5 | 5 3 | 3 . 2 1 3 |
上山来，手提篮儿唱山

2 . 1 | 6 6 1 | 2 3 2 1 | 6 5 6 1 6 | 5 - |
歌，歌声飞出云天外。

第十六章　神农武当道茶传说故事

一、茶之为药发乎神农的故事

神农，亦称神农氏。神农是最早教人用耒耜（古代翻土农具）务农、尝百草发现药材教人治病的人。后世也将他称为土神，即负责管司农之事的官。

房县南山神农架北坡地域，古传为神农尝百草之地，流传着许多神农的故事，如“荼（古称茶）之为药，发乎神农”“神农发现五谷”“神农扶犁亲耕，教民种粮”等。人们非常崇敬神农，民俗祭祀神农风气浓厚。古籍《房县志》记载，“先农坛，城东文昌阁右。”“社稷坛，城西北。”有关古籍记载：“先农，则神农也，坛于田，以祀先农。”先农，远古称帝社、王社。春时东耕于籍田，引诗先农坛。神农还是陶器的发明者，《太平御览》中说神农“耕而作陶”。《路史》中载，神农，延之为器。房县城西郊七里河古人类原始聚落，有神农、炎帝、颛顼、祝融后裔创业制陶遗迹，尤其是房县先农坛祭祀，有用茶当供品祭祀神农的风俗。

（一）茶之为药，发乎神农

传说在远古时代，黎民分不清食物是否有毒，时常因饮食中毒，神农为救治苍生，入深山尝百草，识药为民治病。

鄂西北房县，古称房陵，相传房陵南山的华中顶峰（神农架）是神农尝百草之地。有一年初春，神农翻山越岭进南山，穿越野人谷，涉过南河，爬北坡，上睢山，钻黑凹，攀天门垭，搭架攀缘，登上华中顶峰，只见林海茫茫，飞云荡雾，万木争春，鸟语花香，百草百花，百花百药，神农惊喜地赞叹道："这真是一个天然奇丽的药材宝库！"神农兴致勃勃地来到高峡平原大九湖，三万余亩的平坝药繁叶茂。神农采了满篓的药材，遍尝百草，冒险尝药识药，药材有辣有涩，有苦有甜。有一天，神农忘我地边走边尝药草，突然感到口燥舌麻，眼睛发黑，头脑发晕，心里发慌，他赶紧就近靠着一棵大树躺下，闭目休息。

这时，一阵狂风吹来，大树的几根手指粗的树枝折断了，落下打在神农身上，一片片绿油油的叶子，夹杂着一簇簇雪白的花，散发着阵阵扑鼻的清香。鲜叶的清香，白花的芬芳，通过呼吸进入人体，神农觉得有点清醒了，就顺手摘了几片叶子放在嘴里细嚼。叶子先是苦涩，逐渐味甘，神农慢慢感觉舌底生津，头脑渐渐完全清醒了，他索性吞下碎叶，过了一会儿，他精神振奋起来，刚才中毒的不适之感消失了。

神农觉得这种叶子很是奇妙，于是将这两枝树叶带回家仔细观察，只见树叶椭圆，叶边齿形，叶端渐尖，叶脉网状，上面凹陷，叶尾略圆，白花清香。于是，他决定熬汤水饮用以看药效。神农用锅把水烧开了，将树叶放进锅里，水煮开后一下子变成了淡绿黄色，随着锅中的水蒸气的上升，散发出一股股清香，满屋飘荡。神农好奇地舀了点水品尝，只觉味虽有点苦涩，但细细品尝，回味甘醇，身体没有不适的反应。神农通过几次取叶熬煎饮用，发现此树叶确有解渴生津、提神醒脑、利尿解毒等作用；并且饮用此水后身心愉悦，精神振奋，头脑愈加清醒。神农欢喜不已，但不知道这树叫什么名字，索性就以自己中荼（毒），得荼而解的事来命名，称此树为荼。于是，神农就用荼为民治病，从此，荼（茶）之为药，广救百姓。

（二）七十二是概数　表示数量多

神农尝百草，日遇七十二毒，得荼而解之。神农尝百草，一天就遇七十二毒，真的会遇到那么多的毒吗？

古代的七十二是概数，表示数量多。如司马迁《史记·封禅书》：“古者封泰山禅梁父者七十二家，而夷吾所记者十有二焉。”经司马迁确认，有十二位远古帝王曾先后封禅泰山。又如《史记·孔子世家》说：“孔子以诗书礼乐教，弟子盖三千焉，身通六艺者七十有二人。”罗贯中在《三国演义》中说曹操有七十二疑冢，施耐庵的《水浒传》一百零八将里有地煞星七十二将，吴承恩在《西游记》中描述孙悟空有七十二变，清魏源《三湘棹歌·蒸湘》：“水复山重行未尽，压来七十二峰影。”古人常用七十二来形容数量之多，这只是一个概数，并非实数。

那么，七十二为什么会被人们喜闻乐用呢？

有的学者认为，在人们生活中，十二是个使用比较频繁的数字，七十二是它的多个倍数，如一年分为十二月，一月有两个节气，一年就有二十四个节气；再如时间，白天夜晚各分为十二时等，一天一夜就有二十四小时，而二十四、三十六、七十二是十二的倍数，比较受人重视，所以人们喜欢使用这个数来表示数量比较多。也就如后世和现代人喜欢用百花、百变、百般、百态、百感交集、百战百胜、百折不挠、千姿百态、百二山河、百花争艳、百思不得其解、百闻不如一见、百炼成钢等，喜欢用“百”来形容数量之多。

神农尝百草，日遇七十二毒，并非是说神农一日就中毒七十二次，而是说他多次遇尝毒药，最终用荼（茶）解了毒的意思，从而发现和认识茶作为药使用，有疗疾解毒的功效。

（三）药不过獐狮不灵　并非神农是个水晶肚

1980 年春，笔者到神农架北坡地域的房县桥上乡东坪村（今野人谷镇桥上村）采访。老药农张玉玺住在海拔 1680 米的高山上，他说听祖辈们说，相传这里是神农采药之地，这山那凹、东岭西峰有不少神农采药的传说故事，尤其是神农采药与药不过獐狮不灵的传说故事最让人喜欢，令人念念不忘。

传说神农曾跋山涉水，尝遍百草，寻找治病解毒的良药，经常中毒，九死一生，此举感动了上苍，于是上苍派在神农架群峰荆山之首景山上修仙的一只獐狮来帮助神农尝百草识药。传说獐狮浑身透明，不论什么药，獐狮食下肚后，人能看到药经五脏六腑、十二经络的运行情况。如果药被獐狮吃下肚后，药性运行到头部，獐狮头部闪闪发亮，就说明药能治头疾。如果药通心则医心病，药通胃则医胃病。若手上、脚上、肠、胃哪里发亮，就说明药能治哪里的病。如果獐狮尝到有毒的药，肚子就会出现黑点，獐狮的爪子就会在地上乱刨，甚至躺在地上打滚；中毒深时，獐狮会嘴吐白沫，发出呻吟声，这时就要用解毒的药草解毒。獐狮是识别药性的“活宝”，神农有了獐狮后，可以从药草进入獐狮体内的运行路线，判断药草的药性。

一天，獐狮吃了巴豆，腹泻不止。神农把它放在一棵青叶树下休息，过了一夜，獐狮奇迹般地康复了，原来它吸吮了树叶上滴落的露水解了毒。神农摘下树上的青叶放进嘴里品尝，顿感神清气爽。神农教人们种植这种青叶树，它就是现在的茶树。神农架民间传唱的“茶树本是神农栽，朵朵白花叶间开。栽时不畏云和雾，长时不怕风雨来。嫩叶做茶解百毒，每家每户都喜爱”的山歌由此而来。

这天，獐狮像往常一样帮神农尝药。山上有一种“滚地虫”滚到了獐狮面前，獐狮吃下去之后，浑身发黑，再也不透明了，没过多久，獐狮就死掉了。从此流传着獐狮什么都不怕就怕坡上“滚地虫”的说法，以此来说明“滚地虫”是一种含剧毒的物种。后来行医或开药店的人为了纪念獐狮帮神农尝百草以救天下苍生，并为了证明自己药店的药货真价实，通常在柜台上放一尊石雕或玉雕的獐狮，表明自己店里的药是经过獐狮尝试的，肯定很灵，所以就有了药不过獐狮不灵的说法。（张国玺讲述，袁正洪收集整理）

神农采药与药不过獐狮不灵的传说故事，传来传去，最后却传成神农是个水晶肚，采药尝药识别药。有的传说神农生来就有个像水晶一样透明的肚子，甚至后脑也长有眼睛，能把脊背包括五脏六腑等全都看得一清二楚。因此神农尝百草时能瞧见草药在肚子里的变化，能知道哪些草药能用，哪些不能用，以此来判断所采之药的药性和用途。

神农有个水晶肚，尝百草采药的神话传说故事，被收录在一些民间故事书后，再在网上转来转去，甚至被有的专家学者作为史料摘录入书。对此不少民间文化学者认为在编写上，“药不过獐狮不灵”比“神农是个水晶肚”要好些。

二、丹朱太和茶籽与围棋的传说故事

（一）引子

相传，上古时期，帝尧平定各部落方国以后，世道呈现出一派繁荣兴旺的景象。但家事却让帝尧很忧虑，帝尧之妻为散宜氏之女，名叫女皇，她生有十个儿子和两个女儿，其长子丹朱虽长大成人，但因从小娇生惯养，虽聪明、肯钻研、好学，但比较任性傲慢，时常招惹事端。丹朱之母女皇为此也十分着急，恳请帝尧好好地管教丹朱。

（二）茶籽白果围棋　帝尧启智丹朱

如何教育好丹朱，成了帝尧的一块心病。如何解除这一心病呢？帝尧先是派人陪丹朱到山村农户家种地磨炼，锄把使丹朱手上磨起了血泡，丹朱说同农户种地太辛苦，他不愿意再去。帝尧又派人邀丹朱上山打猎，丹朱说打猎要翻山越岭不好玩，也不愿意去……帝尧想来想去，挖空心思，根据丹朱争强好胜的性格特点，终于想了个新鲜的办法。

一天，帝尧与将臣们商议朝事后回宫，派侍卫将丹朱叫过来，丹朱见宫桌上摆着一块木板，木板上用蜂蜡划了一道道蜡黄色的方格，上面还摆放着一堆干果，一堆是栗黑色的，一堆是银白色的，黑白颜色分明。丹朱好奇地问父亲帝尧："这是什么果子呀？"帝尧说："这栗黑色的果子，是神农尝百草发现的茶树果子；白色的果子叫银杏果。这两种果子不仅可以药用，也可以吃，而且这东西可好玩了！我来教你玩个游戏。我用茶果，你用白果，各用果子抢占格子，包围对方，也就是通过博弈，看谁能取胜。"丹朱一听是游戏自然满心欢喜。于是父子二人，你出我摆，你占我围，挖空心思，巧设圈套，包逼对方……你赢一局，我胜一盘，连午饭都顾不得吃了，博弈到傍晚，弟弟妹妹来喊吃饭，丹朱还说顾不上呢。直到女皇亲自来喊吃饭，帝尧与丹朱，各赢两局，各输两盘，也就是两平。丹朱兴趣不减，还要博弈一盘，定要胜父帝。女皇再三劝说吃饭重要，改天再战，我儿丹朱一定能胜。丹朱才同意先去吃饭。

帝尧没想到丹朱那么喜欢博弈，接连一段时间，丹朱不再外出贪玩，却在屋里研究那一白一黑两堆果子的博弈方法，每日只等父亲帝尧朝政回家，就缠着父亲帝尧开战。输输赢赢，帝尧教得认真，丹朱学得入迷。

天资聪颖、善于思考的丹朱，从父亲帝尧发明的游戏中悟出了其意图，博弈不仅能活跃人的思维，陶冶情操，启发人的智力，而且是父亲帝尧有意把排兵布阵的方法放到这个博弈上，是锻炼人领兵布阵的思维和作为一个将领统领族人能力的好方法。丹朱将父亲帝尧用心良苦，非常高明地发明博弈的意图理解说给父亲帝尧听，帝尧舒展眉毛和蔼可亲地说："丹朱儿呀，你终于通过博弈启智有见识了。"实践证明这种博弈确实使丹朱改掉了以前贪玩的毛病，成了一个有能力的人。人们也改变了对丹朱原有的看法，交口称赞帝尧教子有方。正如《棋经》所言，盘也，弈者，丸也。这就是围棋的雏形了，"尧造围棋，启智丹朱"的典故由此而来。

（三）太和茶籽围棋　丹朱举棋不悔

丹朱在帝尧的谆谆教导下，通过博弈不仅启发了德智，开始虚心向人请教，注重学习先贤的高尚品德，礼貌待人，而且潜心钻研历史战事和将领的军事部署谋略，帝尧很是高兴。

实践出真知，丹朱为了改变人们对他的看法，决心从头干起。时遇汉水中上游"三苗"之乱，丹朱向父亲要求到前线战场锻炼。帝尧通过与群臣商议，对丹朱委以重任，让丹朱率兵去平定"三苗"之乱。

丹朱借助博弈布局之术，平定了"三苗"之乱，很快成了人们眼里有德望、声名显赫的人。

丹朱打了胜仗返回，刚回到尧都休整，不料传来消息，说丹水泛滥，瘟疫流行，人畜死亡很多，灾情严重。帝尧为此忧心忡忡，愁眉不展。于是有的大臣建议帝尧再派丹朱前去治理。帝尧心想派丹朱去丹水流域抗灾，既是对丹朱的一个重大的锻炼，也是对他治国理政能力的考验。再则丹水流域有山有水，山川平坝，物产丰富，水陆交通便利，是个富饶的地方，灾害是暂时的，是可以战胜的，但却需要得力的人去治理。于是他决定派丹朱去，并决定如果丹朱干好了就将丹水流域赐封给丹朱。

丹朱听说丹水流域遭受重灾后，心系丹水民众，主动呈请父亲派他去救灾。丹朱说救灾治水、救民生产是他的责任，若完成不了重任，父帝可以把丹水流域赐封给能者！帝尧很高兴，答应了丹朱的请求。

丹朱带领丹水流域民众抗灾自救，采集草药，驱除瘟疾；他还因势利导，兴修河道；他还组织民众开垦农田，让民众重建家园，百姓因此安居乐业，无不称颂丹朱的政绩。

随着丹水流域经济的发展，丹朱的威信越来越高。这时，部分酋长忌妒丹朱，散布流言蜚语，说丹朱居功自傲，还拥有兵权，想接替帝尧自己摄政。帝尧并不相信，但帝尧和丹朱父子对此很是苦恼。于是丹朱就没有回都，暂且安居在丹水。

帝尧在位多年，年事已高，不久从都城传来消息，说帝尧选贤，由舜接帝位，即为舜帝。丹朱很震惊，他毕竟是帝尧的儿子，从小受帝尧的教育，但在他不知详情时，却传来舜已接替帝尧之位的消息。丹朱想事已成定局，不能与帝舜相争，于是他就安居丹水。可是不几日，帝舜派人来请丹朱回帝都，帝舜要谦让丹朱为帝。丹朱和舜都是黄帝后裔，祖宗黄帝有二十五子，其中有二子为黄帝之妻嫘祖所生，长子为玄嚣、次子昌意。丹朱之父帝尧为黄帝第五世，丹朱为黄帝第六世（即帝尧为黄帝长房玄嚣的第四代，丹朱为玄嚣的第五代），舜的父亲瞽叟为黄帝第八代人，舜为黄帝第九代人（即瞽叟为黄帝次子昌意的第七代人，舜为昌意的第八代人）。两人都是黄帝的后代，决不可与其争帝位，因此丹朱坚定地拒绝了舜让帝位的事。

丹朱为了避嫌，主动交出兵权，并将富饶的丹水流域交给舜，让他赐封其他有功之人，而他自己避让到房邑。丹朱说景山、南河、筑水、雎水流域的房邑，古为神农、黄帝、炎帝、颛顼、祝融后裔创业之地，但南河、筑水、雎水流域黎民时常遭受洪涝灾害，还面临南蛮骚扰，丹朱决心到房邑弘扬先祖艰苦创业的精神，治河抗灾，建好物华天宝的房邑。

舜推让丹朱为帝，丹朱却坚持拒绝。舜非常感动，于是就将丹朱视为虞宾。舜以受尧的“禅让”而称帝于天下，其国号为“虞”，即为“有虞氏帝舜”，虞是舜的国号，丹朱为虞宾，就是舜以国宾之礼对待丹朱，并将丹朱封于房，是为房子国。后世古籍《竹书纪年》等记载，尧五十八年，放子朱于丹水（即今丹江）。又载，帝子丹朱避舜于房陵，遂封于房为虞宾。

再说，丹朱带着夫人及随从跋山涉水，翻过十八盘，登上一柱擎天、四面群峰朝大顶的武当山顶。丹朱又累又渴，十分疲劳，躺靠在一棵大古茶树下休息。只见几位背着背篓的老药农，也来到古茶树下歇息。丹朱十分有礼貌地问：“老伯伯，这个地方为何叫太和峰呢？”

只见一位须发斑白的老药农说：“相传轩辕时，神农氏衰，酋豪互相侵伐，暴虐黎民，而神农氏弗能征。于是黄帝轩辕氏就大动干戈，迫使酋豪纷纷服从。而神农氏的后裔炎帝也以武力侵占酋豪地盘，这样就产生了炎黄之战，最后黄帝得胜，炎帝部落跨越汉水，翻越群峰险峻的武当山，前往房部落神农尝百草之地定居，但黄帝认为房部落不仅是神农尝百草的宝地，而且是个物华天宝之地，于是带军队追赶炎帝军队，以抢占房部落宝地。炎帝军队事先抢占了易守难攻的武当山。黄帝军队攻不上武当，双方鏖战，很是消耗军力财力，炎帝黄帝都深有感触。

“亲不亲血脉亲，炎黄先祖一家人。炎黄的先祖都是从与有峤氏互为联姻的少典氏分裂出来的，于是他们约定在武当山和谈。炎黄本着‘天地间，冲和之气’，即‘大和’，就是‘和以黎民’‘谐和部落’‘保合太和’，炎黄部落黎民都可到房部落居住、采药、狩猎、生产、生活。

炎黄武当成约，武当山因而又被称为太和山。炎帝部落后来和黄帝部落结盟，还共同击败了蚩尤。炎帝及其后裔在房部落生活居住多年后，转迁到湖南炎陵……”白发老药农讲得仔细，丹朱听得入迷，连称老药农讲得好！

当老药农给丹朱讲太和山的来历之时，另外两位药农却忙着搬来几个石头支起灶，他们采了些大古茶树树枝上的叶子，用陶壶烧水。随着水的沸腾，散发出阵阵茶香。老药农请丹朱喝茶，丹朱满心欢喜地喝了两葫芦茶，古茶树叶的清香和茶水的香气，让丹朱登山的疲劳感一下子就没了，精神顿时振奋起来。丹朱问老药农：“这棵大古树叫什么名字？”老药农告诉丹朱：“这是棵大古茶树，因茶树有多个品种，这棵大古茶树长在太和山，古茶树随地名起名，山民就叫它太和古茶树。”

老药农与丹朱正说着，一阵山风吹来，树叶随风飒飒地摆动，哗啦啦地从古茶树上掉下一些茶籽。丹朱顺手从地上拣起几粒茶籽，不禁想起父亲帝尧当初就是用茶籽当棋子教自己下围棋的。这时老药农从地上也拣了一把茶籽，高兴地对丹朱说：“这茶籽不仅是良药，而且传说这是帝尧教子启智的棋子呢！”丹朱说：“老伯伯，你怎么也知道茶籽还曾是帝尧教子启智的棋子呢？”老药农回答说：“别看我们住在这大山里，来往的行人也传说许多山外的事，这山里有的农户，不仅知道茶籽曾是帝尧教子启智的棋子，而且还会下围棋教子呢！”丹朱说：“老伯伯，你也会下围棋？”老药农高兴地对丹朱说：“你在地上画个棋盘，我去白岩下拣些白石子，我俩下盘围棋。”一会儿老药农就拣来了一堆白石子。

丹朱与老药农下围棋下得很开心，尤其是两人都秉承“举棋不悔”“落子不悔”的棋风，这也使丹朱翻山越岭时因为自己的脚磨破了，妻子的腿也走肿了，想到妻子跟随自己太辛苦了，而一时有点后悔不该提出要到房邑的想法隐去了。想到老药农年年如此，种地采药，无怨无悔，丹朱想我也要像老药农和下棋一样“举棋不悔”，坚定地到房邑创业！

（四）丹朱避舜于房　兴茶名传千古

丹朱与妻子及随行的人，从太和山，翻过黄朝坡，来到房邑天保山，登上山顶，站到山顶可以看到房邑部落山城盆地的全景，放眼望去，只见房邑部落山城，群山环抱，是个天然的盆地，四河绕城交汇，聚风藏气，是一个纵贯东西、连接南北的物华天宝之地……丹朱与妻子及随行的人一看，无不欢喜。

再说天保山，亦名大红山，而丹朱出生时，因母亲女皇生下他时他全身红彤彤的，因而起名丹朱。大红山与丹朱都与红相关，丹朱对此别有情感。他询问山民此山为什么叫天保山，当地一位有文化的长老说：“天保定尔，亦孔之固。俾尔单厚，何福不除？俾尔多益，以莫不庶。”意为老天保佑你，皇权永巩固，使部落强大，哪样厚福都赐给，福气益多，物产丰富样样齐。尤其是天保山的周围遍布有十万多亩茂密的草山，犀牛、野马、山羊、野猪、锦鸡、隼、山鸡、野兔等很多。与大红山临近的黄朝山、九溪沟茶树多，水天坪的粟多，万峰山的木耳菌菇山珍多。天保山周围多岩屋，其中有一奇特大岩屋。丹朱及随行的人兴致勃勃地来到天保山的大岩屋，他们发现大岩屋能容纳千余人，内有石门大厅，洞中有洞，洞中有石灶，还有数个石屋，石屋中有石床、石桌、石凳……犹如一个石窟建筑的艺术宫殿。

丹朱被天保山深深地吸引住了，他决定在天保山住一段时间，他白天狩猎，或者采茶喝茶下围棋，很是幸福。房邑部落的一些长老听说后，多次来天保山迎接丹朱进城，丹朱迟迟不肯，直到有几位长老告急，说房邑部落的南山古南河流域遭受特大洪水灾害，黎民苦不堪言。丹朱一听很是自责，迅速启程赶到房邑。丹朱是帝尧的儿子，后来人们就将丹朱所到的天保山叫尧子山，天保山南北交通要道的一座山垭叫尧子垭。还有人将从太和山到天保山的一座山峰叫大尧子山，从万峰山到天保山的一座山峰叫小尧子山。这些名称后来在地方志有记载。

丹朱到房邑山城后，安排随从和妻子住下，次日就带领随从和房邑部落的将士赶往古南河，他翻山越岭，涉河穿溪，观察地形，问计于民，组织黎民治理老龙洞河（后人称尧治河）、三里坪河、安阳河，深受黎民称赞。

丹朱治古南河，耳闻目睹大山里的黎民生活艰辛，回到房邑山城后，他宣布减少山区黎民贡赋，并放弃山城内的豪宅，参照父亲帝尧从政时非常俭朴的生活，搬居到城西郊的七里河山垭，搭住茅草屋，喝野菜汤，穿葛麻织的粗布衣、麻草鞋，种地兴树，关注民生。丹朱善于倾听黎民意见，特意在茅屋院落门前设了一张“欲谏之鼓”，谁要是对他或房邑有什么意见或建议，随时可以击打这面鼓，丹朱听到鼓声，会即刻接见来访者，虚心听取意见，从而了解黎民疾苦和地方贤才对房邑建设的良策。

有位农夫击鼓向丹朱反映，他起早贪黑在地里劳动，腰酸背痛，想酿黄酒养身体，但缺酿酒方法，所以来击鼓找丹朱求助，有的人见此责备农夫，说酿酒寻秘方也找丹朱，他怎么忙得过来？谁知丹朱接待时却说，酿黄酒寻秘方，你找我还真是找对了。原来丹朱的老祖宗黄帝，在带领将士们打仗时，看到将士们太辛苦，就亲自到民间收集酿酒养身的秘方，找酿酒师酿酒，将士在打仗胜利时黄帝还亲自用木勺舀酒犒劳将士，激励他们养好身体，更加勇敢地作战。再说这米酒开始呈乳白色，放一个时辰颜色就会逐渐变黄，喝起来格外有酒劲，因这酒是黄帝赏赐，所以也就叫黄酒了，而酿酒的秘方被黄帝特意收藏代代传承。丹朱将黄酒秘方告诉了农夫，农夫果真酿出了好黄酒，一传十，十传百，千家万户用黄帝酿酒秘方做黄酒，使房邑成了驰名天下的黄酒之乡。

一天，房邑南山几个山民，一阵接一阵地击鼓，接连不停。丹朱连饭都没吃完，就出来接见他们，山民十分愤怒地反映，说山村交通要道的路边有一棵四人合抱的大茶树，传说神农曾在大茶树上采过茶，当地山民叫它神农大茶树，茶花十里香，茶果特别大，每年产茶上千斤，村民设茶桌，过路行人免费喝茶，好名声传千里。当地一个有权有势力的土霸王，他家要盖新房，说茶树木质清香，能使盖房人清爽，于是带人要砍神农大茶树。村民们手持棍棒，围着神农大茶树，决不让土霸王砍……丹朱听后当即发话："决不能砍，一定要保护好神农大茶树！"丹朱亲自到房邑南山茶树庄，御封此树为"神农茶树王"。土霸王被山民捉住拉来拜见丹朱。心虚的土霸王吓得浑身发抖，用巴掌左右猛打自己耳光，大骂自己昏了头。丹朱罚土霸王用茶籽种茶树千株，命令土霸王不要横行山里，友善山民。土霸王决心改过，保证保护好"神农茶树王"，种好千株茶树，并表示捐资建茶亭，方便过路行人免费喝茶。

丹朱在房邑，辛劳为民，治河修堤，兴茶酿酒，种粮牧畜，七河制陶，弘德和谐，育民启智，与民同乐，百姓爱戴。多年后，丹朱之子陵以封地为姓，称房陵。古时地名随人，此为房陵来历。

多年后，丹朱年老死后，其子陵袭封。子陵将丹朱安葬在房邑城西、丹朱初来房邑所居城郊七里河西南"茅屋山居"的山冈上。因此山冈起伏似龙，城东兔子凹群山起伏也似龙，面对山城，犹如二龙戏珠，古称兔子凹山为头龙冈，七里河西南面山冈叫二龙冈，叫来叫去，后人误把二龙冈叫成二郎冈。清代在兔子凹建了泰山庙，以后该地被称为泰山庙。城西南五里二龙冈的丹朱陵墓占地三亩，松柏苍翠，其中丹朱墓占地一亩，墓高二丈多，由大石条砌建，还有拜台，后世达官贵人在此建有大石碑。由于年岁已久，石碑损坏，但丹朱墓直到1958年，治山改梯地，才被毁。许多古籍记载丹朱避舜于房（今湖北房县），却无再封其他地方之说，以上足可表明，丹朱封于房邑，帝于房国，卒于房陵。

丹朱避舜于房，其子陵袭封后以封地为姓，史称房陵，后代遂为房姓，房县有不少房姓人家，房县成为房姓寻祖拜祖之地。丹朱封房邑时，丹朱母亲女皇，疼爱长子丹朱，就从娘家选了些亲人随丹朱到房邑，叫他们关爱丹朱，同时也叫丹朱关爱散宜氏亲人，至今房县也有许多散姓后裔。

丹朱到房县前曾在山西长子县、河南淅川县以及河北邢台、山东昌乐等地生活过，这些地方的古代房姓后人对丹朱有怀念之情，就在当地建起纪念性的“丹朱墓”“丹朱坟”“丹朱塚”，并留下一些传说故事，可见丹朱对后世影响之深。

“茶籽白果围棋，帝尧启智丹朱”，“太和茶籽围棋，丹朱举棋不悔”，“丹朱避舜于房，兴茶名传千古”，这些故事一直为老百姓喜闻乐见，并且代代流传……

三、武王伐纣茶蜜纳贡的故事

（一）引　子

常言道：柴米油盐，酱醋果茶；鼓钟箫笙，琴棋书画。我国是诗的国度，又是世界茶叶的故乡。茶叶原产地是中国，茶文化发源地也是中国。关于我国茶树的发源地，许多茶叶专家研究后有不同的观点，有西南说，有川东鄂西说，有云南西双版纳说，有巴山峡川说，有神农架神农尝百草食荼（茶古称荼）说，有秦巴武当山区说……在这些地方都发现有古茶树。但很少有人知道巴山峡川、神农架、秦岭汉水，皆曾为古代庸国之地，不仅是我国茶树的重要发祥地之一，其茶文化也博大精深。“武王伐纣，茶蜜纳贡”中的“茶”是中国最早的贡茶。古为庸国核心地带的鄂西北十堰市及竹山县是民俗民间文化的富矿，有许多耐人寻味的茶文化故事。

（二）茶树发祥庸巴　先民饮茶成俗

古代，有一个横跨江汉中西部地区的大国——庸国，江，指的是长江；汉，指的是汉水。庸国势力范围最大时，曾北抵汉水，西跨巫江，南接长江，东越武当，面积在四万平方公里以上，雄居于秦、楚、巴、蜀之间。巴、蜀居于江之上游，而楚居于江汉中下游，庸居于江汉中上游之间。按山脉划分，楚居于荆山山脉；庸居于巴山山脉及秦岭终南山脉以南；巴居于巴山山脉西部；蜀居于巴山山脉以西和蜀平川之地。

古时候，庸国的疆域之大，随着社会的发展和战事的频繁，逐步拓展至陕西的山阳、镇安、柞水、安康、汉阳、紫阳、岚皋、平利、镇坪，今重庆的巫溪、巫山、奉节，湖北的竹山、竹溪、房县、神农架、兴山、秭归、巴东等地，整个大巴山区大部分地域和秦岭东南山地皆为庸地。《华阳国志·汉中志》说：“（汉中郡）本附庸国，属周。”也就是说，汉中原本是庸国属地。庸都城方城筑在今竹山县文峰乡。

庸国域阔，物产丰富，是我国茶树的重要发祥地，相传古时候神农在房陵神农架尝百草，日遇七十二毒，得茶解之，由此神农最早发现茶，庸人是相关史料中所称的最早饮茶的先民。庸国境内巴山峡川有两人合抱古茶树。神农架是“植物王国”，神农架北坡的千坪有三人合抱古茶树。房县万峪河摩天岭有大片原始茶林，有四人合抱的古茶树。秦岭汉水茶树发祥也久负盛名。茶风源于江汉巴山、秦岭汉水，庸人以茶待客、祭祀，饮茶养生逐渐成为民俗，中华文明的中庸之道也源于庸人的茶道精神。

（三）武王庸国搬兵　茶叶精气神功

古时候，古庸国不仅历史文化深厚，而且是一个多民族和谐聚居的国家。在历史文化上，早在夏商时代，庸人就拥有独特且丰富的文化形态，古庸国盛产五金，掌握着先进的青铜技术，是以又被称为“镛人”。商代的许多鼎器、大钟都是庸人的杰作。庸人又因善于筑城建房被称为“墉人”，史载公元前 1059 年，周请庸人筑都于洛邑。

古庸国历史悠久。一是三皇时期，庸国是蚩尤氏之国。古大庸之国经历了“蚩庸”“颛庸”“鲧（仡）庸”三个鼎盛时期。夏商周时期庸国强大，东周晚期庸国渐趋衰弱。二是传说中的以火施化、号赤帝、后人尊为火神的祝融，本名重黎，传说庸来源于“祝融”，融与庸同音，庸即融演化而来。亦说祝融氏是黄帝后世子孙。《史记·楚世家》说，高阳者（帝颛顼），黄帝之孙，昌意之子也。高阳生称，称生卷章，卷章生重黎。《世本》说，老童（即卷章）生重黎及吴回。三是巴氏说。著名考古学家顾铁符在《楚国民族述略》中说，庸可能是巴族（庸国的一部分），是巴族在巴山山脉以东最大而且是最强悍的国。四是鄘氏说。鄘即庸也。周初鄘、邶、卫三国叛乱被平息之后，邶、鄘撤封并入卫国，鄘人（今河南新乡一带）南迁又回了庸国。梁启超《饮冰室文集·巴庸系》认为，庸分布在湖北西北部汉水流域，北以秦岭山脉与汉族分界，南以巴山山脉与巴人分界，其民族介乎巴与汉族之间。周初庸助周人灭商，春秋与楚为敌，后为楚秦巴灭而分之，后遂同化于汉族。五是庸国是三千多年前鄂西一批小国的“领头羊”。华中科技大学的张良皋教授也认为，庸国的制陶、诗歌、筑城、冶铸、农业等均很发达，称先秦时代许多文化之谜，包括四灵、五行、十干、八卦及楚文化与庸国息息相关。蚩尤，这位“古天子”是西南民族的先祖，自然是庸人的远祖；炎帝，这位神农传人在西南地区经营多年，自然是庸人先祖；黄帝，曾与炎帝族大动干戈，得胜后握手言欢，还娶巴人之女为妻，相当于庸人外祖。三位古帝王都是庸人的祖先。六是两万年前，蜀地开县的祖先“賨人”在这里繁衍，与虎、豹、松鼠、果子狸共“舞”，在森林里奔走，禽兽多而人少，賨人为了生存，运用自身拳、脚、跑、跳的本能活动，达到“兽处群居，以为相争”。为获得食物“搏”与“击”，加上部落之间的战争与武器运用，武术套路开始萌芽。民间还相传賨人，亦称南蛮赋也，崇尚武术。

大约四千年前，大禹驯服洪水，分天下为九州，开县境便属于其中的梁州了。夏朝时，梁州治賨，賨人先属庸国（一部分人仍居住在庸国），后属巴国。

传说周武王拟伐纣，认为庸国地大，军事力量比较强大，必须亲赴庸国搬兵。庸国国王以高规格贵宾之礼隆重迎接周武王，请周武王观礼庸国威武英勇雄壮之师的阅兵式，阅兵式规模盛大，万人歌舞、万人武术表演，气势磅礴，振奋人心。周武王一边观看，一边连声称赞。

庸国国王告诉周武王，庸国是一个多民族和谐聚居的国家，文化底蕴十分深厚。许多庸民居住在大巴山，在农业粮食作物尚少的情况下，山民很多以狩猎为生，使得庸人崇尚习武。部分庸人的祖先“賨人”，曾在这里繁衍，在森林里奔走，古老的賨人及其后裔巴人能歌善舞，多民族文化交融，使得庸国人能歌善舞，并发明鼓等乐器。古人将大鼓称为“庸鼓”。庸国利用多民族的特色和青铜技术，研制的青铜兵器，如戈、矛、剑、钺等，被称为“大庸式青铜器”，庸国军队拥有锐器武装，成为威武雄师。

周武王在庸国国王的陪同下，还特地考察了庸国都城的集贸茶市，茶店、茶坊接连成街，有用葛麻编织，用土漆精工上漆的葛麻茶碗，还有多种用来装茶的宝葫芦，茶市甚是繁荣热闹。茶市何以如此繁荣，庸国国王告诉周武王说，庸人喜欢喝茶养生，茶能提增精气神，就连庸国的军队也发茶叶、茶葫芦，将士从军喝茶提增精气神，尤其是茶叶加蜂蜜，不仅增加了茶的适口性，而且还增强了茶中能量。由于蜂蜜和茶叶都有润肠的作用，可以加快人体的新陈代谢从而达到排毒养颜的目的，是最理想的天然佳饮。

周武王非常感谢庸国国王的盛情迎接，庸答应为周出兵。周武王与庸国国王签下盟约，并借庸国“三宝”助力武王伐纣。

（四）庸领西土八国　茶振士气旺盛

且说周武王与庸国达成搬兵盟约后，又到庸国临近的古南河彭国（丹朱时为房子国，亦称房陵，夏商时房陵的东南为彭部落方国，房陵的西南为庸国，房陵北面的一部分为麇国）联盟搬救兵，先后还到了卢、微、蜀、羌、髳等国，加上武王所在的周朝的军队，盟军共有士卒四万五千人，联盟伐纣，面对商纣王七十万军队。如何以少胜多？周武王高瞻远瞩，分析商朝到纣王时连年征战，尤其是征伐东部，旷日持久，几乎拖垮了大商王朝。周武王得知商朝西陲临近周朝的纣王大军尽出，指向东方，商朝都城殷商的内部防御力量甚弱，特别是纣王及将士腐化堕落，商朝危矣。而武王搬兵，借得庸国“三宝”：一是庸人万人尚武，军力猛勇；二是庸人善“万人歌舞”，击鼓激越将士；三是庸人习茶成俗，提增将士精气神。武王还借得彭国强悍尚武的“楯”宝，就是彭部落方国，民间尚武有一种特殊的“楯”，亦叫“彭”，即“彭排”，也叫板楯，在作战时常持这种木制盾牌，以“楯”挡矛挡箭，持戈或挥刀胜敌。

为了取胜，周武王亲自整编集训一朝（周朝本部军队）八国（庸、蜀、羌、髳、微、卢、彭、濮）联军，庸国军队为首。周武王亲自率本部及八国协同自己作战的盟军，于公元前 1046 年二月初五凌晨，布阵完毕，在孟津（今河南孟州南）庄严誓师，史称“牧誓”。

武王在阵前声讨纣不祭祀祖宗，滥施暴政，肆意搜刮民脂民膏，听信宠姬妲己谗言，引得天下不满，从而激发起从征将士的敌忾心与斗志。接着，武王又郑重宣布了作战中的行动要求和军事纪律：每前进六步、七步，就要停止取齐，以保持队形；每击刺四、五次或六、七次，也要停止取齐，以稳住阵脚。严申不准杀害降者，以瓦解商军。誓师后，武王下令向商军发起总攻击。他先使“师尚父与百夫致师”，即让吕尚率领一部分精锐突击部队向商军挑战，以牵制迷惑敌人。庸军率先披盔甲、持兵器，百人击鼓，歌唱高呼，震天动地。

武王进军伐纣的消息传至商纣朝歌（古地名，商朝晚期都城，在今河南淇县），商朝上下一片惊恐。商纣王无奈之中只好仓促部署防御。但此时商军主力还远在东南地区，无法立即调回。于是商纣王只好武装大批奴隶，连同守卫国都的商军共约十七万人，由商纣王率领，开赴牧野迎战。

武王伐纣，一朝八国之师，尤其是庸人勇锐善战，击铜鼓壮威，一边冲锋陷阵，一边唱歌跳舞，前歌后舞，士气旺盛，歌舞以凌殷人。这在生死搏杀的战场上，是空前绝后的。这种充满浪漫情调的战术，并非花架子，而是在气势上压倒了商朝军队。而商朝军队，尤其是临时抱佛脚武装起来参战的大批奴隶，弄不懂这是打仗，还是观歌舞表演、武术表演，被武术、歌舞弄得眼花缭乱，脑子被弄蒙了。跳到高潮时，铜鼓激越，士兵劲歌；舞者手执牟弩，步伐整齐有力地进入敌人战场，由舞蹈武术表演变成实际战斗。参战伐纣的彭国军士，一手持“楯”牌，一手挥刀，运用“彭排”，冲杀有力。商朝军队尤其是大批奴隶军，被武王盟军打乱阵脚，不堪一击，溃不成军。庸人军队将士，个个腰间挂个茶葫芦，渴了就取下葫芦喝茶，既解渴，又使人振奋，提增精气神，将士越战越勇。而商纣军士口干舌燥，看到庸人军士喝茶解渴，无不垂涎三尺，对庸人军士无不产生羡慕之感，纷纷倒戈。

武王伐纣率领兵车三百乘，士卒四万五千人，虎贲（冲锋兵）三千人，而纣王的军队却是十七万人，众寡悬殊。然而武王军队前歌后舞，精神振奋，斗志昂扬，致使商兵纷纷掉转戈矛，指向商纣。武王以庸军为主力趁势猛烈冲杀敌军，商军十几万军队顷刻土崩瓦解。纣王见大势尽去，仓皇逃回商都，来到他平日聚敛财富的鹿台，登上摘星楼，对卫士和奴婢们说："悔不听群臣之言，乃被谗奸所惑，今兵连祸结，莫可救解，辱莫甚焉，不若自焚，反为干净。"说罢，纣王将珍宝抱在怀里，纵火焚楼，火光冲天。纣王长叹道："今日自焚，死不足惜，只是何面目于九泉之下见先王！"周军趁胜进击，攻占朝歌，商朝灭亡。

周王朝建立后，武王投桃报李，封庸国以伯爵位，封楚、巴为子国。武王伐纣时对茶赞赏有加，茶能为药，清心明目，清火祛毒；茶也能为饮料，喝茶能养生健身；茶还能提增精气神，有助于以武练兵等，武王视茶为宝。因此茶成为庸巴蜀等产茶国对周天子的贡品，故有"武王伐纣，茶蜜纳贡"之规，庸巴蜀地所产之茶成为我国历史上最早的贡品。汉代以后，秦巴武当、竹溪、竹山、房陵、神农架地区盛产的武当道茶更加闻名于世。2000 年，袁野清风等人深入挖掘、整理研究武当道茶，武当道茶成为中国著名商标，武当道茶被农业部授予中国第一文化名茶的称号，享誉世界。

四、西周太师尹吉甫与《诗经》中的茶的故事

2800 年前，我国的第一部诗歌总集《诗》问世，先秦时被称为"诗"或"诗三百"。汉代时汉武帝采纳董仲舒"罢黜百家，独尊儒术"的建议，尊《诗》为经典，定名为《诗经》。

《诗经》记载的内容包括周朝社会的历史、政治经济、文学民俗、天文地理、农林医学、民族军事等诸多方面，是一部百科全书式的著作。正如我国现代著名爱国诗人闻一多所说，《诗经》是古周朝社会达官贵人子弟读的教科书，而且是唯一的教科书。

在《诗经》中，有动植物三百余种，其中有“荼”诗七首，“茶”古称“荼”，唐玄宗主持编辑《开元文字音义》一书，将“荼”字去一横改为“茶”。

我国最早记载“茶”（“荼”）的文字在《诗经》中，如“谁谓荼苦，其甘如荠”“出其闉阇，有女如荼”“采荼薪樗，食我农夫”……溯源茶的故事，了解尹吉甫与编纂《诗经》及荼（茶）的故事，定会使我们兴致不休。

（一）荼山石门沟出了个尹天官

西周时期，汉水秦巴武当山南的古彭国房陵，其东乡青峰山南麓的万峰山、天池、摩天岭一带，山高林密，飞云荡雾，古木参天，沟谷纵横，流水潺潺，在这深山峡谷中有连绵的茶树林，亦称荼山，荼峰密林深处有个地名叫老人坪（今房县万峪河乡老人坪村），经碾盘湾，向西有一条溪流河沟名叫石门沟。

为什么叫石门沟呢？原来小河自西向东流，两岸有两道大山梁子，弯弯曲曲，蜿蜒起伏，形如两条龙，一公一母盘卧在那里，龙头对龙头，龙尾交龙尾，形成了东、西两道石门。

周朝的时候，石门沟住着一户姓吉的人家，传说儿媳一天夜里梦见天空中出现五彩祥云，彩云飘动，变幻莫测，突然变成一条飞龙，一下子飞到她身上，钻进她肚子里，惊醒后她腹中仿佛还隐隐阵痛。儿媳就把自己的梦讲给婆婆听，问这个梦是好梦，还是噩梦？妇人的婆婆最会圆梦，听完儿媳妇的梦，笑呵呵地说：“梦见天现五彩祥云，这是吉祥的兆头啊，好梦，好梦！”不久，妇人果然怀孕了。俗话说，十月怀胎，一朝分娩，妇人怀孕生了一个儿子，因是头一胎，是老大，起名叫兮伯，学名吉甫。

吉甫自小聪明，喜欢读书，一学就会，还从小练武功，文武双全。并且吉甫从小爱劳动，跟着父亲砍柴、识药、采药、采茶，喜欢听父亲讲故事。在石门沟连绵的山高千丈的摩天岭至老鹰山的原始密林中，不仅生长着五六人合抱的古老栓皮栎树、槲栎大树，还长有四季常青的茶树林，有的岩谷中的大茶树三人合抱，成片成块的茶树林头年冬就开始孕花蕾，严冬傲冰寒，次年开春银色茶花盛开，茶香漫山遍野，山民们喜气洋洋，唱着山歌，忙采茶芽……

说起山民采茶芽，老农们总要给后生讲神农尝百草的传说故事。吉甫家的摩天岭至老鹰山原始密林中，也长有很多茶树，成片成峰，地名也俗称茶山、茶岭、茶沟、茶洼。神农发现茶的故事及当地茶山给吉甫留下了深刻的印象。

后来，吉甫果然当了太师，还是周宣王、周幽王、周平王的“三代天子之师”，天子赐官封吉甫为师尹，又叫太师，居周朝“天官、地官、春官、夏官、秋官、冬官”六官之首，主管邦治。后来他以官为姓，名为尹吉甫，人称尹天官。

（二）茶露井与老人坪的传说故事

山里娃子，心最爱山，山山水水，故事很多，他们缠着老人讲故事，老人讲述不完。尤其茶树，茶叶“糊涂”，茶炕粑粑，茶糕，茶桶，茶壶，茶碗……这些故事都很动听。

出尹吉甫住家的石门沟，绕碾盘湾，就是老人坪村，这里有一座一面依山三面环溪的四合大院，院里住的富户人家五世同堂，这家长老积善行德，在大院的东院办了所山村私学。大院门前不远处小岩峰下长有一棵四人合抱的大茶树，四季常青，苍劲挺拔，二十多米高，像一把撑天的巨伞，阳光照射，微风吹拂，浓郁翠绿的茶叶，闪闪发亮，该树成为山村的一棵风景标识树。

古老茶树，沧桑美丽，树干的上部，上百条密集的树枝，弯弯曲曲，似一条条巨龙，竞相延伸，簇簇浓郁茂密的茶叶，似百凤展翅，然大茶树主干长满了一层层形似“龟甲”“武士铠甲”的老皮，根部凸凹起伏，一道道错落有致的根，似龙爪有力地抓住大地。在大茶树根旁两米远处有一个方圆两尺多的石泉口，相传祖辈们将石泉扩挖成口径八尺大的泉水池，俗称泉井。

最为独特的是茶叶的露珠晶莹透亮，滴下泉井，犹如香料，加之茶树大根绕泉井生长，使井中泉水有一股茶树特有的清香，人饮泉井之水后，可清心提神。不论是在炎夏大旱季节，还是寒冬季节，泉井的水都能保持同一水位，夏不干枯，冬不结冰，常年清澈，人们说，大茶树，茶叶香，露水多，滴井中，茶根粗，扎地深，水质好，味道美。不仅四合大院的富人和私学师生喜饮此水，而且乡民们合力将四合大院通向溪河对岸乡村小街的独木桥扩修成石拱桥，方便村庄上百人饮水。乡民称这口泉井是宝泉，饮用此水，清心明目，健康长寿，这里的老人平均年龄在 90 岁以上，不少老人年过百岁，该村也被人称为长寿村，俗称老人坪，远近闻名。

（三）“茶花引蜜，茶米粑粑”的故事

相传，周朝初期，人们就开始吃茶叶了。如古彭国的房陵东乡老人坪、石门沟，因山高气寒，坡陡地薄，粟黍麦产量低，山民平时生活靠瓜菜，但是遇到雨涝山洪冰雹或大旱等灾荒之年，就挖野菜、采树叶，甚至剥榆树皮、采茶叶做“糊涂”来度过饥荒。

“荼”是多音字，可读作“涂”（tú），也可读作“舒”（shū）。

由于山高气寒，若遇阴雨连绵的天气，粮食生产遭遇秋风（较长时间阴雨低温），稻谷和大豆（古时大豆称“菽”）难成熟，颗粒一包浆，农人就将这种大豆（菽）掺兑茶叶用石磨或石碾盘磨碾成菽茶生浆，放入木桶（俗称木缸）存放起来，吃时再用勺子挖出来，用锅煮熟食用。储备这种生茶豆浆可防冬春饥荒，如农谚：“房陵万峪乡，家家做木缸，没有米和面，只装糊茶浆，能够度饥荒。”

茶叶做“糊涂”，煮法也比较讲究，需先将粟谷或米淘洗干净，放入锅里，也有的适当放点豆子或黎粒、麦粒，添上水，旺火烧滚开水，粟谷或米被煮熟了，就放入茶叶，开始用大火煮，边煮边用饭勺或锅铲，来回均匀搅动，防止粟米沉锅，然后转用小火熬茶“糊涂”，撒几把碎柴火进灶里，火灭了用灰烬的余温慢慢地熬，就成“糊涂”了，茶粟香气四溢，山民比较喜欢吃茶叶“糊涂”。

说起做茶叶“糊涂”，相传吉甫小时候有一个“茶花引蜜，茶米粑粑”的故事。一天吉甫的父亲起早到二十多里远的狮子峰去接回娘家住的吉甫的母亲，说中午就可回来。十岁的吉甫对父亲说，我在你们中午回到家前把茶叶“糊涂”饭做好，你们回来就可吃饭，给母亲一个惊喜。

却说吉甫提早就开始煮茶叶糊涂，放了一灶洞栎木柴，不时地跑出厨房，站在屋门前院，眺望对面的山路看父母是否快回来了。

当吉甫再次出厨房到屋门前院子里眺望时，突然听到一大群蜜蜂的嗡嗡声，蜜蜂飞向屋旁不远处的大岩屋边的一棵大茶树上，吉甫好奇地寻蜂观奇，只见数万只蜜蜂嗡嗡地采茶树花蕊上的蜜，群蜂团团围着茶树的一个脸盆大的树洞，蜜蜂一个挨一个，结成一个大蜂凸，蜜蜂来回穿梭，进进出出，不停地采茶花上的蜜……邻居家一位白发苍苍的八旬老人，边看边赞不绝口地说：“这群蜜蜂从外地迁徙而来，蜂朝古茶筑巢好兆头，石门沟甜甜蜜蜜，五谷丰登，人畜兴旺！”

正当吉甫看得入神之时，猛然听到母亲叫他，他转身看见母亲提着外婆家给的一篮子木耳菌菇，父亲背着一满背篓东西，有獐子、鹿子腿、野猪肉。吉甫连忙帮母亲提篮子。

父亲问吉甫，你做的饭好了吧？吉甫这才想起他只顾好奇看蜜蜂迁巢，而忘了厨房锅里还大火煮着茶叶“糊涂”呢。他连忙回到厨房一看，糟糕，糟糕！一锅茶叶“糊涂”煮干了，锅边煮成了一层茶锅粑，仅剩锅中心小碗口大一块煮成了茶粟干饭（糕）。吉甫连声自责称自己错了。和蔼可亲的母亲连忙安慰吉甫，一边说没事，一边顺手揭起一块茶锅粑品尝，茶锅粑又香又脆，她顺手递给吉甫的父亲一块茶锅粑，吉甫的父亲一尝，也连说：“茶锅粑好香，真好吃。”吉甫一尝也连说茶叶锅粑太好吃了。这顿中午饭，父母和吉甫不仅将大半茶锅粑和锅窝（锅心）的“茶糕”分享吃了，而且还留给乡邻品尝，他们都说好吃。

吉甫还从茶叶锅粑、茶米（粟）糕得到启发，以往出石门沟到老人坪古茶树大院上学，中饭是用小漆木桶装两碗茶叶“糊涂”，以后就可以做成茶米锅粑，或茶米饼、茶米糕，既方便携带又好吃，从此茶米锅粑、茶米糕在民间流传开来，“茶花引蜜，茶米粑粑”的故事也在民间传开了。

（四）“供茶垫茅·神圣祭祀”的故事

在房陵城东 110 里的青峰山麓，有一座高耸入云、山顶形似一个大寿桃的万峰山，对面连绵的群山中有两座似弟兄般紧连的山峰，峰顶分别有一个古寨，两峰的古寨相连成一个 8 字形，俗称连环八宝寨，曾经是古战场。古寨周围地势险峻，奇洞异穴，天井地缝，深不可测，十分奇观。

八宝寨山腰，有一座形似雄狮的奇峰岩壁，人称狮子峰。相传，西周太师尹吉甫北伐猃狁打胜仗回镐京时，周宣王亲迎并设宴为出征领兵的尹吉甫庆功，并允吉甫回故里房陵探亲。吉甫千里迢迢回到房陵万峰乡老人坪石门沟后，吉家宗亲非常亲热，尹吉甫却顾不得休假，而忙于选址兴建祖庙。吉甫从石门沟南行 20 余里，到达狮子峰，并久隐于此山，旁观四野，朝夕留心，只见山峦幽雅，辐辏四围，龙脉萦绕，于是他选定狮子峰，安排开凿岩壁，兴建尹氏宗庙——宝堂寺。

在古代，只有地位显赫的人才有资格修建这种规模宏大的宗庙。西周太师尹吉甫是宣王之师，又是北伐猃狁的领兵元帅，太师是六官之首，所以他才有资格修建规模宏大的宗庙。吉甫因朝务繁忙，将尹氏宗庙选址、设计好并留下建庙的钱后，赶回了都城镐京。

宝堂寺是一座石窟建筑，由人工开凿而成。石窟坐西朝东，分上下两殿，下殿是一个近百平方米的石窟，大门为石雕工艺框，两侧有石雕艺术花窗。由下殿右侧倚山开凿台阶十九级，用石雕护栏，通往上殿。上殿三间石殿，即三个正方形，呈品字形。一层大殿外，现是一块空地，建有前、中、后三重殿，左右有厢房，五栋房是“目”字形。殿内雕梁画栋工艺精湛，门楼、立柱、房檐、屋脊、屋梁均有雕刻、绘画装饰，神仙圣贤、龙凤狮马、花鸟草虫目不暇接，石窟岩庙历时三年建成。岩庙周围奇峰错列，古木参天，林壑别致，清幽宜人。

宝堂寺每年还有两次活动，一次是正月十二至十四三天庙会，其活动由尹氏家族、地方绅士、官员组织，庙会期间彩旗飞扬、锣鼓喧天、诵经唱戏，热闹非凡。第二次是农历十月初一，尹氏家族吃祭（祭祀祖宗，商议本族重要事宜）。

祭祀先祖，以孝为先。尹吉甫本姓姞，尹是官姓。姞姓为黄帝的嫡系子孙，古籍载，黄帝之子，二十五宗，其得姓者十四人为十二姓。姬、酉、祁、己、滕、箴、任、荀、僖、姞（后去“女”旁，简为吉姓）、儇、依是也。周宣王姬静的姬姓与尹吉甫本姓的吉（姞）姓都是黄帝的后裔。宝堂寺尹姓宗庙，也可谓吉姓的宗庙。

却说尹吉甫回都城后，被周宣王派往淮夷，征收贡赋，辅佐“宣王中兴”。尹吉甫主要负责征收币帛、粮食、冠服、奴隶，整顿市场交易，强化市场管理。东夷部落原来不愿俯首称臣纳贡，周宣王特许尹吉甫铸青铜器《兮甲盘》予以通告，反复宣传，并宣称："若胆敢违反周王法令，则予以刑、扑、伐。""伐"就是要出重兵武力征伐。东夷部落慑于武力之威，只好称臣纳贡，听命于周，周朝大兴。尹吉甫回朝后周宣王特赐假吉甫回故里房陵祭祖和探亲。这年正好是尹姓宗庙宝堂寺建起的第十年新春，尹、吉姓宗亲和地方长老官员听说尹吉甫回故里房陵宝堂寺宗庙祭祖，甚是重视，房陵各乡及郧阳、庸国、卢国、河南、陕西等地吉姓、尹姓来了不少人赶庙会。

这次尹姓宗庙宝堂寺庙会隆重热闹，其主要特色是"神圣祭祀""吉甫诵祖，神圣茶茅""尽兴斗茶""谁谓茶苦，兴致品茶""竞猜茶诗""抢答竞猜，诗意解茶""茶艺盛宴""茶艺神通，尽尝饮品"以及民歌表演、唱戏等，庙会活动集"爱国敬祖"、弘扬《诗》学、"茶艺品尝"、"唱戏"于一体，高尚典雅，令人大开眼界，民众无不称赞。

"供茶垫茅，神圣祭祀"。庙会隆重神圣，祭天、祭地，祭祖，石殿神龛正中有几具香炉，点燃艾香；石殿供案上放着几排用葛麻编织并用树漆油漆得发亮的工艺藤碗，装满粟谷、小麦、麻实、黑黍米、稻米等粮食作物，果类则是干枣、栗子、核桃、干梅、杏干等。

石殿供物案面上铺有一层白茅，古时民俗以"茅"作为人与神灵沟通的媒介，相传通过"茅"能够得到神灵的福佑，从中能反映出"茅"的吉祥意象，祭祀时将白茅垫在祭品下面，神灵就不会怪罪了；白茅因此作为避祸、祛邪、禳灾、吉祥的象征，所以祭品必须用白茅作为垫衬（藉），才表示庄重恭敬。凡祭祀都要献酒，就是把酒淋到白茅草上面，酒渗过茅草叶，然后洒落到地上或者神坛上，经过白茅的过滤，就当是神灵和祖先喝过酒了。

茶更是祭祀时的必备之物，古人认为茶是仙山云雾甘露灵芽，圣洁珍品，可以祛秽除恶，能净化人与神和先祖的神祐关系，带给自己福寿康宁。同时古人认为茶是圣物，为先祖所喜好，故用茶来祭神灵和先祖。祭祀时将上好的茶叶献于神像前，请神享受茶之芳香，再由主祭人庄重地调茶，包括提用茶壶、沸水沏茶等，以示敬意。祭祀结束后，再将茶水洒于大地，以告慰神灵，祈求平安喜乐。对祭祀后的干品茶叶，作为珍贵供品，以小袋分发给参祭人员带给亲友分享。

祭祀时恭敬地点燃一炉三支香，用竹编小箩装上供品茶，作揖祈祷，求祖宗、先人保佑宗亲后裔及全家康泰幸福。

祭祀最为重要的事项就是颂诗尊神敬祖。这里要说的是，“颂”诗的“颂”，就是《诗》，《诗》分“风雅颂”，《风》出自各地的民歌;《雅》分《大雅》《小雅》，多为贵族祭祀之诗歌，祈丰年、颂祖德;《颂》是宗庙祭祀的诗歌，是宗庙祭祀之乐，其中有一部分是舞曲。尹吉甫为太师，每逢朝廷重大祭祀活动，由太师唱颂，《诗》中称“吉甫作诵，穆如清风”，也就是说尹吉甫唱颂祭祀诗文，柔和美妙得像一股清风。

这次尹姓宝堂寺祭祀诗文，由尹吉甫亲自祭祀吟唱诗文，他神态自然，动作协调，吟唱的诗文韵味柔美，悠扬动听，引人入胜，一展宗庙乐歌雅韵清风。

（五）“谁谓荼苦，其甘如荠”的故事

《诗》古为国学，西周时周天子直接封国、名义封国计有四百个，再加上服从周天子而前来首都上贡的八百个诸侯国（称作“服国”），共计有一千二百余个诸侯国。《诗》三百篇是各国贵族们的必修科目，不懂得诗就无法参加朝堂盟会那种大事。周朝有采诗献诗制度，太师为乐官之长，掌教诗乐等，尹吉甫非常重视《诗》学，借宝堂寺庙会开展《诗》学活动，《诗》中有七首诗最早记载“荼”，于是开展“抢答竞猜，诗意解荼”的活动，很有特色。

第一道猜答题：《诗经·谷风》载：“谁谓荼苦，其甘如荠。”

茶是苦的还是甘（甜）的？

这时有的抢答说："荼，是苦菜。"有的说："荼，是苦荬菜。"有的说："荼，是苦丁菜。"有的说："荼，是蒲公英。"有的说："荼，是刺芥芽。"有的说："荼，是野苦马。"……说"荼"是苦菜就多达20多种。也有的说："荼，是荠菜，是甜的。"有的说："荼，是草本植物，是野菜。"有的说："荼，是草本植物，是野菜。"有的说："荼，是树木，不是野菜。"有的说："枣、拐枣、连翘等灌木没木旁，难道说成草本？而小麦的'麦'字无草字头，难道不是草本植物吗？"争来抢去，抢答得非常热烈。

太师尹吉甫高兴地解答说："大家抢答的热情很高，《诗》学精神可贵。苦菜包含面广阔，像连翘叶做的'神仙豆腐'、椿芽、榆树花、茶树叶都叫'野菜'，而地里、房前屋后、路边长的苦荬菜、蒲公英、刺芥芽等也叫'野菜'。至于'荼'，是草本植物野菜，还是树木？"尹吉甫手指着宝堂寺右前方山上的几棵绿油油的大树说："那就是茶树，大家一看，一目了然。"

"谁谓荼苦，其甘如荠"如何回答？太师尹吉甫就叫人在答案桌上放了一个大茶壶（房陵民间称煮茶叶水的壶叫茶壶）、五个装茶水的茶盆，十多个饮茶水的小茶杯；端来五种茶品，有带梗的茶叶，有鲜茶叶，有茶糕，有茶"糊涂"，有精制茶芽。

这是要表演什么呢？只见太师尹吉甫用茶勺铲了三勺带梗的茶叶放入茶壶，用烧开的水冲进茶壶，即沏茶，过一会儿后，将茶壶的茶水，倒入第一个茶盆里，俗称头道茶水，汤色浓暗土黄；接着再向茶壶中倒入沸水，浸泡一会后，将茶壶中的茶水，倒入第二个茶盆里，俗称二道茶水，汤色橙黄；接着再向茶壶中倒入沸水，浸泡一会后，将茶壶的茶水倒入第三个茶盆里，俗称三道茶水，汤色呈黄绿色；接着再向茶壶中倒入沸水，浸泡一会后，将茶壶的茶水倒入第四个茶盆里，俗称四道茶水，汤色呈浅黄淡绿色；接着再向茶壶中倒入沸水，浸泡一会后，将茶壶的茶水倒入第五个茶盆里，俗称五道茶水，汤色呈浅绿色。

接着，他请大家依次品尝。众评茶饮普遍认为，头道茶水，闻有一股青草味，味道苦涩，说茶是苦茶；二道茶水，闻带清香，味道略苦，但口感甘醇；三道茶水，闻着清香扑鼻，其甘如荠；四道茶水，闻着清香，味道甘爽；五道茶水，清淡如白开水。

接着人们品尝了沸水沏泡的鲜茶叶，品尝茶糕、茶“糊涂”、沏泡的精制茶芽，连连称赞茶叶饮品和茶叶食品，尤其是通过沸水沏茶品茶，清楚地说明了《诗》曰“谁谓荼苦，其甘如荠”的含义。

（六）“有女如荼，美如茶花”的故事

第二道猜答题：《诗经·郑风·出其东门》载：“出其闉阇，有女如荼。”荼指的是什么样的纯洁美丽之花？是白茅花？还是茶树花呢？

这时一位苦读《诗》书，但没见过世面的后生说：“老师教我们，我能熟背‘出其闉阇，有女如荼……’诗意是漫步到城东门外，美女像茅花一样多如云……‘荼’，就是比喻女子像轻飘如云的白茅花。”

当地一位后生否定了前面一位后生，他说：“荼，不是白茅，我们这里河沟山坡上长的白茅草很多，但白茅花很脆，冬天干枯，风一吹就断，没什么好看的。我们这山里茶树很多，茶树是个宝，茶树叶能做茶粟‘糊涂’，可好吃呢。我认为‘有女如荼’的‘荼’，是比喻女子像茶树一样四季常青，受人夸赞。”

一位大胆泼辣名叫茶妹子的女子说：“茶树的花每年腊月打花苞（吐蕾），傲冰寒，正月就开花，满树白花，一朵朵纯白耀眼，花期长，茶花香，纯洁美丽，惹人喜爱，怎能说女子长得像茶树呢，‘有女如荼’，就是比喻女子像纯洁美丽的茶花。”

这时，一个肩扛弓箭的小伙子，双手举起一只白茅捆着的被箭射死的獐子说，白茅是山里人捆东西用的茅草。接着他介绍说房陵民间中“诱”是打别人主意，引诱、诱惑、招惹别人的意思。房陵自古以来有用白茅包猎物去求婚的习俗，即在打猎时用白茅草或者其他类似绳子一样的植物捆绑猎物是一种习俗。如果几个人一起打猎，猎物被打死后，吹哞筒说明已打到猎物，分点狩猎的同伴会赶来，有的虽然没有直接猎到野兽，但是按照约定俗成的规矩，几个人都有资格参与“分账”，每个人分得猎物的一部分。但同去的猎人中若有人用白茅将打死的野兽（如獐子、鹿或麂子等）捆绑起来，就意味着这个猎人要用一只完整的猎物去相亲用，同去的猎人会理解支持去相亲的猎人，也就不再参与“分账”了。他说：“这只獐子就是今早我们几个人一同赶仗（狩猎）得到的猎物，大伙都支持我用猎物相亲，所以我用白茅草把猎物捆起来，我也是利用庙会，与订亲的女子会面。所以白茅是山里人捆东西的、很普通的茅草，怎么能用来比喻纯洁美丽的女子呢？”

还是荼树花？太师尹吉甫越听越高兴地。“有女如荼”，荼是白茅？《诗·豳风·七月》中“昼尔于茅，宵尔索绹”。诗意是白天去割茅草，晚上（用白茅草）搓绳子。《诗·小雅·白华》中有“白华菅兮，白茅束兮”“英英白云，露彼菅茅”。诗意是开白花的菅草呀，用白茅把它捆成束呀。天上飘着朵朵白云，甘露普降润泽菅和白茅。《诗·召南·野有死麕》中“野有死麕，白茅包之……”诗意是山野里有一只猎死的鹿，青年猎人用白茅草将打死的鹿包起来，送给纯洁美貌的年轻女子。总而言之，《诗》中有“白茅”，也有“荼”，“荼”非白茅，《诗》中的“荼”与“白茅”是两种不同的植物。《诗》中“白茅包之”“白茅束兮”“昼尔于茅，宵尔索绹”，白茅都是用来捆绑东西的，没有用来比喻纯洁美丽的女子。荼花，冬腊正月傲霜竞开，让人无不喜爱，古代许多人赋诗赞美荼花，洁白荼花胜茅穗，“有女如荼”中“荼”字是比喻女子纯洁美貌。

接着大家热烈地猜答了以下五题：

第三道猜答题：《诗·豳风·七月》：“采荼薪樗，食我农夫。”“荼”是炒制的吗？鲜荼叶能凉拌着吃吗？大家抢答后明白：采荼，即为采荼叶。薪樗，即砍樗树当柴烧。这句的意思是采荼叶烧柴炒荼，给我们农人吃。当地也有的人家将采的鲜荼叶，用柴把锅里的水烧开后，把鲜荼叶放入锅中掸一道水，也就是用开水轻煮一下，焯一道水后，将荼叶从锅里捞起来，凉拌鲜荼叶当菜吃，还可待客，可口味美。

第四道猜答题：《诗经·豳风·鸱鸮》：“予手拮据，予所捋荼。”这句诗引申之意是什么？众人抢答后明白：拮据是“撠挶”的假借，即过度用力而手指不能屈伸；“予所捋荼”，捋，就是用手从这一头向另一头抹取荼叶。诗意引为操作劳苦而经济窘迫。

第五道猜答题：《诗经·大雅·绵》：“周原膴膴，堇荼如饴。”这句诗中“堇荼”指的是什么？经热烈抢答后明白：诗句意为周原岐山这个地方土地肥美，连地里的堇菜（水芹菜）荼菜，也都像饴糖一样甘甜，这是一种夸赞的说法。

第六道猜答题：《诗经·大雅·桑柔》：“民之贪乱，宁为荼毒。”“荼”能去毒？还是“毒”物？经抢答辩解后明白：“荼毒”是借“荼”能清火去毒而反比成了“荼毒”，实际上“荼”并非“毒”物。此诗句是比喻残忍之人贪婪昏乱，以“荼毒”残忍地使人遭受痛苦灾难。

第七道猜答题：《诗经·周颂·良耜》载：“其镈斯赵，以薅荼蓼……荼蓼朽止，黍稷茂止。”“荼”“蓼”是树还是草？经农夫抢答用垦荒种地的经验答辩后明白：农夫用农具镈扒地、除掉开垦土地中的荼树和水草蓼子。铲掉的荼蓼都沤烂成了绿肥，农作物黍稷生长得茂盛喜人。

赶庙会的人越听越高兴，这七个猜答题出得好，众人也积极参与，越辩越明，对《诗》学普及大有益处，大有必要。

五、汉代名医费长房修道房陵与茶的故事

相传自东汉始，秦巴汉水、神农架武当区域的一些药店，坐堂郎中门前要挂一个葫芦，郎中出门行医腰间也要系个（药）葫芦，尤其老中医习惯于带一龙头拐杖，龙头上系一个药葫芦。药店门前或郎中出门行医为什么要悬葫芦呢？葫芦里装的究竟是什么，是茶还是酒，或是什么药？为什么“悬壶济世”成为医务人员救死扶伤、全心为民治病的赞美，许多人尚不明白。

要知何因，这得从汉代名医费长房在房陵九室山下军店街市，奇遇白发药翁“悬壶济世”的传说故事说起。

要听故事，请先听一首《悬壶歌》，也就是茶葫芦、药葫芦、宝葫芦歌。

（一）悬壶歌

药葫芦，宝葫芦，龙头拐杖悬葫芦；
僧葫芦，道葫芦，老翁钻进神葫芦；
费长房，跟着钻，果见葫芦金殿般；
蛇缠身，猛虎啸，严考之后传医方；

酒葫芦，茶葫芦，原是远古茶葫芦；
神农氏，尝百草，中毒茶解救苍生；

古称荼，唐为茶，清心明目能去毒；
善行医，德高尚，悬壶济世为民众。

茶葫芦是什么？“荼”就是“茶”。“茶（荼）之为药，发乎神农。”我国第一部诗歌总集《诗经》，最早以诗文记载了“荼”（茶）。由此，茶葫芦可谓药葫芦。越传越奇，药葫芦传成宝葫芦，再传成“仙葫芦”。

（二）费长房奇遇悬壶白发老翁

传说远古时神农氏为给黎民百姓治病，曾攀越林海茫茫的房陵南山（神农架）尝百草，研制灵丹妙药救苍生，民间代代传颂着白发老翁神农尝百草的神奇故事。

这里要说的是，东汉时河南汝州有个叫费长房的人，从古籍上了解到鄂西北房陵是神农尝百草的宝地，房陵亦是黄帝之孙颛顼后裔迁徙之地，也是尧子丹朱择居的物华天宝之地，尤其是费姓起源，相传颛顼是黄帝孙，有裔孙伯益，伯益协助大禹治水有功，受封于大费，大费有子二人，其中次子名若木，因不得继承爵位而成为平民，遂以父名为姓氏，以标明自己的血统所出，其后代相承费姓。如夏桀时去夏归商的费昌，就是他的后裔。费长房是个有识之人，寻根问祖不远千里来到房陵。

房陵，群峰叠翠，山清水秀，山城盆地，物华天宝，人杰地灵，神奇魅丽，是个天然适合人居的好地方。费长房有幸在县城东关费家大院拜见了费家长老费百川，费百川不仅赞许费长房不辞劳苦千里寻根问祖的精神，而且鼓励资助费长房安居房陵。费长房经乡绅介绍，在县城西乡 30 余里的房山下军马铺集贸闹市当了市场管理员，人称市掾。

军马铺古时曾为屯兵之地，亦是西通川陕，北往豫楚的要道，形成五里长的军店街市。每日早市，十分繁荣，卖土特产的，买粮卖布的，行医卖药的，制革打铁的，人来人往，川流不息，费长房热心管理市场，深受百姓赞誉。

一日早市，费长房看见一位白发老翁，拄着一根悬挂着一个药葫芦的龙头拐杖，腰里还系着一串药葫芦，走到房山显圣殿旁的一个集市摊位卖药，费长房没有在意。傍晚时，费长房在显圣殿旁的“常来聚”酒楼喝酒时，无意中看见卖药的白发老翁，拄着拐杖走到显圣殿南侧一棵大茶树下，忽然间白发老翁化作一缕青烟钻入拐杖上挂的药葫芦里。费长房以为自己眼花看错了，感觉奇异，决心要看清楚。

第二天，费长房起早在集贸街市留心观察，等了一会，忽然从显圣殿上空飘下来一只葫芦，只见葫芦里冒出一股青烟，化成一个老翁向集市走去。费长房看那老翁走到一个木板摊桌后的石头凳上坐下，将拐杖上悬挂的药葫芦取下，在拐杖龙头上挂出一块招牌“赠医施药，不收一文钱”。费长房细心观察，看到三三两两的人前来看病，有些前几日吃了老翁药丸的人，纷纷感激地说：“吃了药丸，疾病就好了。”并带来米面山珍，特表感谢。白发老翁均谢绝。傍晚散市，老翁收拾行囊回到显圣殿门前大茶树后，正准备跳入葫芦里，费长房快步上前跪地向老翁问好。老翁回过头来说道：“跟到这里来了，小伙子眼力不错啊！”费长房忙行礼：“晚生凭您缩身从药葫芦里钻进腾出感觉您老一定是神仙再世！拜请您能否收徒指点迷津？”老翁和蔼可亲地说：“你真有眼光，但今天我有点乏了，明日你再来吧，咱们相聚评茶（茶）饮酒畅谈。”

次日，费长房天刚亮就赶到显圣殿大茶树下，神雾初露，只听得茶树叶随风飘动飒飒作响，一个药葫芦悬在费长房面前，跳出来一老翁，老翁一把拉住费长房钻进葫芦里。费长房睁眼一看，葫芦里很宽广，别有洞天，有百草园，满是奇花异草；有医药堂，满是药柜；还有茶葫芦大棚，景观奇特，一棵三人合抱的大茶树，结满了大大小小闪闪发光的茶葫芦，茶树下有个小水潭，围了几个石头凳子，还有一只活蹦乱跳似狮又似狗的动物。这是什么动物呢，大茶树下为什么养只动物，这又是怎么回事呢？

白发老翁告诉费长房，当年他进房陵南山采药，嘴尝百草药，一次不幸中毒，又忽然下起暴雨，好不容易奔到一棵大茶树下，就昏迷了。幸亏茶树叶落到茶树下的水潭里，老翁喝了茶叶水得救了，以后老翁采药就带着这只能识药性的獐狮尝药，就是药不过獐狮不灵……费长房一听，猛然想到民间传说中的“神农尝百草，日遇七十二毒，得荼解之”的故事，顿时更加肃然起敬，情不自禁地脱口而出：“您就是神农老祖啊！”费长房连忙跪下，祈求白发老翁收他为徒学医修道成仙。

白发老翁说：“我俩真是有缘，不过收徒行医修道，不是件容易的事，很苦，很难，说不定还有生命危险，难道你不怕吗？何况你还需要割舍对家人的牵挂，这些你能做到吗？”费长房说：“什么苦我都能受，我也不怕死，只是担心家里的亲人会难过。”

白发老翁说：“你要是诚心拜师学医，就要下定决心割舍对家人的牵挂，由你选择。”费长房说：“我决心拜师学医，只是倘若能想个好办法叫家里亲人不再牵挂就好，以免家人忧虑寻找。”白发老翁说：“这好办！”说着，老翁手指一点，飘来一根紫色龙头竹竿，两人便一同乘白云飞到汝南费长房老家后院。白发老翁将竹竿照着费长房的身高截好，用绳子将竹竿悬挂在后院的一棵大梨树枝上。这时，白发老翁和费长房隐身在旁边观看，费长房全家人却看不见他们。清晨，费长房家人提着篮子来摘梨子，只见大梨树枝上好像站了一个人在摘梨子，没等看清，只听咔嚓一声，树枝断了，梨树上的人也随着断枝落地而摔死了。家里人一看是费长房，费家老少万分悲痛，将其殡殓。随后，白发老翁带着费长房到房陵房山修炼。

（三）历经磨难经受考验

且说白发老翁和费长房回到房陵房山后，第二天站在房山显圣殿观景台，向南遥望远山，万山叠嶂，沟壑纵横，林海苍茫，云飘雾荡，相传远古神农氏曾到房陵南山攀悬岩，走峭壁，驱虎豹，斩蟒蛇，尝百草，睡岩洞，寻草药，救黎民。房山充满神奇的传说，有识之士无不向往。

次日，白发老翁带着费长房，追寻神农尝百草、识百药之路，艰苦磨炼费长房。费长房披荆斩棘，穿越老虎岭，遇群虎咆哮，老虎咧嘴张牙，欲噬费长房，费长房虎口拔牙，打虎过岭。接着他来到高峡茅湖淌，该地俗称蟒蛇湖，只见湖边有个木筏，费长房刚跳进木筏，木筏里的乱草下却是蟒蛇窝，蟒蛇一动，竹筏左晃右摆，惊动群蛇，蛇缠费长房，费长房刀斩群蛇，撑着竹竿猛跳，跨过茅湖淌。随后他登上百草坡，挥汗采药。晚上住在大岩屋，不幸岩屋洞口坍塌，费长房好不容易从石缝挤出来。回去途中遇一小孩掉进大粪池，费长房奋不顾身跳进大粪池将小孩救上来。一路上费长房随老翁学得方术，悬壶济世，倾心治病救人……白发老翁看在眼里，暗自称赞费长房："经得起考验，这学徒可教也！"从南山采药回到城西房山后，白发老翁带费长房住进了显圣殿旁的一个石屋内，将龙头拐杖、茶葫芦和一卷竹简"秘经"交给费长房，留恋不舍地说："我是仙人，因为民间缺医，为救黎民百姓，为积功德下到人间，现功行已满，且有了你这位学徒，我可放心回去了。"费长房一听，连忙跪下磕头说："仙翁乃神农老祖，学徒一定铭记，悬壶济世！"随后仙翁乘着一片青云飘走了。

（四）茶葫芦"秘经"

仙翁走后，费长房打开竹简"秘经"，上面刻着很多"灵丹妙药"。

茶葫芦里面装的是什么呢？费长房原以为装的是酒，但“秘经”上说里面装的是荼（茶）饮，而且一串茶葫芦，有的里面装的是茶膏，有的装的是干茶叶末，有的装的是绿色的茶水，有的装的是橙色的茶水，有的装的是土红色的茶水，各有妙功。再看“秘经”上记载茶的功效很多，茶可提神，清心明目，祛风解表，清热解毒，生津止渴，清肺去痰，利尿通便，消食去腻，养生益寿等。茶可分别与蜂蜜、当归、何首乌、天麻、沙参、石斛、玉竹等配方，各有药用功效。竹简“秘经”上还刻了许多治病的医术，费长房刻苦钻研，悬壶济世行医为民，并修道饮茶养生，终成仙道。

讲述费长房“悬壶济世”及茶葫芦、药葫芦的故事，有的人可能不太理解，既然相关史籍记载有费长房其人，那么为何却又没有找到费长房的生卒及年岁呢？岂不也成一谜？这得从费长房出家修道说起，那就是道人忌讳“道不言寿”。就像平常游人初进道观，见到鹤发老道长，带有敬意地问：“老道长，您今年高寿？”然而老道长却避而不答，只是点头微笑。修道之士，忌讳人们询问其年龄，这便是“道不言寿”。“道”者为什么“不言寿”呢？这是因为道教的思想基石是悦生恶死，追求长生成仙，所以“道不言寿”。

（五）史籍记载费长房

对于费长房悬壶济世的故事，北魏郦道元《水经注》载：“昔费长房为市吏，见王壶公，悬壶郡市，长房从之……”

南北朝时期著名史学家范晔编撰的《后汉书·方术传·费长房》记载有“悬壶济世”的由来。

北宋太平兴国二年（977 年）三月，宋太宗亲自下令编纂《太平广记》，次年八月成书。《太平广记》卷第十二“壶公符”载：“时汝南有费长房者，为市掾，忽见公从远方来，入市卖药……”

南宋文史地理学家王象之名著《舆地纪胜》载，东汉费长房从壶公学仙，辞归时，壶公给他一支竹杖，说："骑着它即可到家。"费长房到家后把杖投入葛陂，竹杖立化为青龙。

清同治版《房县志·卷二·山川》载，房山，城西三十里。四面石室如房，县以名焉。山高险幽远，周围石壁嶙峋，顶有崇觃庙，又云房山庙，相传唐时建。祀本州岛人，或曰祀费仙也。内有费长房仙室，旁有炼丹台。

清同治版《房县志·卷十二·杂技》记载，《后汉书》载："费长房者，汝南人。曾为市掾，市中有老翁卖药，悬一壶于肆头，及市罢，辄跳入壶中，市人莫之见。唯长房于楼上睹之，异焉。因往再拜，奉酒脯……欲求道，而顾家人为忧。翁乃断一青竹，度与长房身齐，使悬之舍。家人见之，即长房形也，以为缢死，大小惊号……入深山，践荆棘于群虎之中，留使独处，长房不恐。又卧于空室，以朽索悬万斤石于心上，众蛇竞来啮索，且断，长房亦不移……"

据《明一统志》载，房县西长望川上化龙堰，即投杖化龙处也。房山庙即祀长房。

据《湖北省志》载，费长房，汝南人。房县西长望川上化龙堰，即投杖化龙处也。房山庙即祀长房。

清《四库全书》等亦对费长房有记载。

当代文化专家、学者袁正洪2016年编著的《房陵文化研究文论集》《神农武当医药歌谣》，对费长房不仅有文字记载，书中还载有费长房的图片。而且还有医药歌谣："神农医药代代传，房陵名医何其多；悬壶济世费长房，化龙投杖有传说。""东汉名医费长房，千里房陵采药忙，房山庙里开药房，悬壶济世保健康。"

六、诸葛亮与武当道茶的故事

仙山武当，林海茫茫，飞云荡雾，是我国享有盛名的道教圣地，是中华武术的发祥地，也是中国茶树、中华道茶文化的重要发祥地，具有神奇的魅力。自古有许多名士慕名拜师修道于武当山，留下许多故事。这里讲述的是三国名人诸葛亮学道于武当山，与道茶结缘及传承茶文化的故事。

（一）诸葛亮学道武当山

三国时蜀汉丞相诸葛亮，出生于琅琊阳都县（今山东沂南县），其父诸葛珪汉末为兖州泰山郡丞，诸葛亮母早亡，诸葛珪的长子诸葛瑾 15 岁、次子诸葛亮 8 岁时，诸葛珪去世，诸葛瑾在家赡养继母，诸葛亮和年幼的弟弟诸葛均、两个未出嫁的姐姐由叔父诸葛玄抚养。诸葛玄曾为豫章太守，后来汉朝廷派朱皓取代了诸葛玄豫章太守的职务，诸葛玄就带着诸葛亮姐弟到襄阳投靠旧友、荆州牧刘表。诸葛亮 15 岁时诸葛玄病逝，诸葛亮姐弟失去了生活依靠，便移居隆中（今襄阳西 20 里），靠耕田种地维持生计。建安四年（199 年），19 岁的诸葛亮边躬耕田地，边博览诸子百家，他虚心好学，到处寻访名师，拜师襄城东门外庞德公，还拜师南漳古文经学家水镜先生司马徽。

那么诸葛亮是如何与武当山结缘的呢？ 30 多年前，笔者一位酷爱古籍字画收藏的好友郑经武先生，知道笔者爱研究历史文化，就将收藏的一本古本《诸葛亮传》送给笔者阅读，在该书第 165 页《诸葛亮传》故事卷二遗事篇中，竟记载有关诸葛亮学道武当山之事，笔者兴奋不已。

据古本《诸葛亮传》记载：“司马徽谓亮曰：‘以君才，当访明师，益加学问。按南灵山邓公久熟谙韬略，余尝过而请教，如蠡测海，盍往求之！’引亮至山，拜之为师。居期年，不教，奉事惟谨。夕乂知其虔，始由三才秘录、兵法陈图、孤虚相旺诸书，令揣摩研究。百日，久略审所学皆能致其奥妙，谓曰：‘方今天运五龙，非有神力者不能济弱于斯时也。’‘南郡武当山上有七十二峰，三十六岩，二十四涧，峰最高者曰天柱、紫霄，二峰间有异人曰北极教主，有琅书、金简、玉册、灵符，皆六甲秘文，五行道法，吾子仅习兵陈，不喻神通，终为左道所困。’遂引至武当拜见，惟令担柴汲水，采黄精度日……居既久，方授以道术，遗下山行世。至灵山，邓公已北回复命，后寻教主亦不在，峰顶风雷声轰轰，如千万人语，始悟神人指点，自负不凡。司马徽见之改客曰：‘真第一流也’。”

（二）诸葛亮与武当道茶结缘

诸葛亮所在的襄阳古隆中与武当山相邻，世传自古有尹喜、尹轨、戴孟、马明生、阴长生等许多名人修道于武当山。诸葛亮从襄阳隆中行两百多里来到武当山拜师学道，不仅古本《诸葛亮传》有记载：“遂引至武当拜见，惟令担柴汲水，采黄精度日……居既久，方授以道术。”而且武当老道人和武当山区民间也有许多诸葛亮学道以及与武当道茶结缘的故事。

传说诸葛亮来到武当山，三年学徒。第一年是艰苦磨炼，砍柴挑水，修习自然之道。因武当山被称为仙山，道人信仰生态自然，砍柴不准砍正在生长的活树，只能砍自然干枯的树枝，砍干柴路程相对要远些，有些干柴需要爬上树才能采集。挑水不能挑不流动的池子里的“死水”，而要到溪涧挑流动洁净的活水。砍柴挑水，肩磨破，手起茧，诸葛亮从没有怨言，而是柴成堆，水满缸，每日从树木生长变化和流水涟漪的平凡中修身养性。

第二年是采茶制茶，沏茶品茶悟道。武当山万峰叠嶂，沟壑纵横，诸葛亮自己寻武当山七十二峰、三十六岩深谷茶，探二十四涧、十一洞、三潭、九泉、十池、九井水，采茶、识水、制茶、沏茶、品茶、悟道。武当十道九医，问道医识茶药用有清心明目、健胃消食、清火解毒等功效；学武当武术打坐练功，饮茶提神去眠，在养生修性中感悟茶的健身功用；他还学会了种茶兴园，茶枝扦插育茶技法。诸葛亮每天要翻山越岭，攀悬崖下深谷采野茶，晚上要跟师兄一起炒茶制茶，有时还要采挖黄精等药材，虽然很辛苦，但诸葛亮却受益很大，从采茶、识水、制茶、沏茶中，悟出了茶中有道、道法自然的学识和能力。

第三年演绎太极八卦、学习诵经、学习棋艺布局。诸葛亮自上武当山拜师学道的第一年起，每日要参加早课晚课（诵经），然后从事日常的砍柴担水采茶制茶沏茶品茶。拜师学道第三年他已饱读经书《道德经》《庄子》《文始经》《易经》等，还从旁观看师傅下棋，只看不说，半年后才与师傅下棋。最初的棋是简易的成山棋、由太和茶籽与银杏白果籽当棋子的围棋、解析《太极八卦图》等。直到学师三年时间将至，诸葛亮心里期盼着师傅赐传秘经。

一日师傅对诸葛亮说："道可道，非常道；名可名，非常名。非有道不可言，不可言即道，非有道不可思，不可思即道。"说着师傅拿出一个八卦布袋和一把武当剑送给诸葛亮。诸葛亮打开八卦布袋，里面是一套道装，有道帽、道服、道鞋，师傅还将自己手中常用不离身的一把鹅毛羽扇送给了诸葛亮，并对他说他学道已成，回隆中卧龙有贵人等他。诸葛亮按武当道之礼节跪拜师傅，依依不舍地离开武当山。

诸葛亮回到卧龙岗，刘备带着关羽、张飞三顾茅庐，诚请诸葛亮出山辅佐。诸葛亮遵照离开武当山时师傅的赐教和在襄阳的父老友人的诚劝欣然应诺辅佐刘备。此后，诸葛亮总是身着道装，手拿鹅毛羽扇，特别是在"七星坛祭东风"时，诸葛亮身穿道袍，手执七星宝剑，道童站立两旁，向上天划符念咒，"上知天文，下晓地理"，统帅三军，指挥千军万马……一次次神机妙算，一次次胜仗中，好一派仙风道骨风范。这种形象的形成有其客观依据，源于诸葛亮学道于武当山的经历。

（三）传承茶道，民俗敬茶神诸葛亮

公元223年，蜀汉先主刘备因伐吴失败忧愤而终，刘备临终前向诸葛亮托孤，让其辅佐刘禅执政。在刘备新丧，国力虚弱的情况下，西南少数民族地区的头领孟获等人借机反叛。在蜀汉存亡危急之时，诸葛亮决定率领大军西征。在诸葛亮率军南征到云南时，将士们遇到大山中的瘴气中毒染病，形势严重。这时，诸葛亮急得浑身冒汗，不停地摇着鹅毛羽扇，看看羽扇，诸葛亮想起师傅，想起武当学道采茶扦插茶枝，顿时悟出以茶祛病的方法，并在山林中寻找到野生茶树，采摘茶叶煮水，将士们饮茶叶水后，瘴毒解除，士气大振。当时还流传，由于南征地区的瘴气疫毒非常严重，许多士兵染上瘟疫，诸葛亮在万分焦急中，将手中的茶木手杖插在山上，几天后茶木手杖发出嫩芽，长出枝叶，诸葛亮就命人采摘茶叶煮水叫士兵们喝，随后士兵们消灾祛疾，于是士兵们把诸葛亮传说成“茶神”。诸葛亮还了解到大山中的瘴气之毒，也是一种令当地人头痛的病，诸葛亮又教当地百姓认识野生茶树，采茶叶煮饮茶水治病，百姓非常感激。

饮茶去毒，将士疾病全好，精神振奋，从而一鼓作气征服了西南部的“夷蛮之地”。诸葛亮率军七擒孟获，平定西南地区后，为了安抚这些地区的少数民族，诸葛亮派人从襄郧武当和汉中运来稻谷和优质茶树苗，诸葛亮亲自向西南少数民族百姓传授如何耕种农作物和栽种茶树、兴建管理茶园，茶叶采摘、炒制技术，百姓还懂得了茶叶除湿排毒、降火驱寒、养肝明目、健脾温胃等治疗疾病的作用。尤其是诸葛亮教百姓用茶树枝扦插繁殖，茶树发芽快，成活率高，民众备感

神奇，也称赞诸葛亮是“茶神”。

诸葛亮率领大军西征胜利和帮助西南发展经济，安抚好少数民族后，为了团结周围各族共同对付曹魏大军，诸葛亮在勉县去略阳的一座山上设坊煮茶，经常邀请羌氏族首领上山品茶议事，谈茶论道，借谈茶性，谋求合作之道。羌氏族首领在品茶中享受到人生之乐，他佩服诸葛亮的人品与才干，于是两人同心合作，首领亲自率领十万大军归蜀汉。为了庆祝合作的成功，诸葛亮赐山名为“煎茶岭”。

诸葛亮率军西征和安抚云贵少数民族，还在当地大山中播下大量茶籽，种茶成林，并把烹茶技艺、饮茶养生健身的方法传授给当地人，当地人称诸葛亮是西南少数民族的“茶祖”，把诸葛亮教民兴茶山建的茶园，称为“孔明山”“孔明园”“孔明茶”。有的还以诸葛亮的雅号“卧龙”命名为“卧龙茶”。

诸葛亮传承茶道，史籍方志也有不少记载。我国现存最早地方志书《华阳国志》记载：“建兴三年春，亮南征……夏五月，亮渡泸进征益州，生虏孟获……秋，遂平四郡。”清乾隆元年（1736）《云南通志·古迹》记载：“莽芝有茶王树较五山茶树独大，相传为武侯遗种，今夷民犹祀之。”清朝道光《普洱府志》记载，蜀相孔明“平定南中，倡兴茶事”。《普洱府志·古迹》中记载：“六茶山遗器具在城南境，旧传武侯遍历六山，留铜锣于攸乐，置铜鉧于莽枝，埋铁砖于蛮砖，遗木梆于倚邦，埋马蹬于革登，置撒袋于慢撒，因以名其山。莽枝、革登有茶王树较五山茶树独大，本武侯遗种，今夷民犹祀之。”

清人阮福（1801—1875）在《普洱茶记》中描绘道：“其冶革登山有茶王树，较众茶树高大，相传为武侯遗种，土人当采茶时，先具酒醴礼祭于此。”

在云南茶农心中，茶是圣物，在云南普洱市和西双版纳傣族自治州等地区，每年都有祀祭“孔明树”的隆重仪式，民众烧香磕头，顶礼膜拜茶树王，把茶树王视为孔明先生的化身敬仰。在云南勐海县的贺开山寨，每年在春季采茶时节到来之时，山寨民众都会集中到一起，隆重举行祭祀“茶祖”诸葛亮的仪式。澜沧江流域的哈尼族、基诺族、壮族、佤族等民族群众在普洱茶开采和茶叶销售盛会时举行纪念“茶神”诸葛亮的活动，祈祷新的一年茶叶能够丰收。每年在诸葛亮诞生日的农历七月二十三日这一天，民众都会举行“茶祖会”来祭拜诸葛亮，放“孔明灯”，纪念孔明带来茶种，带来健康，祝愿茶园年年丰收、人民安康幸福。

第十七章　新闻篇

一、通讯：仙山武当道茶香

仙山武当出名茶，道茶飘香溢四海。

谷雨时节，驱车鄂西北，慕名寻访久负盛名的武当山道茶。欣喜与武当山道教协会会长李光富、道医王太科道长和八仙观茶叶总场场长、茶叶生产高级技师王福国等一道畅谈武当道茶，深深被源远流长、融武当文化、武当武术文化、武当茶文化于一体的武当道茶文化所陶醉。

据《武当山志》载，武当山，亦名仙室山、太和山，方圆八百华里，风景旖旎，群峰耸峙，飞云荡雾，气势磅礴，古木参天，泉水潺潺，气候宜人，是道教圣地，亦是旅游胜地，其道教历史文化悠久，源远流长。明代称之为“皇室家庙”，御封“大岳”，称其为“四大名山皆拱揖，五方仙岳共朝宗”的“天下仙山”。1982 年被国务院公布为首批风景名胜区，文件中高度称赞武当山为“仙山琼阁”“犹如我国古建筑成就的展览”。1994 年，武当山被联合国教科文组织批准列入世界文化遗产名录。

武当道茶，以其仙室山武当独特的地理环境、气候等自然条件，吸引古代道人隐居。古代道人以神农尝百草的精神选植茶树，以太上老君炼丹般的独特工艺制茶，潜心研究道茶养生之术，形成久负盛名的武当道茶。

武当道茶，又因其武当太和山，亦名太和茶。道人饮此茶，心旷神怡，清心明目，心境平和。人生至境，平和至极，谓之太和，由此，成为名茶和贡品。

道茶出自道人，道人传承茶道，道茶与道人何以相缘？这得从道茶蕴藏多种药用价值和道人注重养生修性谈起。

唐代陆羽《茶经》中说，茶之为用，味至寒，为饮宜精行俭德之人，若热渴、凝闷、脑疼、目涩、四肢烦、百节不舒、聊四五啜，与醍醐甘露抗衡也。

《证类本草》中说，茗（茶），苦，寒破热气，除瘴气，利大小肠……久食令人瘦，去人脂，使不睡。

明代医学家李时珍曾登仙山武当采药，在《本草纲目》中记载，茶苦而寒……能降火……又兼解酒食之毒，使人神思暗爽，不昏不睡，此茶之功也。

相传，古代道人直接含嚼茶树鲜叶，汲取茶汁，在咀嚼中感受到茶叶的芬芳，食之清心明目，久而久之，咀嚼茶成为人们的一种嗜好。随着古人饮食习惯的变化，生嚼茶叶的习惯转变为煮服茶叶，时间长了，渐渐形成沸水沏茶品饮的习俗。

武当山道教协会会长李光福说，仙山武当道人，对道茶妙用有三：一是饮茶消病。茶，药书上叫“茗”，俗话说，十道九医，道人十分注重道茶的药用价值，在仙山武当，古往今来，有不少道人饮茶消病。二是饮茶养生健身。饮茶能清心提神，清肝明目，生津止渴。在养生健身上是一个多功能的饮品。三是修身养性之用。道人打坐，讲究“和静怡真”，尤其是夜里打坐，在静坐静修中，难免疲倦发困，这时饮茶，能提神思益，克服睡意。道人修身养性，饮道茶可品味人生，参破“苦谛”，沏杯好的道茶，飘香观色，既是一种精神上的享受，也是一种修身养性的妙用。

现过古稀之年的武当山道医王太科道长，研究武当道人春夏秋冬饮道茶的习惯，发现道茶颇有讲究：即春天，沏茶时辅之以少许葛根、桔梗、野菊花，春季万物生长，服之有提神升阳解毒的作用；夏天，沏茶时适当辅之以连翘、二花、石斛，具有生津止渴、清热解暑的作用；秋天气候干燥，沏茶时辅之生地、麦冬、沙参，具有敛肺滋阴润燥的作用；冬天寒冷，沏茶时辅之枸杞、桂圆、山茱萸，具有滋阴御寒养胃的作用。饮茶要随自己的口味，有的茶浓点，有的茶淡点，有的茶清香，有的茶浓而苦涩，对自己的口味就行了。

千余年来，武当道茶之所以能够盛名不衰，誉满中外，贵在其品质优质。武当茶树品种优良，土质好，气候好，雨水适宜，茶叶肥壮优质，又被称为仙山云雾茶。据科学测定，茶叶中存在有祛病、保健、益寿的有机化学成分，如茶多酚、维生素、氨基酸、色素、咖啡碱等，还存在有无机化学成分，如微量元素钾、锌、硒、氟、锰、铜、铁等，共计有上百种。据现代医学研究发现，茶叶中所含的茶多酚不仅具有降低胆固醇、抑制血压上升、降低脂蛋白的作用，而且以茶多酚为主的多种有效成分（儿茶素、维生素C、胡萝卜素、皂素等）能杀伤癌细胞，抑制癌细胞生长，阻断致癌物的生成。茶叶中的黄酮醇类和硒等成分具有强化微血管、降血压、防止心肌障碍等作用。茶多酚具有杀菌的作用，对痢疾、急性肠胃炎具有辅助疗效。茶叶中的儿茶素类和脂多糖类具有抑制血糖上升（抗糖尿病）的功效。有关医学研究还表明，常饮绿茶，可以提高人体免疫系统的抗病毒感染能力，有益于抗衰老，延年益寿。有的中医药专家根据茶叶的药效功能，选配一些植物类中草药与茶一起组成药茶，饮用药茶具有显著的保健功效。

献四海良种植茶武当，接天下客获八方茶艺。因武当山古为皇帝御旨官办庙室，尤其是明代永乐年间，公元1412年至1423年，明代调集全国20万军民夫匠修建武当山，加上海内外朝山谒祖的善男信女，有的携献优质茶树于武当山栽植，有的携带珍贵名茶与道人交流茶艺，使武当道茶更加享有盛名。

由于历史的沧桑，武当茶树在新中国成立前夕，除深山中野生的茶树外，树龄上百年的家植茶树所剩不足百株，武当道茶的制作工艺也隐藏于道人或武当山民间。

道茶何处去，香茗复又生。从武当山老营进山，前行十公里，有一个八仙观村，因元代在此建有八仙观祠故名。八仙观村地处武当山脉中段，在武当太子坡剑河U谷和状元岩东河U谷，两U谷相联的W型的山上，海拔在600至1020米之间，其地深幽，聚气藏风，冬暖夏凉，素有云雾山村之称，这里茶树栽植和饮道茶习俗悠久，附近森林里长有野生茶树。20世纪60年代末，八仙观村发展茶园83亩，但因“以粮为纲”，茶树荒芜。

1984年，湖北省茶叶协会组织专家学者来八仙观等村，通过对八仙观村的土壤、气候、茶叶内质等进行考察论证，认定武当名山出名茶，结合绿化美化景区的需要，撰写出了关于建立武当山名茶基地的报告，丹江口市决定在武当山八仙观村等地建立名茶基地。

八仙出名茶，溢香飘四海。1986年，八仙观村在其村主任王富国的带领下重新开垦了荒芜的83亩茶园，结合荒山绿化、退耕还林和发展旅游观光林业，兴建茶园1000亩，尤其是八仙观村的土质正如陆羽《茶经》中所说的是适合种茶的土壤。土壤对茶树的生长极其重要，生有烂石的土壤为一等土壤，生有砾壤的土壤为二等土壤。据省组织的茶叶专家实地考察化验，八仙观村的土壤属宜茶土壤，加之海拔高，植被好，山上云雾缭绕，相对湿度大，发展茶叶具有比较好的生态条件。为弘扬道茶，创名茶，王富国苦读陆羽《茶经》，向武当道人求艺，先后向全国20多位著名茶叶专家拜师，考察近百家茶场，引进优质茶树，分期分批将20多名年轻员工送往农业大学和茶叶研究所等地学习，结合武当道茶特色，潜心研究，探索出了一套八仙观茶叶总场独特的制茶工艺，生产出了武当四大名茶。

武当银剑茶：以武当武术中的武当剑为创意，外形似剑，毫毛显露，茶香持久，回味甘甜，叶底亮丽，入杯具有很高的观赏价值。该产品荣获1995年中国农业博览会金奖。

武当针井茶：以武当山磨针井神话故事为创意，茶叶外形似针，毫毛显露，条索细紧圆直，锋苗挺秀，色泽油绿，汤色清澈明亮，清香扑鼻。该产品1991年被评为湖北十大名茶、湖北省著名商标。

武当太和茶：以武当太和山为创意，外形似龙牙形，毫毛显露，锋苗挺秀，汤色嫩绿明亮，嫩香持久，冲入杯中似葵花朝阳，直立杯中，具有很高的观赏艺术品位。该茶是明清时代的朝廷贡品。

武当奇峰茶：以武当七十二峰朝金顶，群峰耸峙为创意，自由条形茶类，色泽油润，汤色嫩绿明亮，滋味鲜爽可口。

由于武当山八仙观独特的地理环境，科学施用有机香饼肥料，2001年所产道茶一次性通过欧盟绿色有机食品认证，又因武当道茶在国内外享有盛名，2002年被国家农业部授予“中国道茶文化之乡”。

功夫不负有心人，道茶飘香创新篇。今春来，武当山八仙观茶叶总场场长王富国与上阳茶叶机械厂总工程师程玉明集思广益，成功地试制生产出了中国首台茶叶杀青双向蒸汽电热同步环保机，较好地解决了目前一些茶叶生产厂家使用滚筒式八方复干机，靠烧木柴加热制茶，难于掌握火候，影响茶叶的色、香、味、形等问题，而这一双向蒸汽电热同步环保机，能够较好地保持茶叶的色泽，使茶叶色泽翠绿，香气浓郁，不仅提高了茶叶品质，而且减轻了劳动强度，节约人力50%，把中国绿茶工艺提高到了一个新的水平。

“问道须入名山，寻茶应来武当”。随着武当道教文化的弘扬，武当武术文化的发展，一些海内外知名人士、茶道专家、文艺、武术名家借访武当名山或参加武当国际旅游文化节、国际武当武术节、武当山下的中国伍家沟民间故事大讲赛、中国汉民族民歌村——吕家河民歌大赛等活动之际，也慕名寻访武当道茶，交流武当茶道。听武当道茶故事，令人心旷神怡，许多茶道专家和名人激情留下笔墨。日本八代市市长寿川宗央先生来八仙观茶场品茶交流茶艺后，欣然写下："八仙真神佑，养身人长青。"北京大学教授俞伟超为武当名茶题字"武当针井，天下好茶"，中国著名茶叶专家沈培和赞美武当名茶："武当针井形态美，仙山武当道茶好。"武当山区还唱出了武当山八仙观茶场道茶飘香的新民歌："嫩绿芽儿似针井，亭亭玉立杯中香，呷口如饮甘露液，清心明目提神思。""退耕兴茶荒山绿，茶带绿波千重浪，乌雨花香采茶忙，年收胜种六年粮。""益鸟昆虫生物多，欧盟认证有机茶，一片茶树一丛林，百花园中茶更香。""过去杀青柴烧锅，火候难掌微尘扬，如今蒸汽环保机，叶绿素多功效高。""古之道茶皆御品，今日香茗更盛名，银剑针井又奇峰，驰名品牌扬五洲。"

"仙山武当出名茶，久负盛名道茶香，雾霭八仙观香茗，四海游客皆慕名。"随着武当山旅游经济的发展，武当山八仙观茶场也成了生态旅游观光的好去处，不少游客慕名前来八仙观茶叶总场购买武当名茶，作为旅游回家馈赠亲友的佳品。一天，10余名来自德国的观光旅游者，他们在武当山习武一周后，慕名到武当山太和茶庄寻访道茶，品尝杯中亭亭玉立、清香扑鼻、形似银剑的道茶，了解武当道茶的生长、制作、饮用、功效等，无不夸奖武当道茶好，他们说："想不到武当道茶竟然会有鲜花般的香气。"随行的里尔先生边品茶边说："中国茶文化源远流长，闻名于世。武当道茶更是我们欧美各国非茶叶产区游人颇感兴趣的热点话题。我两次来武当山，都把了解武当茶文化作为主要目的。"一位名叫威也那的先生连续喝了3杯道茶后，手舞足蹈地说："这次武当山之行，我了解了武当道茶无公害生长环境及其神奇的功效，亲自和中国制茶能手一起尝试了炒茶，品尝了茶。我将把武当道茶带回德国，送给更多的德国人，让他们也了解武当道茶，了解中国茶文化。”

武当八仙观道茶，不仅随如织的游客畅销国内，还通过市场畅销欧美、日本、东南亚等地，真可谓仙山武当道茶飘香溢四海。

新华网、中国新闻社　2004 年 4 月 20 日

二、湖北武当山发现天然野生古茶树

（2008 年）5 月 6 日上午，专家考察天然野生古茶树。湖北十堰市茶叶协会、十堰市民俗学会、十堰市太和医院武当医药研究所有关专家学者，经过一年多走访老道人和民间老药农及徒步到天然原始林中考察，在武当山元代古庙观榔梅祠后山岩林下发现天然野生“太和茶古树”。

经鉴定，武当山发现的天然野生“太和茶古树”，系山茶科，柃木属 *Eurya Thunb* 中的细齿叶柃，其特征是常绿灌木，幼枝有 2 棱，叶薄革质，长椭圆状披针形等。这次在榔梅祠后山岩林下发现的天然野生“太和茶古树”，沿岩壁山间长有 11 丛，其中最大的一棵古茶树高 4.9 米、树基部围径 1.02 米、树基部直径 0.31 米。

这一发现对研究武当道茶文化、武当山森林植被、武当天然药港资源及我国茶资源分布具有重要价值。

2008 年 5 月 6 日多家媒体采用

三、武当道茶被专家评审认定为湖北第一文化名茶

湖北第一文化名茶“武当道茶”高层专家论证会在武汉东湖大厦

召开，由湖北省农业厅和十堰市人民政府共同邀请华中农业大学、武汉大学、中国农科院茶叶研究所、中国茶叶博物馆、湖北省茶叶学会、湖北省农科院等单位的有关中国工程院院士、教授、研究员、著名茶叶专家及特邀道教、文化界知名人士组成评审论证委员会，听取了十堰市人民政府和湖北省武当道茶产业协会的汇报，审查了相关资料，经充分讨论和认真评审，专家们一致认为武当道茶生产历史悠久，文化底蕴深厚，内涵丰富，特质鲜明，独具魅力，生态环境优越，茶叶品质优异，道教文化与茶文化有机融合，创新产业开发机制，利用名山做大名茶，文化优势得天独厚，产业开发潜力巨大。专家们一致推荐“武当道茶”为“湖北第一文化名茶”。 湖北省委常委张昌尔同志、省农业厅厅长祝金水同志向十堰市委副书记王启泉同志和十堰市农业局局长沈康荣同志授牌武当道茶“湖北第一文化名茶”。

中国是茶的故乡，世界茶叶起源于中国，中国的茶源于鄂西秦巴武当山区。中国茶叶博物馆前言标注：“茶，自神农最初发现和利用以来，在中国历史上已吟咏了几千年之久。”据该馆研究员周文棠考证：“中国鄂西山地大巴山、武当山、荆山、神农架、巫山等地域是中国茶树的原产地。”

鄂西北秦巴武当山区的十堰，地处北纬 30° 附近，位于我国内陆中央山地，武当山、大巴山、秦岭山脉纵横交错，滔滔汉江横贯其中，这里南北气候兼有，四季分明，降雨量适中，南北物种皆备，素有“天然生物宝库”之称。经有关专家研究表明，十堰山区在古地理变化过程中，为茶树提供了得天独厚的生存繁衍环境，使秦巴武当山区成为我国茶叶主要发源地之一。盛产的武当道茶，不仅具有高山、高香、有机、酵和的品质特征，而且生产历史悠久，文化底蕴博大精深，尤其是道教文化与茶文化有机融合，品牌优势得天独厚，驰名世界。

我国最早有关“茶”字的记载，始于 2800 多年前第一部诗歌总集《诗经》。《诗经》的编撰者尹吉甫，其故乡就在武当山的南麓，《诗经》中有7首诗写到了茶。

据《武当山志》记载，武当山，亦名仙室山、太和山，方圆八百华里，风景旖旎，群峰耸峙，飞云荡雾，气势磅礴，古木参天，泉水潺潺，气候宜人。武当道茶，因武当山亦名太和山，亦名太和茶。道人饮此茶，心旷神怡，清心明目，心境平和。人生至境，平和至极，谓之太和。太和茶以其特有的药用和健身养生价值，成为名茶和贡品。据《武当山历代志书集注》《大岳太和山志》《均州志》及武当山有关碑文记载，明永乐皇帝大修武当山时，有“骞林应祥”的奇观出现。隆平侯张信、驸马都尉沐昕命人“采摘骞林茶进献于朝”，此后，骞林茶就成为向皇帝进贡的仙品，明代200多年，宫廷每年都能品尝到武当山进贡的骞林茶。

道家千年传承道茶，贵在道茶修性养生之道。道家以“天人合一”的哲学思想，彻悟茶道，修性养生，追求长寿之道，自古以来，武当道人对道友和善男信女也是以茶礼待。武当道茶亦成为海内外游客购买馈赠亲友的仙山佳品。

十堰山区是农业部划定的优势茶叶区域，也是我省著名的高山绿茶和有机绿茶区，茶叶品质极佳，被湖北省农业厅认定为湖北省高山名茶基地。多年来，在省农业厅的高度重视和大力支持下，十堰市委、市政府及市农业部门十分重视武当道茶及全市茶叶支柱产业的发展，使茶叶生产规模由1981年的7.5万亩，发展到目前的43万亩，2008年茶叶产量7955吨，茶叶农业产值6.9亿元，占当地农业总产值的12.1%，预计2009年茶产业综合产值将突破10亿元。多年来，随着武当道茶产业的科学发展，其品牌打造也取得了显著成效：武当道茶先后被国家农业部授予“中国道茶文化之乡”“中国高香型生态绿茶之乡”和“中国有机绿茶之乡”的称号。2001年武当道茶通过欧盟IFOAM及国环OFDC有机食品认证。2002年武当针井茶被省工商局评为“湖北省著名商标”。武当道茶有“武当针井”“武当银剑”“梅子贡”“龙峰”“圣水绿茶”等60多个系列产品。其中“龙峰”“圣水绿茶”获国家地理标识产品。武当道茶系列产品多次在国际、国内农博会及茶叶评审会上获奖，先后被评为湖北十大名茶、全省十佳旅游文化名茶、湖北省著名商标及名牌产品。2008年全省十大茶叶名场评比，十堰有4家茶叶企业获此殊荣。

在湖北第一文化名茶武当道茶高层专家论证会上，十堰市委副书记王启泉同志在介绍武当道茶品牌打造推进情况时表示，要围绕实施省委、省政府打造鄂西生态文化旅游圈战略，在省农业厅的指导下，十堰市委、市政府把打造“武当道茶”品牌，作为发展山区现代农业的重大战略举措，采取“政府引导、市场主导、企业主体、协会运作、双牌经营、分步实施”的方式，举全市之力，通过打造“武当道茶”品牌，力争用3—5年时间，全市茶叶基地面积达到60万亩，综合产值达到50亿元；到2020年，全市茶叶基地面积达到100万亩。努力打造世界文化名茶、中国驰名商标、国家级农业产业化重点龙头企业、形成产值过百亿的支柱产业，成为十堰继名山名水名车之后的又一张靓丽名片。

中新社湖北新闻网　2009年10月25日

四、十堰市着力打造武当道茶为城市名片

由湖北省十堰市委、市政府主办的“南水北调中线核心水源区武当道茶品牌推介暨新闻发布会”17日在京举行。经过考证、研讨，与会茶学专家、道教界知名人士推断，秦巴武当山区是中国茶树原产地和中国道茶发祥地，武当道茶生产历史悠久，文化底蕴深厚，融道教文化、茶文化与养生文化于一体。

中国是茶的故乡，但茶叶究竟出自何地一直众说纷纭。在17日

举行的新闻发布会上，中国茶叶博物馆研究员周文棠等专家经过考证、研究指出，中国鄂西山地的大巴山、武当山、荆山、神农架、巫山地域是中国茶树的原产地。

据介绍，4000多年前，神农就在秦巴武当神农架山区搭架采药时最早发现并利用了茶，古代相传“神农尝百草，日遇七十二毒，得荼（茶）而解之”。在我国第一部诗歌总集《诗经》里，有7首诗写到了荼（茶），而《诗经》的采风者、编撰者亦是被歌颂者——西周太师尹吉甫的故乡就在武当山南麓的十堰市房县。茶圣陆羽编著的《茶经》记载“茶者南方之嘉木也，其巴山峡川有两人合抱者”。

道教与道茶相伴相生，孕育了源远流长的武当道茶文化。据史料记载，三国时期的诸葛亮曾在武当山学道问茶，并将茶道带到云、贵、川，被普洱茶农尊称为茶神。古代名道尹喜、陈抟、张三丰、药王孙思邈、医圣李时珍等都曾在武当采茶品茶、养生论道。

十堰市市长张嗣义介绍，多年来，十堰市十分重视武当道茶及全市茶叶支柱产业的发展，使生产规模由1981年的7.5万亩，发展到目前的46万亩，2009年茶叶产量8900吨，茶产业综合产值突破10亿元，武当道茶产业已成为南水北调中线工程丹江口库区水源区的重要生态环保产业，是山区农民致富奔小康的支柱产业、城乡居民转移就业的民生产业。张嗣义表示，弘扬武当道茶文化，科学整合山区优势资源，打响武当道茶品牌。将用10年时间，使十堰茶园面积达到100万亩，综合产值达到100亿元，使武当道茶成为十堰继名山、名水、名车之后的第四张名片。

新华网 2010年4月18日

五、湖北武当山南发现2个树种千余亩古太和茶树群落

近日，十堰市民俗学会会长、十堰市诗经尹吉甫暨生态文化研究咨询中心主任、十堰市非物质文化遗产专家组成员袁正洪，先后深入武当山东南的主簿垭山、武当山南丹江口市盐池河镇黄草坡村与武当山南古神道紧连的房县万峪河乡小坪村等地的登云山麓、摩天岭等地，考察发现武当口村、黄草坡村、小坪村等5个村有多处成片的古太和茶树群落千余亩，盛产的野生茶俗称太和茶，久负盛名。

武当山，亦名太和山、参上山、仙室山。当地以武当山又名太和山，将武当山地域野生茶俗称太和茶。袁正洪与镇村干部经走访当地老茶农、老药农，将发现的古太和茶树枝叶与《湖北植物志》《竹溪植物志》等图谱进行比较辨认，一目了然地找到了当地俗称古太和茶树的学名。

这次考察发现的古太和茶树有2个品种，一种茶树当地俗称苦太和茶树，《湖北植物志》《竹溪植物志》图谱上该植物学名叫翅柃，亦名太和茶、野茶树、老英茶，系山茶科，柃木属。一种茶树当地俗称香太和茶树，亦名太和白花茶树。《湖北植物志》《竹溪植物志》图谱上该植物学名叫尖连蕊茶，系山茶科，山茶属。

盐池河镇黄草坡村84岁的高正秀老奶奶说，小时候我家里比较富裕，我读过私塾，会采制太和茶，当地的太和茶有2种，一种是开小花的苦太和茶树，春天采树枝的叶芽后，用蒸笼将茶叶轻蒸后，用白纱布包后用擀杖擀几下压扁成形，再烘干或晾干后成茶，用棉纸包好储藏。苦太和茶泡茶头道茶苦，但清火消炎，越喝味道逐渐甘醇。一种是开白花的香太和茶树，制法同样。香太和茶，芳香扑鼻，泡茶喝提神兴奋。我们当地人将这两种茶统称太和茶，也称苦太和茶、香太和茶，当地山民喜欢喝太和茶。因每年春天只有十天左右能采太和茶，故太和茶比较珍贵，武当山庙观有向真武祖师敬茶的习俗，当地许多百姓用太和茶敬真武祖师。盐池河地域古时候是武当山官山地盘

的储粮仓库，过去山里有的农户以茶代交粮。有的租富人地种的农户还以茶代粮交租。有的走亲访友或年节串亲以太和茶为礼物相赠。武当山紫霄村八旬老药农曾怀生说，我的母亲会采制太和茶，我随母学会了采制太和茶。太和茶有 2 种树，一种是白花茶，香气比较浓。一种是苦茶树，茶叶味道较苦涩，但清火消炎。武当道人不仅饮太和茶，清心明目，修身养性，而且以太和茶馈赠客人，相传古代太和茶是朝廷贡茶，太和茶也成了来武当朝山香客慕名选购的武当特产。

武当口村党支部书记谢华山是老茶农，他引袁正洪考察了主薄垭峰的一块面积十余亩的山坡上的苦太和茶树，他希望能引起农林部门重视，保护太和茶资源，发展太和茶园，使太和名茶恢复生机。

黄草坡村执着探寻古太和茶的山民汪承武引袁正洪和盐池河镇镇长何飞、副镇长余丹看了住家附近山坡上的几十亩天然野生香太和茶树和苦太和茶树，茶树一蔸一蔸的，成片生长在浓荫的岩石山坡间，有一蔸香太和茶树，经测量这蔸香太和茶树根部围径 62 厘米长，树高约 4 米。有一蔸苦太和茶树，经测量这蔸香太和茶树根部围径 56 厘米长，树高约 3 米。汪承武说，他经过 5 年多的探寻，盐池河镇的黄草坡、七星河村、吴家河村等地约有 500 多亩野生太和茶树，盼望保护资源，发展太和茶，使其成为产业扶贫的武当特产茶园。

房县万峪河乡小坪村主任邓青忠、村文书汪祖海告诉袁正洪说，小坪村的登云山地域的吴家大坡、彭家沟、南瓜河、七里沟等地约有 600 多亩野生太和茶树，过去村里许多农户会采制太和茶，传统制茶技艺独特，采制的太和茶到紧邻的武当山出售，被道观收购或被香客作为武当山特产购买。

野生太和茶树是否是武当山古代芳骞树（亦称骞林树、骞林茶）呢？袁正洪结合实地考察的太和茶树、太和茶产品，参照《中国植物志》、明代《敕建大岳太和山志》等史籍和有关资料考据认为，他所考察的 2 个品种的野生太和茶树植物学名分别是翅柃和尖连蕊茶。至于有的说是否是武当山古芳骞树、骞林茶，宋元时代马端临著作的《文献通考》记载："太和山骞林茶，初泡极苦涩，至三四泡，清香特异，人以为茶宝。"明代太常寺丞、武当上清派第五十三代宗师任自垣著《敕建大岳太和山志》记载，芳骞树，叶青而秀，木大而高，根株皆自然藤萝交裹之势……但查《中国植物志》《湖北植物志》《竹溪植物志》没有芳骞树、骞林树，以及武当山有关史书没有芳骞树的图谱记载，尚不能将考察的武当太和茶树随意叫芳骞树，也不能将武当俗名太和茶的翅柃树和尖连蕊茶树叫芳骞树（骞林树），武当芳骞树、骞林茶有待考察和研究。

古太和茶的发现为研究武当道茶文化、武当山森林植被、武当天然药港资源及我国茶资源分布具有重要价值。

2016 年 5 月 19 日多家媒体采用

第十八章　文论篇

一、千古《诗经》荼字注释之误考辨

湖北十堰是中国诗经之乡，亦是中国道茶文化之乡。笔者从史学、诗经学、考古学、名物学、植物学、地域学、民俗学、新闻学、生态学等方面进行了比较深层次的探寻研究，论述表明，我国“茶”字溯源乃《诗经》中的“荼”，有些学者误将千古《诗经》中“荼”注释为“苦菜”“白茅花”“香草”等，东汉以后“荼”始称“茶”，一直到唐开元年间玄宗李隆基主持编辑的《开元文字音义》中将“荼”字去掉“一”横，明确把“荼”改为“茶”。唐代茶圣陆羽在《茶经》中明确把“荼”写为“茶”。

俗话说“柴米油盐酱醋茶”，中国是世界茶的故乡，云贵川渝、秦巴武当神农架是中国茶树的主要原产地。笔者联系鄂西北十堰市地处《诗经》“周南”“召南”交汇地，有着深厚的古庸巴、秦岭、汉水、武当、神农架地域特色，从《诗经》中溯源茶（荼）文化，研究整理武当道茶文化，考证神农架北坡地域、武当深山古茶树，经国家农业部（现国家农业农村部）等组织专家论证，武当道茶被评为中国第一文化名茶，其“武当道茶”品牌无形资产价值达 40.3 亿元，武当道茶还被评为中国著名商标，武当道茶成为引领十堰市所辖 9 个县市区的支柱产业。

（一）荼古称茶，《诗经》七首，考古茶树，历史久远

《诗经》古称《诗》，或叫《诗三百》，汉代称《诗经》。《诗经》不仅是中华文化的重要元典之一，而且《诗经》具有历史、社会、科学、文学、商贸、农学和教育、美学等多重价值，是古代政治伦理的教科书和礼乐文化的集大成，是一部认识古周朝社会的百科全书。

《诗经》中有七首诗最早记载“荼”：

《诗经·邶风·谷风》载：“谁谓荼苦，其甘如荠。”

《诗经·郑风·出其东门》载：“出其闉阇，有女如荼。”

《诗经·豳风·七月》载：“八月断壶，九月叔苴，采荼薪樗。食我农夫。”

《诗经·豳风·鸱鸮》载：“予手拮据，予所捋荼。”

《诗·大雅·绵》载：“周原膴膴，堇荼如饴。”

《诗经·大雅·桑柔》载：“民之贪乱，宁为荼毒。”

《诗经·周颂·良耜》载：“其镈斯赵，以薅荼蓼……荼蓼朽止，黍稷茂止。”

《诗经》中最早记载“荼”，但古代对“荼”的解释有多种说法。

《说文解字》：荼，苦荼也，邶毛传皆云荼苦菜。“荼”，在古籍中有多个义项。清代学者徐灏在其《说文解字注笺》里作了一个梳理：《尔雅》“荼”有三物。其一，《释艸》：“荼，苦菜。”即《诗》之“谁谓荼苦”“堇荼如饴”也。其一，“蒤、荂，荼”。茅秀也。《诗》“有女如荼”。其一，《释木》：“槚，苦荼。”即今之茗荈也。俗作“茶”。

《康熙字典》注释：荼：《唐韵》《正韵》同都切，音“涂”。《诗·邶风》谁谓荼苦，其甘如荠。《传》荼，苦菜也……《疏》一名荼草，一名选，一名游冬。叶似苦苣而细，断之白汁，花黄似菊。又《诗·豳风》采荼薪樗……注：荼，萑苕也……《笺》荼，茅秀，物之轻者，飞行无常……孙炎曰：荼亦秽草，非苦菜也。王肃曰：荼，陆秽。又《尔雅·释木》：槚，苦荼。注：树小如栀子，冬生，叶可作羹饮。《野客丛书》世谓古之荼即今之茶，不知荼有数种，惟荼槚之荼即今之茶也。

对此，笔者查阅许多相关资料，“荼”非苦菜，应为“茶”的称谓。由此，谈“茶”先要溯源“荼”字。

1. 探索考古发现茶。1973 年，在距今约 5000 年至 7000 年前的余姚河姆渡遗址中，考古专家发现了一些堆积在古村落干栏式房屋附近的植物叶片，被认定为原始茶遗物。这在当时曾震撼了考古界、史学界和茶学界。

2004 年，北京大学中国考古学研究中心等单位专家在余姚田螺山遗址，发现山茶树的地块，约 10 平方米，专家组认为，田螺山遗址出土的这三批树根，经过木材样本分析结果显示，均为山茶属的同种树木，是目前我国境内考古发现的最早的人工种植茶树的遗存，距今已有 6000 年左右的历史。

为进一步验证田螺山出土的这批树根是否属于其他山茶属植物，有关专家于 2009 年 10 月 26 日在遗址附近挖取了茶树及近缘植物红山茶、油茶、茶梅、山茶根样本。2011 年 5 月 12 日在考古现场提取了出土树根样本，同时在田螺山遗址周围再次挖取活体茶树、山茶、油茶和茶梅树根，送到农业部茶叶质量监督检验测试中心进行色谱检测。测定结果可以断定，余姚田螺山遗址出土的这些古树根是茶树根。

2. 茶（荼）之为药，发乎神农氏。唐代陆羽《茶经》：“茶之为饮，发乎神农氏。”根据《茶经》推论出我国发现茶树和利用茶叶历史发乎神农氏。因茶最早被开发利用是作为药用，故应为“茶之为药，发乎神农氏”。以后发展为“荼之为‘饮’，发乎神农。”

3. 荼(茶)为贡品，在周武王伐纣时就已出现。东晋常璩撰写的《华阳国志·巴志》记载：“周武王伐纣，实得巴蜀之师……鱼、盐、铜、铁、丹、漆、荼（茶）、蜜，灵龟、巨犀、山鸡、白雉，黄润、鲜粉，皆纳贡之。”这一记载表明在周朝的武王伐纣时，巴国就已经将茶与其他珍贵产品纳贡与周武王了。《华阳国志》中还记载“平夷县郡……出茶、蜜”，那时就有人工栽培的茶园了。

4. 西汉王褒《僮约》荼为饮用商品。西汉宣帝神爵三年（公元前59年）正月里，资中（今四川资阳）人王褒与其名叫便了的家奴签下契约即《僮约》。该《僮约》中有两处提到荼（茶），即“脍鱼炰鳖，烹荼（茶）尽具”和“武都买荼，杨氏担荷”。“烹荼尽具”意为煎好茶并备好洁净的茶具，“武都买荼”就是说要赶到邻县的武阳（今成都以南眉山市彭山区双江镇）去买回荼（茶）叶。

5. 唐开元年间，在玄宗李隆基主持编辑的《开元文字音义》中将“荼”字去掉“一”横，把“荼”明确为“茶”。有关专家学者认为，荼字演变为茶按照文字学家和考据学家的意见，“荼”字旧读 tú，汉魏以后读作 chá，作为俗字的“茶”在隋代已经收入字书，唐玄宗李隆基主持编辑的《开元文字音义》中正式定型把荼正名为茶。这一笔省得非常有道理。因为，荼字下半部减去一横便是“木”而不是“禾”，意即茶是木本而不是草本植物。陆羽《茶经》曰茶古称荼。唐代中晚期，石刻文献中的“茶”字均已写作现在通行的形态。五代的文字学家徐铉在校订《说文解字》时说：“荼，苦荼也，从艸，余声。同都切，臣铉等曰：此即今之茶字。”

6.“荼”为“茶”，文物出土荼(茶)具为证。笔者查阅《甲骨文》《金文》字典、东汉成书的《说文解字》，均无“茶”字。查找相关史料“茶”字在汉代以前为“荼”。目前已出土的饮茶器物中仍然多用“荼”字代“茶”字。

2014年4月，苏州博物馆和镇江博物馆联合举办了一个以茶具为主题的展览，湖南省文物考古研究所研究员，马王堆医书研究会副会长，中国古陶瓷研究会常务理事周世荣先生在《长沙出土西汉滑石印研究》一文中介绍，长沙马王堆汉墓出土的一方西汉滑石印章，该印鼻钮，印面长2.6厘米，宽1.8厘米，年代在汉文景之际。该图版印文为“荼陵”与《汉书·地理志》完全一致，可见西汉印章中已有“荼陵”地名。

1953年，湖南省文物部门在清理湖南长沙市望城县（今望城区）石渚湖北岸的兰岸嘴窑址时，采集到一件碗中心青釉下写有“荼垸”二字的玉璧底圆口碗：高4厘米，口径12.4厘米，底径4.2厘米，经文物专家鉴定为岳州窑青釉褐彩茶垸，这和《汉书》长沙定王子封为“荼陵节侯”一样，都是把茶陵写成荼陵。“荼垸”烧造的年代当在玄宗以前，而且早于《茶经》，是一件具有重要考古意义的茶具。

1998年印尼黑石号沉船上也发现一件青釉褐绿彩茶碗，在其碗心用褐彩书“荼盏子”，显然是“茶盏子”的异写。黑石号因出土有“宝历二年（826）”铭文瓷器，故其沉没时代被断定为九世纪上半叶。

长沙华凌石渚博物馆藏有铭文的盒盖一只，装饰有四圈凸起的同心圆弦纹，上用软笔书写釉下绿彩“大荼合”三个字。因此器的“荼”写作似“茶”但草头下多一横，故有人释做“茶”，这不正确，就字形来看还是“荼”字。

7. 荼字演变为茶，名人论荼为茶。纵观中国饮茶的起源和发展，茶在古代还有若干别称，诸如荈、蔎 、诧、苦荼、葭萌、槚、选、游、爪芦、茗、皋芦等，有的是因各地方言不同所产生的异名，有的则是在它生长的不同阶段得到的不同名称。《茶经》中列举了唐代以前人们对茶的多种称呼，“其名一曰茶，二曰槚，三曰蔎，四曰茗，五曰荈。”

苦荼，古代蜀人茶的方言。《尔雅·释木》：“槚：槚，苦荼。”汉末医学家华佗《食论》：“苦荼久食益意思。”东晋著名学者郭璞

注："树小如栀子，冬生叶，可煮作羹饮今呼早采者为荼，晚取名为茗，一名荈，蜀人名之苦荼。"

荼，茶的假借字或古体字。苏东坡诗云："周诗记荼（茶）苦，茗饮出近世。"北宋徐铉等校曰："荼……此即今之茶字。"清代顾炎武《唐韵正》："荼荈之荼与荼苦之荼，本是一字。古时未分麻韵，荼荈字亦只读为徒。汉魏以下乃音宅加反，而加字音居何反，犹在歌戈韵，梁以下始有今音，又妄减一画为'茶'字……则此字变于中唐以下也。"1989 年，北京举办"茶与中国文化展示周"，擅长古典文学、古文字学研究，著有《古代字体论稿》《诗文声律论稿》的中国著名书法家启功大师题诗："今古形殊义不差，古称荼苦近称茶。赵州法语吃茶去，三字千金百世夸。"

综上所述，笔者认为"茶"古称"荼"。

（二）谁谓荼苦，其甘如荠，千古误释，荼非苦菜

《诗经·谷风》载：谁谓荼苦，其甘如荠。

《毛传》注："荼，苦菜也。"

《郑笺》说："荼诚苦矣，而君子于己之苦毒又甚于荼。"这句是说谁说苦菜味儿苦。甘：甜。荠：荠菜，味甜可食，这里是指甜味的菜。

宋朱熹《诗经集传》："谁谓荼苦？其甘如荠……荼，苦菜，蓼属也。详见良耜。荠，甘菜。"《诗集传》中《良耜》："以薅荼蓼……荼，陆草。蓼，水草。一物而有水陆之异也。今南方人犹谓蓼为'辣荼'，或用以毒溪取鱼，即所谓'荼毒'也。"

《〈诗经〉动植物图说》曰："荼（tú）：苦菜。荠：荠菜，一说甜菜。"

有的注解说："《诗经·国风·邶风·谷风》中'谁谓荼苦，其甘如荠'，荼，苣菜属和莴苣属植物，指的应是苦菜。"

《汉语字典》注解：荼：1. 古书上说的一种苦菜；2. 古书上指茅草的白花：如火如～。3. 古同“涂”，涂炭。

综上所述：（1）“荼”，历代大多注释为“苦菜”；（2）“其甘如荠”，甘：甜。荠：荠菜，味甜可食。（3）注释之异。“荼”有的说是“苦菜”，有的说是“茅草”等。对此解析如下：

（1）“荼”为“苦菜”，此说模糊不确切。据《唐本草》《本草纲目》《中药大辞典》《全国中草药汇编》等介绍，苦菜别名苦荬菜、大苦荬菜、小苦菜、白苦荬菜、花白苦荬、紫苦菜、苦丁菜、黄花苗、黄花地丁、蒲公英、败酱草、苦叶苗、小苦苣、山萵苣、地丁、滇苦菜、续断菊、大刺芥芽、野苦马、黄鼠草、猴屁股、老鸦苦荬等多达20多种，笼统地说“荼”为“苦菜”，究竟是哪种苦菜？名称不确切，“苦菜”多种，形状各异，味道也有所不同，所以说“荼”是“苦菜”注释太模糊，不确切。

（2）其甘如荠。甘：甜。荠：荠菜，味甜可食。注释错矣。查《说文解字》《汉语大字典》等注解：甘释义：甜，味道好：～甜。～苦。～洌。～落。～之如饴。同～共苦。～旨（美味的食物）……从“甘”的字往往与“甜”“美味”有关。

荠：荠菜，又名护生草、地菜、地米菜、菱闸菜等，十字花科，荠菜属，草本植物。生长于田野、路边及庭园。以嫩叶供食。传统习俗是开春到野外田间路边采荠菜与炒鸡蛋做菜，用来包饺子，味道清香鲜美。但“荠”菜的味道并非是甜的。

有很多注释说“谁谓荼苦，其甘如荠”，荼（tú）菜的味道，虽然很苦，但看来已经“甜”得像荠菜似的，此注有误。

“荼”（茶叶），原本苦涩，杯子里泡的茶叶，刚入口时有些苦涩，尤其是茶叶放多了，喝时味道更苦涩，故称苦荼，但越喝苦涩味道逐渐去了，而觉味道越来越甘美清香。所以“谁谓荼苦，其甘如荠”，意思是谁说茶沏泡后第一杯感到苦涩，但喝第二杯（沏的二道茶）口感滋味就像荠菜一样，回味是甘美的。

（三）有女如荼，荼非白茅，荼花喻女，美胜茅花

《诗经·出其东门》载：“有女如荼。”“荼”是何物？古之以来，众释纷纭。《毛传》注：“荼，苦菜也。”

东汉郑玄《周官》注云：“荼，茅秀。”茅秀是茅草种子上所附生的白芒。

朱熹《诗经集传》曰：“有女如荼……荼，茅华，轻白可爱者也。”

笔者考究如下：

1.《诗经》中有“白茅”，也有“荼”，“荼”非白茅，故《诗经》中的“荼”与“白茅”应是两种不同的植物。

《诗经》不仅是我国文学名著，而且被称为我国古周朝社会百科全书。《诗经》中提到的动植物共338种，其中植物178种，动物160种，诗句中对这些植物的名称说得大都比较明确。

《诗经·召南·野有死麇》：“野有死麇，白茅包之。”注译：山野里有一只猎死的鹿，青年猎人用白茅草将打死的鹿包起来，送给相好的人。“林有朴樕，野有死麇，白茅纯束，有女如玉。”注译：树林里有片丛生的小树，青年猎人在山野猎死一只鹿，用洁白茅草将打死的鹿捆包好送人。

《诗·豳风·七月》：“昼尔于茅，宵尔索绹。”注解：白天去割茅草，晚上（用白茅草）搓绳子。

《诗·小雅·白华》“白华菅兮，白茅束兮”“英英白云，露彼菅茅”。注解：开白花的菅草呀，用白茅把它捆成束呀；天上飘着朵朵白云，甘露普降润泽菅和白茅。

由此，《诗经》中有“白茅”这种植物，所以不会将《诗经》中“有女如荼”等诗句中的“荼”字说成是“白茅”。《诗经》中的“荼”

与“白茅”应是两种不同的植物。

2.《诗经》中“白茅”用来捆绑东西，没有用来比喻美女之说，从地方民俗讲也不用“白茅”比喻美女。

《诗经》中“白茅包之”“白茅纯束”“白茅束兮”“昼尔于茅，宵尔索绹”，白茅都是用来捆绑东西的，没有用来比喻美女。

一是从白茅当绳子的用途和民俗讲。《诗经》中采集有丰富的狩猎、牧业、农业等生产生活民俗，笔者曾专题研究撰写了《周太师尹吉甫故里房县是“诗经·二南”交汇地域考》和《浅论“诗经二南”与周太师尹吉甫故里房县民俗的传承遗风》两篇文章，计4万多字。笔者对《诗经》“二南”的二十五篇诗，逐篇细读，通过查阅历史资料，深入民间采风，从民俗、风情、方言、生产、生活习俗及动植物生存的地理特点等方面，就房县地域与“二南”地域性、房县与“二南”方言的相似性、房县民俗与“二南”的延续性、房县植被与“二南”地的生存性、房县生产生活习俗与“二南”的传承性、房县民间文化与“二南”的传统性等，通过分析对比诗经“二南”与房县民俗的遗风，进行探索撰文。如“野有死麇，白茅包之”，房县自古来有用白茅草或者其他类似绳子一样的植物捆绑猎物的习俗。

二是民间通常没有用白茅来比喻美女的说法。《说文解字》《名词解释》等从“白茅”本义讲，白茅是草名，俗称茅草。

就白茅而言，草名，禾本科。《本草》谓：“茅有白茅、菅茅、黄茅、香茅、芭茅等，叶皆相似。又谓夏花者为茅，秋花者为菅。俗称茅草者指白茅。全草可作造纸原料，根茎皆可入药。”

白茅，一种是茅草，又名茅芽草、白茅草、白茅根，为禾本科，属多年生草本植物，株高20—80厘米。根茎白色，杆细，密集成片，多生于山坡（俗称茅草坡）。俗话说“三月三，茅芽尖”， 就是春天，茅根生长发嫩芽，山里的孩子抽嫩茅芽吃，味道甜丝丝的。茅草夏初开花，小穗长3—4毫米，叶老时茅穗呈白色枯死，轻拂随风飘摇。

白茅，一种是斑茅草，又名芭茅，是多年生草本，生于山坡和河岸草地及村落附近，根茎粗壮，植株高大，多节生长，节具长须毛，株高2—4米，圆锥花序顶生，长30—60厘米，主轴无毛，穗轴节间长3—6毫米，具长纤毛；花柱长而羽毛状。颖果离生。花、果期5—10月。笔者研究诗经之乡房县多条白茅河、白茅山坡观斑茅穗花颜色，夏季斑茅吐穗开花，为纷红紫色，秋冬随着斑茅叶逐渐枯死，斑茅穗成白色，即俗称白茅花，白色耀眼，但因斑茅穗花轻浮，民俗喻茅花象纺线的撵子喻轻浮，故不喻人，若喻人就带有贬义，所以从古至今没有用枯萎茅草花来比喻美丽的姑娘的。

3. 洁白荼花胜茅穗，比喻女子纯洁美貌。

笔者在本文第二题中已论述《诗经》中“荼”并非苦菜、白茅，大量引经据典已说明《诗经》中“荼” 就是汉唐以后称的茶，这里着重论述洁白荼花胜茅穗，比喻女子纯洁、貌美。

中国是茶的故乡，历史悠久，品种荟萃，栽培的茶树品种有200多种，其中现有经全国农作物品种审定委员会审（认）定的茶树良种76种，茶花品种繁多，多达149种，有赛牡丹（淡白色）、白衣大皇冠、天鹅绒、白斑康乃馨、银浪涛（白花，花瓣呈波浪形）、花鹤翎、鸳鸯凤冠、绿珠球、大朱砂等，有洁白、大红、粉红、黄色等多色。有绿茶、乌龙茶、红茶、花茶、白茶、黄茶、黑茶等，全国茶叶商标注册已超过20万个。

荼花（茶花），冬腊正月傲霜竞开，艳得让人十分心动，无不惹人喜爱，古之以来许多人赋诗赞美茶花。晋代张载《登成都白菟楼诗》云：“芳荼冠六情，溢味播九区。”五代郑遨茶诗：“芽香且灵，吾谓草中英。夜臼和烟捣，寒炉对雪烹。惟忧碧粉散，常见绿花生。”北宋著名的诗人、书法家黄庭坚曾效法屈原写《橘颂》，热情讴歌白山茶自况高洁的精神内涵。赋的开头云：“孔子曰：‘岁寒然后知松柏之后凋也。’丽紫妖红，争春而取宠，然后知白山茶之韵胜也。”

作者还极力着笔颂扬了白山茶是“禀金天（秋天）之正气……乃得骨于昆阆（产玉之山）……高洁皓白，清修闲修，裴回（徘徊）冰雪之晨，偃蹇（傲立）霜月之夜”。然后又说白山茶“盖将与日月争光，何苦与洛阳争价”。清代名人吴照见白色的山茶花很有质感，层层叠叠精致得像绢花，看上去给人有一种永不凋谢的感觉，赋诗赞茶花：“苎萝美人含笑靥，玉真妃子披冰纱。”

关于《诗经》中“荼”字的解释，用现代茶叶的研究成果，结合古地质、古地理、古气候的研究，没有理由不认为《诗经》中“荼”字是指现在的茶。

（四）采荼薪樗，砍柴炒制，秋茶好喝，食我农夫

《诗经·豳风·七月》：“七月食瓜，八月断壶。九月叔苴，采荼薪樗，食我农夫。”具体注释如下：

“七月食瓜，八月断壶，九月叔苴”：断，摘下。壶，瓠，别名瓠子，瓜状蔬菜。

“九月叔苴，采荼薪樗，食我农夫”： 叔，拾也。苴，青麻，或青麻之子。荼，后称为茶叶。采荼，即为采茶叶。薪樗，王力《古代汉语》称薪樗，拿樗当柴。薪，用如动词。樗，臭椿。高亨《诗经今注》则说，薪，动词，砍柴。樗，木名，似椿，叶臭，又名臭椿。臭椿树没有毒，只是它的叶子有异味，所以才叫“臭椿”。据《辞海》载，臭椿树，其高可达20米，不裂，木质粗硬，种子可榨油。因其含有油胶，干湿皆可养火，其实是一种上好的烧柴。

茶叶是有涩味的物质，古代采的鲜茶叶，口尝有苦涩味，用现代科学来说，茶叶里主要有茶多酚类、醛、铁等物质，其中儿茶素类尤为重要。脂型儿茶素苦涩味较强，它在芽叶里的含量远远高于粗老叶片。正常情况下，采制幼嫩一芽一、二叶的茶品，其苦涩味比采制一

芽三、四叶的厚重得多。

为了减轻茶叶中的苦涩味，则要制茶，即将鲜茶叶轻轻揉压后，用柴锅炒青茶，掌握好火候，鲜茶叶炒后一是可减少苦涩味；二是炒制茶叶可提高茶香味；三是烘干茶叶，或炒干茶叶，以便储藏。

茶（茶叶），分为春、夏、秋三个采摘时节。茶（茶叶）生产地流行这样一句话：春茶苦，夏茶涩，秋茶好喝舍不得摘。这句话的意思是：春茶分为"春尖（一芽毛尖）""春中（一芽一叶）""春尾（采嫩芽嫩叶）"三个等级；夏茶则称大叶茶（"二水"）；秋茶则称为"谷花"。秋茶采制上市正值秋天，天气凉爽，泥土和空气中的水分较少，这使得秋天的铁观音香气特别浓郁。

我国古代有夏历、商历、周历之分。夏、商、周三历的主要区别在岁首的不同，又叫"三正"。1、周历通常以冬至所在的建子之月（即夏历的十一月）为岁首；2、殷历以建丑之月，也就是冬至所在月的后一个月（即夏历的十二月）为岁首；3、夏历以建寅之月，也就是冬至所在月的第二个月（即后世常说的农历正月）为岁首。但周朝是周历、夏历同时使用的。所以，《诗经》中出现了两种历法并存的现象。《诗经·豳风》中的《七月》一文中的"七月流火"之"七月"是指夏历的七月（相当于公历八月），八月相当于公历九月，九月相当于公历十月，白露后至霜降，茶（茶叶）受霜降影响稍有点甜味，制出来的茶叶香气更浓味更甘。

食我农夫：食，饲，以食物与人。

综上所解，"七月食瓜，八月断壶。九月叔苴，采荼薪樗，食我农夫"，可译为：七月食瓜，八月摘下瓠子，九月里收拾麻子。秋采茶（茶叶）砍樗当柴烧炒茶，给我们农人吃。

而许多人注解《诗经》时，却说成采苦菜吃砍臭椿烧。苦菜泛指野菜，野菜又说成蒲公英、苦丁菜、苦荬菜、黄花苗等 20 多种，若按古周历，九月相当于公历十月，白露后至霜降，蒲公英、苦丁菜、苦荬菜、黄花苗等，霜降时节，这些野菜在地里或山野早已枯死，农夫何以砍臭椿烧炒苦菜吃。而荼（茶叶）树是四季常青，所以秋采荼（茶叶）砍樗烧炒制茶，食我农夫才是合乎生活常理的。笔者陪客人到武当山八仙观茶场，场里按当地民俗，将鲜茶叶采后用开水轻煮一下，除一道水后，凉拌鲜茶叶，待客可谓美食。

（五）豳风鸱鸮，予所捋荼，茅花绒揉，荼枝可捋

《诗经·豳风·鸱鸮》：“予手拮据，予所捋荼。”注释如下：

予手拮据：拮据，“撠挶”的假借，即过度用力而手指不能屈伸，本谓操作劳苦，引申为经济窘迫。这句诗意是：我的手因用力（捋荼小枝叶）手指劳累而不能屈伸。

“予所捋荼”：捋，即用手自一头向另一头抹取，或用手撸取。荼，有的把荼注释为野菜，野菜肯定不适合做鸟巢。有的把荼注释为茅花，在此诗句中也不确切。一是《诗经》有关篇章中有白茅（茅草、茅花），故在《诗经》中不能将荼释为白茅（茅草、茅花），“荼”与“白茅”应为两种植物，把“荼”与“白茅”说成是一种植物是说不通的。二是茅花是穗状形，既然诗句用拟人手法“捋荼”，则亦可拟人手法“割茅草”，或用茅穗花做巢民俗应是揉绒茅穗花做鸟巢用，茅花没有用手捋的，即不能自一头向另一头抹取。

《毛诗李黄集解》：“予撠挶其草，予所取者是荼之草也。”朱熹《诗经集传》：“捋，取也。荼，萑苕，可藉巢者也。”

以上将荼说成是“萑苕”“秀穗”“茅秀”等，不能用手捋，即不能自一头向另一头抹取，故注释不确切。

荼（茶）就植物生长属性来说，荼（茶）树有主干，有枝干，树枝上又有很多小枝，在通常采小枝叶时，是一只手拿着荼（茶）树的小枝，另一只手从小枝干的一头向另一头抹小枝叶，即“捋荼”，这

是符合劳作规律的。所以，笔者根据自己20多年的武当道茶研究经验，认为“予所捋荼”应是由一头向另一头抹取荼（茶）树的小枝叶，即“捋荼”是比较确切的。

（六）周原膴膴，堇荼如饴，夸张喻美，堇荼非甜

《诗经·大雅·绵》，这篇诗追述周兴起始于古公亶父迁于岐山，古公亶父辛苦经营，始奠定周的基础。到了文王，任用贤能，继承古公亶父的丰功伟业，周更加强大了。诗中有“荼”之句为：“周原膴膴，堇荼如饴。”注译如下：

“周原膴膴，堇荼如饴”诗意：这个地方太好了，连地里的堇（水芹菜）荼（茶），也都像饴糖一样甘甜。这是一种夸张的说法。这是因为“堇”是苦菜，就是土地再肥沃，只能说堇菜长得茂盛，但其苦味是无法“如饴”的。

这里还要说的是，有关专家学者研究，周原所在的岐山之南，即现在的陕西省扶风地区，古代也盛产荼（茶）。再就民俗来说，在扶风、岐山一带的农家，儿女订婚、红白喜事、祭祀祖先都离不开茶叶。谁家生一女儿，爷爷奶奶经常把她疼爱地抱在怀里，向左邻右舍夸耀说：“这又是一个茶叶罐罐！”意为长大成人出嫁后，回娘家时带的礼中不能少了茶叶！这充分说明古周原是盛产荼（茶）的，更加证明了《诗经·大雅·绵》中的“周原膴膴，堇荼如饴”史诗的重要价值。

（七）民之贪乱，宁为荼毒，荼之味苦，引申之意

《诗经·大雅·桑柔》内容为周卿士芮伯责周厉王用小人，行暴政，招外侮，祸人民的罪行，并陈述救国之道。其中说到“荼”之

诗句为“民之贪乱，宁为荼毒”。此句注译如下：

民之贪乱：民，此句中指残忍之人。贪乱，贪婪、昏乱。《郑笺》说：“贪，犹欲也。”这句诗是说残忍之人贪婪昏乱。

宁为荼毒：宁，宁愿。为，遭受。荼毒，毒害，残害。以苦毒，比喻人心毒辣。《毛诗注疏》说：“荼，苦叶；毒者，螫虫。荼毒皆恶物。”袁梅先生《诗经译注》释“荼毒”时云，荼，苦菜。此取“苦”义，谓“使人受其所加之苦”。毒，毒螫之虫。此取“毒害”义，谓“使人受其毒害”。苦菜味苦，荼亦味苦。此处之“荼”，无论释为两物之一，均可以通。

笔者根据自己的研究认为，一是古传“神农尝百草，日遇七十二毒，得荼而解之”，此言表明荼有解毒作用。二是《诗经》中“谁谓荼苦”，根据荼（茶）的特性，茶味苦、甘、微寒，饮茶可散闷气，可养生，可除病，可清心明目，生津润律，怡情养性，还能解毒，尤其是就现代医学研究来说，有机茶还有抗辐射之作用，更能说明荼（茶）有去毒的作用。所以《诗经·大雅·桑柔》“民之贪乱　宁为荼毒”是借喻善良之人，不为利禄追求钻营。那些不良之人，前瞻后顾，私念重重。不良之人贪婪昏乱，使人遭受痛苦灾难。简言之就是说，残忍之人贪婪昏乱，乃使人们遭受痛苦灾难。在此也告之人们，“荼毒”一词虽然现在人人都知道它是什么意思，但其源头则是《诗经·大雅·桑柔》之“荼”。

（八）以薅荼蓼，毁林兴粮；荼蓼朽止，沤肥溯源

《诗经·周颂·良耜》与前一篇《诗经·周颂·载芟》，是《诗经》中的农事诗的代表作。《诗序》云：“《载芟》，春籍田而祈社稷也。”“《良耜》，秋报社稷也。”一前一后相映成趣，堪称姊妹篇。

《良耜》是在西周初期也就是成、康时期农业大发展的背景下产

生的，诗的价值显而易见。众所周知，周人的祖先后稷、公刘、古公亶父（即周太王）历来有重农的传统；再经过周文王、周武王父子两代人的努力，终于结束了商殷王朝的腐朽统治，建立了以“敬天保民”为号召的西周王朝，从而在一定程度上解放了生产力，提高了奴隶从事大规模农业生产的积极性。《良耜》正是当时这种农业大发展的真实写照。在此诗中，已经可以看到当时的农奴所使用的耒耜的犁头及“镈（锄草农具）”是用金属制作的，这也是了不起的进步。在艺术表现上，这首诗的最大特色是“诗中有画”。

《诗经·周颂·良耜》载：“其镈斯赵，以薅荼蓼。荼蓼朽止，黍稷茂止。”注释如下：

“其镈斯赵”：镈，即锄地去草的小型青铜农具。赵，扒地、除草。这句诗是说，农夫用农具扒地、除草。

“以薅荼蓼”：薅，除去，拔除。荼，陆地上的草。有的学者也将荼解释为苦菜、野菜。

笔者认为《诗经·周颂·良耜》“以薅荼蓼”中应将“荼”解释为“荼树”，即“茶树”。具体解释：当时受农耕开发影响，毁荼（茶）种粮。

（九）溯荼《诗经》，挖整道茶，文化名茶，享誉全国

笔者于1980年开始关注研究西周太师尹吉甫与《诗经》文化。1996年以来，笔者坚持把武当道茶作为课题研究，并基于茶古称荼，源自《诗经》，而秦巴武当十堰市及所辖房县是西周太师尹吉甫故里、是《诗经》二南交汇地，笔者将《诗经》中的植物与武当道茶结合起来研究，取得了一定的成绩。

多年来，笔者先后挖掘整理武当道茶相关资料近百万字，拍摄照片10万多张，拍摄武当道茶录像资料100多盘，撰写《浅谈武当道

茶历史渊源与养生》《武当道茶文化成为鄂西生态旅游圈新亮点》《仙山武当道茶香》等文章，被新华社、人民日报、香港大公报、《中国茶叶》等媒体转载，武当道茶享誉国内外，引起国家和省市有关专家高度关注。

笔者经多年研究提出了武当道茶是我国四大特色名茶，四大特色名茶即西湖龙井、武夷岩茶、武当道茶、寺院禅茶。

二、武当道茶溯源十解

解之一：茶之为药，发乎神农。唐代茶圣陆羽在《茶经》里说："茶之为饮，发乎神农氏。"笔者认为此句"饮" 字误用，应为"茶之为药，发乎神农"。 何以见得？文理有三：一是《说文解字》曰：饮，水流入口为饮，引申为可饮之物为之饮。《玉篇零卷食部》引《子书》，饮，亦食字也。饮，歠也，咽水也。二是茶属草木，不是水。《说文解字》卷一【艸部】（药）："治病艸（草），从艸（草）乐声，以勺切。"清代段玉裁《说文解字注》："治病艸（草）。"茶是一种能治病的树叶。三是古籍文献载："神农尝百草，日遇七十二毒，得荼而解之。""荼"通"茶"，是茶叶有药用之始。这里明确说明"荼"（茶）当药解毒治病。由此，"茶之为药，发乎神农"。

解之二：茶之为饮，茶蜜纳贡。此言见于西周时期。晋常璩《华阳国志·巴志》："周武王伐纣，实得巴蜀之师……巴师勇锐，歌舞以凌，殷人倒戈。""武王伐纣，前歌后舞也。武王既克殷，封其宗姬于巴，爵之以子。古者，远国虽大，爵不过子……其地，东至鱼复，西至僰道，北接汉中，南极黔涪。土植五穀。牲具六畜。桑、蚕、麻、苎，鱼、盐、铜、铁、丹、漆、茶、蜜，灵龟、巨犀、山鸡、白雉，黄润、鲜粉，皆纳贡之。其果实之珍者，树有荔枝。蔓有辛蒟，园有芳蒻、香茗，给客橙葵。其药物之异者，有巴戟天、椒。竹木之瑰者，有桃支、灵寿。其名山有涂、籍、灵台、石书、刊山。其民质直好义。土风敦厚，有先民之流。”这一记载表明周武王伐纣，得巴蜀之师，当地献茶“纳贡”，茶为“贡品”。 晋张华《博物志》也有“饮真茶，令人少眠”的说法。陶弘景《杂录》中说“茗荼（茶）轻身换骨，昔丹丘子黄君服之”。

解之三：荼之为歌，《诗经》七首。《诗经》是我国第一本诗歌总集，有关茶的最早的正式文献记载是《诗经》，其中有多处提到荼字。《诗经·邶风·谷风》曰：“习习谷风，以阴以雨。谁谓荼苦，其甘如荠。宴尔新婚，如兄如弟。”《诗经·郑风·出其东门》曰：“出其东门，有女如云。出其闉阇，有女如荼。虽则如荼，匪我思且。”《诗经·豳风·七月》曰：“采荼薪樗。食我农夫。”《诗经·豳风·鸱鸮》曰：“予手拮据，予所捋荼。”《诗经·大雅·绵》曰：“周原膴膴，堇荼如饴。”《诗经·大雅·荡之什·桑柔》曰：“民之贪乱，宁为荼毒。大风有隧，有空大谷。”《诗经·周颂·良耜》曰：“其镈斯赵，以薅荼蓼。荼蓼朽止，黍稷茂止。”

《诗经》中对“荼”的注解有的注为“苦菜”，有的注为“茅花”和陆地“秽草”等。笔者细读《诗经》研阅“荼”字，认为《诗经》中的“荼”应为“茶”，如“谁谓荼苦，其甘如荠”。有的在注释中把“荼” 说为苦菜，意为“谁说苦菜苦，它的滋味就像荠菜一样甘美”。这里的“甘美”，词意甘味、甜味。如若说为“苦菜苦”就与“滋味就像荠菜一样甘美”相矛盾。又如有的将“有女如荼”的“荼”解释为“白茅花”。笔者查《诗经》篇中有“白茅包之”“白茅纯束”，《诗经·白华》篇中有“白华菅兮，白茅束兮”， 由此，《诗经》中有“白茅”这种植物，何以把“荼” 说成是“白茅”， 注释有误。“荼” 为“茶”，笔者隆冬深入茶园，茶花朵朵傲霜凌雪，洁白如玉，把美女比作美丽耀眼的茶花，可谓比喻恰当，妙笔生辉。

《诗经》中何以把“荼”注解为苦“荼” 及“苦菜” 呢？这里从植物自生成分看是茶叶自身的苦味、涩味的结果。茶叶本身的苦涩物质有多酚类、脂型儿茶素、儿茶素、咖啡碱、茶皂素、花青素等，其中生物碱所含的咖啡碱在高温冲泡茶汤时约有85%会溶解于水中。如芽茶、嫩茶叶、老茶叶因茶叶的老嫩不同，茶叶自生植物成分含量不同，茶叶的老、嫩、壮、粗、细、薄、厚等相对苦涩味轻重不同。茶叶通过加工制作，即采摘、摊放、杀青、回潮、辉锅、分筛、搭、压、抖、甩等多道工序，叶子中的水分挥发，散发青草气，减少苦涩味，增进茶香，加工为成品茶。还有如“铁观音”“武当功夫茶”，云南普洱茶通过“生物发酵”适当制作，这类茶“苦涩味” 更小且味甘香醇。

李时珍《本草纲目》书中论茶甚详。言茶部分，分释名、集解、茶、茶子四部，对茶树生态、各地茶产、栽培方法等均有记述。对茶药理作用的记载也很详细。笔者在茶场调研，茶场厨师特制作“凉拌茶叶”的佳肴，像“凉拌鱼腥草” 一样，虽有苦味但能消炎，得到在席客人的赞赏。

解之四：茶之为礼，始出春秋老子。明太祖朱元璋第十七子、著名的道教和茶道文化学者、宁献王朱权著道经《天皇至道太清玉册》记载：“周昭王时，老子出函谷关，令尹喜迎之于家，首献茗，此茶之始。老子曰：食是茶者，皆汝之道徒也。后世俗凡客至家者，必先献茶，此其始。茗者，茶也。一曰茶，二曰槚，三曰蔎，四曰茗，五曰荈。” 于是老子应关令尹喜著书，乃著书上下篇，言道德之意五千余言而去，故有《道德经》。在此，从尹喜“首献茗”和老子曰“食是茶者，皆汝之道徒也”之感言，可见道家学派与茶文化的渊源是久远且深刻的，即以道德修养为核心，以茶的高雅优美特征为基础，以载茶、道德、文化于一道观，反映出道家茶礼文化的悠久。民间相传“使老子顿悟而道成之仙茗，便是手中那杯清茶”。当然这与老子崇尚“上善若水”是分不开的。老子很推崇水，称赞水以柔弱胜刚强。

老子认为上善之人，有像水一样的柔性。水性之柔，滋养万物而不与万物相争，有功于万物而又甘心屈尊于万物之下。正因为这样，有道德的上善之人，效法水的柔性，温良谦让，广泛施恩却不奢望报答，如同水一样，所以最接近于“道”。老子常以水来形容“道”，在《老子》中许多章节的内容都与水有关联。因此在《老子》书中，“水”是“道”的物理原型，“道”是“水”的哲学升华。然而就其茶与水本身而言关系至深，谈茶就要论水，因为水是茶之体，茶是水之神，如无真水，其神不现，如无茶精，其体不显。正因为这样，有道德的上善之人，效法水的柔性，茶的灵韵，温良谦让，潜心修养，接近于“道”。

道家千年传承道茶，以“天人合一”的哲学思想，树立了茶道的灵魂，表达了崇尚自然，崇尚朴素，崇尚重生、贵生、养生的思想，彻悟茶道、天道、人道，传达对自然回归的渴望以及“道法自然”的理念。以品味道茶，修性养生，追求长寿之道。明代许次纾在《茶疏》中说，精茗蕴香，借水而发，无水不可与论茶也。清代张大复在《梅花草堂笔谈》中也说，茶性必发于水，八分之茶，遇十分之水，茶亦十分矣；八分之水，试十分之茶，茶只八分耳。在茶与水的结合中，水的作用往往会超过茶，这不仅因为水是茶的色、香、味的载体；而且饮茶时，茶中各种物质的体现、愉悦快感的产生、无穷意会的回味，都是通过水实现的；还有茶的各种营养成分和药理功能，最终也是通过水的冲泡，经眼看、鼻闻、口尝的方式传达的。如果水质欠佳，人们饮茶时既闻不到茶的清香，又尝不到茶味的甘醇，还看不到茶汤的晶莹，也就失去了饮茶带来的好处，尤其是品茶给人带来的物质、精神和文化享受。因此，水和茶的自然本性是一致的，互相交融的。

解之五：茶之为市，然出秦汉，王褒《僮约》。茶作为市场商品，已有文献记载最早在西汉文学家王褒（字子渊）的《僮约》中。西汉宣帝神爵三年（公元前59年）正月十五日，资中男子王子渊，寓居成都安志里一个叫杨惠的寡妇家里。杨惠的丈夫生前雇有一个奴仆名字叫便了，王子渊叫便了帮他去买酒。便了因王褒是外人，又怀疑王子渊可能与杨氏有暧昧关系，很不情愿替王子渊跑腿，因此跑到主人的墓前倾诉不满，哭喊着说："大夫您当初买便了时，只要我看守家里，并没要我为其他男人去买酒。"王子渊得悉此事后十分恼火，问杨惠你这奴仆怎么这样势利眼？杨惠答："僮仆长大成年后经常顶撞人。"王子渊恼怒道："这僮奴打算卖吗？"杨惠答："这奴仆常顶撞人，怕没人愿买。"王子渊当即决定以一万五千钱从杨氏手中买下便了为奴，好好管束。谁知奴仆便了又顶撞起来："要使唤便了，那要将以后凡是要我干的事都明明白白写在契约中，要不然我便了是不会做的！"王子渊应声："好！"于是王子渊就写下了六百字的《僮约》。

《僮约》中列出的奴仆干活名目繁多，管束苛刻，便了难以负荷。便了看后痛哭流涕向王褒求情说："审如王大夫言，不如早归黄土陌，蚯蚓钻额。早知当尔，为王大夫酤酒，真不敢作恶也。"

《僮约》中有两处提到茶，即"脍鱼炰鳖，烹荼（茶）尽具"和"牵犬贩鹅，武阳买荼（茶）"。这说明饮茶已成为世人生活习俗，当时茶叶已成为商品上市买卖，这篇《僮约》为中国茶史留下了非常重要的一笔。

解之六：古代为荼，汉唐称茶。"荼"字，最早见于《诗经》。《诗经·邶风·谷风》中有"谁谓荼苦，其甘如荠"，《诗经·豳风·七月》中有"采荼薪樗。食我农夫"等诗句。人们对"荼"的含义，有多种解释，乃至将《诗经》"荼"误解为苦菜，不少学者抄来转去，对"荼"是否是"茶"的原名称，众说不一。再查古籍《易》《书》《诗》《春秋》《礼记》《仪礼》《周礼》《论语》《孟子》中并无茶字。叫人不禁生疑，难道古时无茶？古时有"荼"字无"茶"字，非真无茶，"茶"是"荼"的通用字演化而来。最早明确"荼"字包含有茶的意义的是东汉许慎在《说文解字》中说："荼，苦荼也。"晋朝郭璞在《尔雅·释木》曰："槚，苦荼。"槚从木，当为木本，则苦荼亦为木本，由此知苦荼非从草的苦菜而是从木的荼。郭璞在《尔雅》中注明："树小如栀子，冬生叶，可煮作羹饮。今呼早采者为荼，晚取者为茗。"

"荼"字简化成"茶"字，即减去一横，改"荼"为"茶"，始于何时呢？始自唐开元年间唐玄宗在为文士们修订的《开元文字音义》一书作序时将"荼"略去一笔，以御撰的形式定为"茶"字，直到唐代中期，陆羽《茶经》问世，这个"茶"字得以更加广泛地使用和普及。

陆羽《茶经》曰："茶者，南方之嘉木也。一尺、二尺乃至数十尺；其巴山峡川有两人合抱者，伐而掇之。其树如瓜芦，叶如栀子，花如白蔷薇，实如栟榈，蒂如丁香，根如胡桃（似茶，至苦涩。栟榈，蒲葵之属，其子似茶。胡桃与茶，根皆下孕，兆至瓦砾，苗木（本）上抽）。"其字，或从草，或从木，或草木并。

解之七：茶树原产地秦巴武当。中国是世界茶树的原产地，这是世界所公认的。我国茶树起源于何时？早在3000年前《诗经》中已有记载。古籍《尔雅》中也有茶及野生大茶树的记载。唐代陆羽在《茶经》中曰："茶者，南方之嘉木也……其巴山峡川有两人合抱者，伐而掇之。"但在20世纪80年代，论及中国茶树原产地，一般撰文认为中国西南地区（包括云南、贵州、四川）是茶树的原产地，却未提到武当道茶。

笔者从1996年开始潜心研究鄂西北十堰市武当道茶及秦巴武当山区茶叶生产，攀悬岩，走峭壁，涉溪涧，穿老林，考察发现武当山野生太和茶和神农架北坡地域的房县原桥上乡东蒿坪有三人合抱的野生古茶树，查阅史料，于2003年春撰文《仙山武当道茶香》，文中明确提出秦巴武当山区是我国茶树的重要原产地，中国是世界茶树的原产地，谈中国的茶就要特别讲到湖北，谈湖北茶文化就要特别谈鄂西北武当道茶。谈武当道茶，就得到八仙观领略道茶文化。

谈茶文化何以要谈鄂西北武当道茶。这是因为一是茶祖神农，相传出生在湖北随州，他在神农架尝百草，日遇七十二毒，得茶而解之，第一个发现野茶。二是我国古籍中，最早见有“荼”（茶）字的记载始于我国的第一部诗歌总集《诗经》。《诗经》中有七首诗写到了“荼”。西周宣王时期《诗经》的编撰者、周朝太师尹吉甫是湖北历史上第一文化名人，尹吉甫是武当山南的房陵人。三是茶神诸葛亮，襄阳古隆中人，年轻时曾学道于武当山，魏、蜀、吴三国鼎立时，他将湖北的茶种带到了云、贵、川等地，现在逢年过节，少数民族兄弟还拜“孔明茶树”。四是茶使，一有王昭君，二有李道宗。王昭君（王嫱），西汉湖北兴山县人，古代四大美女之一，房陵人王奉光的女儿，昭君和蕃，将茶带到了北方少数民族。兴山有条香溪河，河的源头在神农架，源头一眼泉，陆羽称作天下第十四泉。李道宗，唐太宗李世民的堂弟，晚年封江夏王，曾任刑部、礼部尚书。41岁时，送文成公主入吐蕃，与松赞干布婚配，他（她）们带去了茶。五是唐代茶圣陆羽，湖北竟陵（天门）人，著有世界首部《茶经》。六是鄂西北十堰市所处的地域秦巴武当山区，是我国茶树原产地。其一，武王伐纣时房县境内是古彭国，房县紧邻的古庸国及蜀国等是参战有功之国。其二《华阳国志·巴志》：“周武王伐纣，实得巴蜀之师……茶、蜜……皆纳贡之。”房县古时是巴蜀之地。其三，鄂西北十堰市辖房县、竹山、竹溪的南部山区是巫山神农架山脉和大巴山脉。正是陆羽《茶经》所言“茶者，南方之嘉木也……巴山峡川有两人合抱者。”据《括地志》载，今湖北西北的竹山、房县“是巴蜀之境”，是春秋文公十六年巴与秦、楚共同灭庸后巴国扩张所至之地。由此表明《广雅》书中记载的“荆巴间采叶作饼”的茶，产于鄂西北房县、竹溪、竹山所处的秦巴武当山区。七是道家千年传承道茶，贵在道茶养生之道。鲁迅先生说“中国文化的根柢全在道教”，中国的茶文化在于道茶文化。在中国的史书上有许多宫观庙宇道人植茶制茶的记载。古代武当名道尹喜、尹轨、阴长生、药王孙思邈、武术泰斗陈抟、武当武术集大成者张三丰等在这里采茶、饮茶、论道、修性、养生，追求长生不老的传说。

笔者通过研究武当道茶，得到了省市领导及茶学专家的高度关注。2010 年 4 月 17 日，十堰市委、市政府在北京新闻大厦举行了“南水北调中线核心水源区武当道茶品牌推介暨新闻发布会”。国家农业部（现农业农村部）、财政部、科技部、发改委、经贸委、质量技术监督总局等有关部办委局的领导和茶学专家参加了新闻发布会。会上，农业部（现农业农村部）、中国农业科学院茶叶研究所、中国茶叶博物馆、中国地域文化研究会、湖北省茶叶学会等单位的专家学者，对武当道茶进行了品质鉴评，并对武当道茶文化的内涵进行了研讨。与会专家一致认为：“秦巴武当山区是中国茶树原产地和中国道茶重要发祥地之一，武当道茶生产历史悠久，文化底蕴深厚，融道教文化、茶文化与养生文化于一体。武当道茶‘形美、香高、味醇’，产品品质特色鲜明，武当道茶养身、养心、养性，道茶文化底蕴博大精深。”中国茶叶博物馆研究员周文棠在会上听笔者汇报后特题词：“中国鄂西山地的大巴山、武当山、荆山、神农架、巫山地域是中国茶树的原产地。”

十堰市市长张嗣义在会上表示，弘扬武当道茶文化，科学整合山区优势资源，打响武当道茶品牌。将用 10 年时间，使十堰茶园面积达到 100 万亩，综合产值达到 100 亿元，使武当道茶成为十堰继名山、名水、名车之后的第四张名片。

解之八：茶之品质，早采为茶，晚摘称茗。何谓“茗”？许多字典、词典都列二种解释，其一是茶的通称，故有“品茗”“香茗”等词；其二详解“茗”的意义，茗，古通“萌”。茗、萌本义是指草木的嫩芽。茶树的嫩芽当然可称茶茗。后来茗、萌、芽分工，以茗专指茶（茶）嫩芽，所以，徐铉校定《说文解字》时补，茶之嫩芽也。从草名声，以茗专指茶芽，当在汉晋之时。茗由专指茶芽进一步泛指茶，沿用至今。

茶之品质：陆羽《茶经》曰：“茶者……其地，上者生烂石，中者生栎壤，下者生黄土。凡艺而不实，植而罕茂。法如种瓜，三岁可采。野者上，园者次。阳崖阴林，紫者上，绿者次；笋者上，芽（牙）者次；叶卷上，叶舒次。阴山坡谷者，不堪采掇，性凝滞，结瘕疾。”茶叶产品的品质，既与茶树生长的生态环境、海拔高度气候及茶树品种有关，也与茶叶的鲜叶采摘时节、加工技艺有关。明代许次纾在《茶疏》中谈到采茶的时节：“清明太早，立夏太迟，谷雨前后，其时适中。”谷雨是采茶的时节，民间谚云“谷雨谷雨，采茶对雨”。谷雨前采摘的茶细嫩清香，味道最佳。民俗中常言道：“春茶香，夏茶涩，秋茶好喝难采摘”。

常言所谓春茶好，是指清明茶和谷雨茶，同为茶中佳品。清明茶，是清明时节采制的茶树嫩芽（清明前茶），是新春的第一道茶。春季气温适中，茶枝吐嫩，因而清明茶色泽翠绿，叶质柔软，叶型优雅，一芽的多，是一年之中的佳品。而谷雨茶，是谷雨时节采制的春茶（谷前茶），又叫二春茶。春季不仅温度适宜，而且雨量充沛，茶梢芽叶肥硕，色泽嫩绿，茶叶鲜活，香气怡人，同为茶中佳品，但与清明前茶比较，谷雨前茶叶质富含维生素和氨基酸相对清明前茶多，谷雨茶比清明茶的香味更浓，也就是人们通常所说的谷雨茶比清明茶经沏泡、香味更浓。

但在现代生活中，人们以茶为礼，以早上市的茶为尝鲜，热捧清明前茶，抢赶的就是一个“早”字！而这个“早”字，正是茶业的商机，早茶价高，买茶的人付出的是钱的代价，清明前茶和谷雨茶，两者价格相差比较大。真正买清明前茶自己喝的人较少，大多是作为礼品买去送人的。清明前茶看是好看，但不经泡，而谷雨茶泡起来汤色橙黄，香气浑厚，多泡仍回味绵长。所以，懂茶的人通常都是买谷雨前后一两个星期的茶自己饮用。

解之九：特色名茶，武当道茶。中国是世界上最早发现茶树和利用茶树的国家，茶树属种和茶叶品牌丰富。我国植物分类学家关征镒在1980年出版的《中国植被》一书中指出，我国的云南西北部、东南部、金沙江河谷、川东、鄂西和南岭山地，不仅是第三纪古热带植物区系的避难所，也是这些区系成分在古代分化发展的关键地区……这一地区是它们的发源地。截至目前，全世界山茶科植物共有 23 属，计 380 余种，而在我国就有 15 属，260 余种，且大部分分布在云南、贵州和四川一带，并还在不断发现之中，已发现的山茶属植物约有 100 多种。

随着我国茶叶行业的发展规模不断壮大，打造茶叶产地品牌的竞争意识也不断增强，优质茶树和特色名品茶叶也不断增加。2003 年以前，秦巴武当山区茶叶虽也打造了一些品牌，但却没有挖掘整理出久负盛名、独具秦巴武当特色的茶叶品牌。笔者应被称为“武当陆羽”的王富国经理之邀，经过多年考察，潜心研究出武当茶叶的独到特色：首先是研究“道”“道家”“道人”“修身养性”“茶道养生”与“茶”及“茶文化” 的“溯源”“情缘”，武当道家茶道是我国茶道中是一大特色。二是从地域上讲，八百里武当境内有“皇室家庙”“仙山琼阁”“一柱擎天”的武当山，十堰市所辖五县一市两县级区境内还有赛武当、小武当、西武当、中武当及数百个武当道教庙观，自古道众采茶、植茶、饮茶、品茶论道，修身养性，道茶文化博大精深。三是历史溯源，秦巴武当是古巴蜀之地，不仅在西周是贡茶之地，而且据御修的《大岳武当山志》记载，在明代武当“骞林茶”是朝廷贡品。四是地理气候独特。据专家研究，我国茶叶产区分布从北纬 18° 海南岛的三亚至北纬 38° 的太行山脉，但我国名茶、优质茶大多产自北纬 30° 左右的地区。而鄂西北十堰市位于东经 109°25′ 至 111°35′，北纬 31°31′至 33°16′之间。鄂西北神农架及神农架北坡地域的房县、竹山县、竹溪县南部山区，地跨东经 109°56′—110°58′，北纬 31°15′—31°75′，物种多样，林海茫茫，气候独特。因此，鄂西北秦巴武当山区是优质名茶产地。

从 1996 年至 2003 年春，袁正洪一直把武当道茶作为课题研究，先后挖掘整理武当道茶相关资料近百万字，拍摄照片 10 万多张，拍摄武当道茶录像资料100多盘，撰写《浅谈武当道茶历史渊源与养生》《武当道茶文化成鄂西生态旅游圈新亮点》《武当山发现天然野生古茶树对研究我国茶资源分布具有重要价值》《仙山武当道茶香》等文章，文中明确认定“武当道茶”为我国四大特色名茶之一，四大名茶即西湖龙井、武夷岩茶、武当道茶、寺院禅茶。袁正洪的文章先后被新华社、人民日报、香港大公报等媒体登载，武当道茶享誉国内外，引起国家和省市有关专家高度关注和评价。

2008年8月20日，袁正洪和武当山八仙观茶场场长王富国一起，到北京参加由国家质量监督检验检疫总局科技司组织召开的“武当针井、武当银剑”地理标志产品保护专家审查会。会上袁正洪从十个方面汇报了“武当道茶”品牌的建言。到会的农业部、中国农业大学、中国政法大学、中国农科院等部门和学校的专家经认真审查和讨论，一致同意：“建议以‘武当道茶’名称进行申报，要求进一步明确武当道茶的含义，武当针井和武当银剑等产品作为武当道茶品牌名称的系列产品。”

2008年9月，袁正洪和王富国、毛雅鑫赶制申报《武当道茶传统炒制技术和表演艺术》材料及配套的电视专题片，2009年2月，经专家评审，被湖北省人民政府列入非物质文化遗产项目名录。2009年8月上旬，武当道茶被评为全省十大文化名茶。

在省市及武当山旅游经济特区领导和省市农业部门及专家的高度重视下，2009年7月初，湖北省农业厅与十堰市政府签订了关于加快十堰市现代农业发展的合作协议，统一打造“武当道茶”品牌，做强做大十堰茶叶产业。2009年9月3日，成立湖北茶叶产业首个全省性的行业协会——湖北省武当道茶产业协会。武当道茶作为文化名茶，得到社会各界的一致认可和好评。袁正洪诚请中国道教协会会长任法融题词：“武当道茶，天地精华！”

2009年10月24日，湖北第一文化名茶“武当道茶”高层专家论证会在武汉东湖大厦召开。参加论证会的有中国农科院茶叶研究所、中国茶叶博物馆、华中农业大学、武汉大学、湖北省茶叶学会、湖北省农科院等单位的有关中国工程院院士、教授、研究员、著名茶叶专家及特邀道教、文化界知名人士等，专家们经充分讨论和认真评审，一致认为：武当道茶生产历史悠久，文化底蕴深厚，内涵丰富，特质鲜明，独具魅力，生态环境优越，茶叶品质优异，道教文化与茶文化有机融合，创新产业开发机制，利用名山做大名茶，文化优势得天独厚，产业开发潜力巨大。一致推荐“武当道茶”为“湖北第一文化名茶”。会上，袁正洪向中国茶叶博物馆研究员周文棠汇报后，周文棠为十堰市民俗学会题词：“中国鄂西山地大巴山、武当山、荆山、神农架、巫山等地域是中国茶树的原产地。”十堰市农业局局长沈康荣称赞袁正洪与八仙观茶叶总场武当道茶课题研究取得成果并得到应用，为弘扬武当道茶文化做出了积极贡献。

解之十：武当道人，崇尚茶道，评茶论道，修性养生。自古以来，武当道人崇尚自然，钟情于茶，饮茶悟道，修性养生。这正如《道藏》里所言“茶味似道意”，鲁迅先生说“中国文化的根柢全在道教”，中国的茶文化在于道茶文化。在中国的史书上有许多宫观庙宇道人植茶制茶的记载。三国名道葛玄，人称葛仙翁，种茶有“葛仙茗圃”。南朝齐梁时名道陶弘景撰写的《本草经集注》书中说“苦茶，轻身换骨”。唐代著名诗人、坤道李季兰等众多宫观寺庙道人交友搜集茶道，支持唐代茶圣陆羽著《茶经》。在武当山还有许多道茶的神奇传说，相传玄天上帝真武祖师武当修道，玉皇大帝赐茶修性养生，得道成仙；每年“三月三”“九月九”，武当道人要在盛大的法事活动中，用最好的道茶，举行敬奉真武祖师的品茶仪式。

武当千年传承道茶，贵在道茶养生之道。道家以“天人合一”的哲学思想，树立了茶道的灵魂，表达了崇尚自然，崇尚朴素，崇尚重生、贵生、养生的思想，彻悟茶道、天道、人道，表现了对回归自然的渴望，以及“道法自然”的理念。古武当道人将茶道功夫作为道人必备的“诵课、打坐、茶道” 三大功夫之一。武当道茶，还因武当山亦名太和山，亦名太和茶。道人饮此茶，心旷神怡，清心明目，心境平和气舒，人生至境，平和至极，谓之太和。

武当道茶以其独特的地理生态环境、气候，而有着特殊的品质以及药用和健身养生价值。据《神农本草经》记载：“茶叶，味苦寒……久服安心益气……轻身耐老。”《神农食经》曰：“茶叶利小便，去痰热，止渴……茶茗久服，令人有力悦志。” 武当山道教协会会长李光富说，武当道人对道茶妙用有三：一是饮茶消病。茶，药书上称“茗”，俗话说，十道九医，道人十分注重道茶的药用价值，在仙山武当，古往今来，有不少道人饮茶消病。二是饮茶养生健身。饮茶能清心提神，清肝明目，生津止渴，在养生健身上是一个多功能的饮品。三是修身养性之用。道人打坐，讲究“和静怡真”，尤其是夜里打坐，在静坐静修中，难免疲倦发困，这时饮茶，能提神思益，克服睡意，以及道人修身养性，饮道茶可品味人生，参破“苦谛”，沏杯好的道茶，嗅香观色，既是一种精神上的享受，也是一种修身养性的妙用。武当山现年过古稀的道医王太科道长，研阅武当道人春夏秋冬饮道茶的习惯，发现道茶颇有讲究：春天，沏茶时辅少许葛根、桔梗、野菊花，春季万物生长，饮之有提神升阳解毒的作用；夏天，沏茶时适当辅少量连翘、二花、石斛，饮之具有生津止渴、清热解暑的作用；秋天气候干燥，沏茶时辅之生地、麦冬、沙参，饮之具有敛肺滋阴润燥作用；冬天寒冷，沏茶时辅之枸杞、桂圆、山茱萸，饮之具有滋阴御寒养胃作用。

千余年来，武当道茶之所以能够盛名不衰，誉满中外，贵在其品质上乘。据科学测定，茶叶中存在有祛病、保健、益寿的有机化学成分，如茶多酚、维生素、氨基酸等，还存在有无机化学成分，如微量元素钾、铜、铁等，共计有上百种。据现代医学研究发现，茶叶中所含的茶多酚不仅具有降低胆固醇、抑制血压上升、降低脂蛋白的作用，而且以茶多酚为主的多种有效成分能防癌。茶叶中的黄酮醇类和硒等成分具有强化微血管、降血压、防止心肌障碍等作用。茶叶中的儿茶素类和脂多糖类具有抑制血糖上升（抗糖尿病）的功效。有关医学研究表明，常饮绿茶，有益于抗衰老，延年益寿，有保健功效。

道家养生长寿茶——武当道茶王：即武当太极养生功夫茶，因其工艺源于武当内家 36 功法之一的太极乾坤球功得名，是武当道教养生茶道之精华，以太上老君炼丹般的工艺持续 20 多小时特制而成，集“观音头，武将身，菩萨心”于一体，茶条曲美，色泽油润，汤色金黄，浓艳清澈，醇厚回甘，茶香扑鼻，馥郁持久，素有“七泡有余香”之誉。具有消食化腻，抑菌抗癌，瘦身健美，养生延年等独特功效，是现代医学保健养生之天然佳品。

久负盛名道茶香，茶艺表演更精彩。武当山道教协会和武当山八仙观茶叶总场，为弘扬道茶文化，挖掘整理了《武当道茶沏茶表演技艺》：“武当功夫茶沏泡十八道工艺：焚香静气、火沸甘泉、孔雀开屏、请客酬宾、大彬沐壶、青龙入宫、高山流水、春风拂面、乌龙入海、重洗仙颜、天女散花、道法自然、再注甘露、真武巡城、三军点兵、珠联璧合、鲤鱼翻身、捧杯敬茶。”

随着武当道教文化的弘扬，武当文化武术的发展，一些海内外知名人士、茶道专家、文艺、武术名家借访武当名山或参加武当国际旅游文化节、国际武当武术节，武当山下民歌、故事大赛等活动之际，慕名寻访武当道茶，交流武当茶道，盛赞武当道茶。

三、非遗申报

（一）“‘武当针井、武当银剑’地理标志产品保护”专家审查会会议纪要

2008年8月20日，由国家质量监督检验检疫总局科技司组织，在北京召开了“武当针井、武当银剑”地理标志产品保护专家审查会。会议由国家质量监督检验检疫总局科技司地理标志处裴晓颖处长主持，到会的专家来自农业部、中国农业大学、中国政法大学、中国农科院、锦江麦德龙集团等单位。湖北省出入境检验检疫局、“武当针井、武当银剑”地理标志产品保护申报小组有关人员出席了会议。

会上，湖北省武当山旅游经济特区有关负责同志做了“武当针井、武当银剑”地理标志产品保护陈述报告，申报方回答了专家的质询。与会专家根据国家质检总局《地理标志产品保护规定》，对“武当针井、武当银剑”申请地理标志产品保护的名称、保护范围、产品质量特色及其与当地自然、人文因素的关联性等方面进行了认真审查和讨论，形成如下意见：

一、专家组注意到“武当针井”“武当银剑”已作为商标注册，建议以“武当道茶”名称进行申报；

二、要求申报方进一步明确武当道茶的含义，建议包括针井和银剑两个产品；

三、要求产品的质量特色和指标按照针井和银剑两个产品分别进行描述。

2008年8月20日

（二）武当道茶专家鉴评：生态品质特色鲜明，文化底蕴博大精深

2010 年 4 月 16 日至 18 日，湖北省农业厅和十堰市人民政府邀请国家农业部、中国农业科学院茶叶研究所、中国茶叶博物馆、中国地域文化研究会、湖北省茶叶学会等单位的专家学者，在北京新闻大厦召开“南水北调中线核心水源区武当道茶品牌推介暨新闻发布会”，对武当道茶进行了品质鉴评，并对武当道茶文化的内涵进行了研讨。在会议上，农业科学院茶叶研究所副所长、国家一级评茶师鲁成银宣读了武当道茶专家鉴评组结论，一致认为：武当道茶“形美、香高、味醇”，产品品质特色鲜明，武当道茶养身、养心、养性，道茶文化底蕴博大精深。

一、武当道茶具有形式太极、宝剑和拂尘的独特外形。产自于洞天福地的武当山区的武当道茶，经过了千年的道教文化浸润，道教文化精髓融贯于道茶之中。武当道茶外形主要有：太极、宝剑、拂尘等形状，自然优美，和谐圆润。

二、优良的茶树品种和优异的自然环境，孕育了武当道茶独特的内在品质特征。武当山地处大巴山东端，是我国茶叶原产地之一。武当山区产茶历史悠久，自古以来，道人钟爱道茶，在种茶、制茶、品茶的实践中，精心选育出了武当道茶优良的地方群体种，芽叶细嫩，内含物丰富。茶园大多分布在海拔 500—1000 米的崇山峻岭之中，生物多样，山明水秀，云雾缭绕，一方净土，孕育了武当道茶绿豆色、清花香的独特品质特征。现代武当道茶在生产过程中，不施化肥，不打农药，是遵循道法自然的生态有机茶。

三、千年的道教文化，孕育了武当道茶深厚的文化内涵。武当仙山，道教圣地，道教文化源远流长。道人在武当种茶、制茶、品茶的历史长河中，丰富了武当道茶博大精深的文化内涵，武当道茶具有修

身、养性的功能。

武当道茶独特的品质，源于武当山区独特的生态环境和深厚的道教文化底蕴。武当道茶，天地精华，品茶论道，感悟自然。

中新网 2010 年 4 月 18 日

神农武当道茶大事摘要

1. 神农架是世界栽培作物及茶树起源中心之一。《神农架地区茶树资源及性状初析》："川鄂交界处的大巴山、巫山和荆山一带，有 500 多平方公里的高山原始森林区，这就是著名的神农架。由于地质年代久远，又未遭第四纪冰川袭击，因而成为热带和亚热带许多动植物的汇集地。古老的孑遗植物如银杏、铁坚杉、栱桐和珍贵动物金丝猴、苏门羚、金钱豹等都有分布。在茶叶界，神农架亦早就引起人们的注意。唐代陆羽《茶经》载'茶者，南方之嘉木也，一尺、二尺乃至数十尺，其巴山峡川，有两人合抱者'，文中的巴山、峡川就是指神农架到峡江一带。三国《广雅》中'荆巴间采茶作饼，成米膏而出之'等记载，也是指神农架一带的茶事活动。神农架地处我国中部地区，是著名植物学家瓦维洛夫认为的世界栽培作物起源八大中心之一。"（神农架古属房陵，1970 年才从房县划出成立神农架林区）。

——摘自《中国茶叶》1988 年 05 期，专家石林与中国农业科学院茶叶研究所研究员、全国农作物品种审定委员会茶树专业委员虞富莲署名论文。

2. 鄂西山地是茶树原产地。《中国鄂西山地是茶树原产地》："茶树诞生于地球上，约在晚第三纪至第四纪，中国未被 50 万年前冰川覆盖的地区就包括鄂西山地，鄂西山地四季变化明显，符合茶树生物学特性。茶叶原地产鄂西山地是‘物竞天择，适者生存’的进化结果。鄂西山地早在两千多年前就有大量的野生茶树。”

——摘自《农业考古》2001年02期，中国茶叶博物馆研究员周文棠、郭雅敏、周文建论文。

3. 武当山属大巴山东延支脉，是武当道茶文化发祥地，武当山主体地层距今十亿至十三亿年的中上元古界。其北缘低岗丘陵地带近汉江两岸还有一亿三千七百万年前至二千五百万年前的白垩纪第三系红色砾岩沉积及上元古界基性岩、砂页岩等。武当山冰川侵蚀地貌以冰川U谷等最为显著。武当山土壤质地有沙土、沙壤、轻壤等，古老的植物包括银杏、巴山松、古茶树等，以及各种药材，合计八百多种。武当山旅游经济特区位于中国湖北省西北部丹江口市境内，背倚苍茫千里的神农架原始森林，面临碧波万顷的丹江水库（中国南水北调中线工程取水源头），是联合国公布的世界文化遗产地，是中国国家重点风景名胜区、道教名山武当拳发源地和道茶文化发祥地。

——综合摘自《武当山规划大纲》、袁正洪执笔撰写《武当拳法之研究和发展规划》、袁正洪执笔撰写论文《十堰市生态文化旅游发展研究报告》等论文。

4. 武当山神农架地域是古人类发祥地，为溯源神农文化提供了极其重要的文化基础。1989年5月18日和1990年5至6月，由湖北省文化考古研究所、郧阳地区博物馆、郧县博物馆联合在青曲弥陀寺村学堂梁子进行了发掘工作，先后出土了两个古人类头骨化石，经中国科学院古脊椎动物与古人类研究所贾兰坡教授等专家鉴定，这两个头骨化石是中国人类祖先“直立人”阶段保存最为完好的头骨化石，专家们一致认为，此化石属于南方古猿类，距今已有200万年左右的历史，被命名为“郧县人”。南猿化石“郧县人”的发现，向世界宣称古老的汉江是汉民族文化的摇篮之一；鄂西北武当山下古老的“郧县人”是中国人的祖先。南猿化石“郧县人”的发现，填补了亚洲古人类发展缺失的一环，从而证明了亚洲古人类由中国湖北十堰市的郧阳区而来，是轰动世界的重大发现。

梅铺猿人洞、郧西白龙洞古人类遗址、神农架红坪犀牛洞古人类遗址、阳日河谷的新旧石器遗址、武当山下丹江流域古人类活动遗址、丹江口市肖川乡红石坎码头东、汉江右岸北太山庙等6处旧石器遗址，以及房县漳脑洞古人类遗址等，构成了鄂西北武当山神农架古人类发祥生态文化圈，为溯源神农文化提供了极其重要的文化基础。

5. 房县城郊七里河古人类原始聚落，是神农、炎帝后裔的迁徙地。文物出版社2008年9月出版的《房县七里河考古》一书中，著名考古专家郑建明撰《从房县七里河诸遗址看史前东夷族的西迁》一文介绍，据湖北省文物考古研究所和武汉大学考古系对房县七里河新石器时代聚落20年的考古发掘研究表明，七里河遗址是一处原始社会聚落遗址，文化内涵以江汉地区新石器时代末石家河文化和三房湾文化（距今4100年—4600年）遗存为主体。对七里河诸遗址的考古发掘，有专家从史前东夷族的西迁进行研究，发现大约在新石器时代晚期的早段，古东夷族进行第二次大规模西迁，从鄂东涢水与鄂地汉水中下游地区出发，溯汉水而上折向西北，经襄阳、老河口、安康，直达汉水上游源头的汉中，继续向西北而上，抵达陇东南洮水流域的古“三危”之地。因此，作为汉水重要源头的房陵古为神农、炎帝、黄帝、颛顼、祝融后裔迁徙生息地，必然因被开化而发展。从考古发现可知，其后裔曾在房陵这片土地留下开发和创业的足迹。房县九道乡阴峪河、中坝乡漳洛河、门古寺镇羊岔河是汉水流域第一大支流堵河的源头，房县野人谷镇、五台乡、尹吉甫镇境内古南河是汉水流域的一条重要支流的源头。由此，七里河考古说明房县是神农、炎帝及后裔生息地，也为研究神农探险神农架尝百草提供了依据。

6. 上古时代，茶之为药，发乎神农。上古时代指现存文字记载出现以前的历史时代。在中国，上古时代一般指夏以前的时代。据“中华文明探源工程”研究成果，在距今五千年前中华大地已出现了国家的形式，与传说中所描述的天下万国、天下万邦的情景相吻合，该时期被称为“古国时代”，亦称“上古时代”“三皇五帝时代”。我国古籍《尚书大传》《吕氏春秋》《世本》记载，上古三皇：燧人、伏羲、神农；五帝：黄帝、颛顼、帝喾、尧、舜。

中国是茶的故乡，世界茶叶起源于中国，中国的茶源于鄂西秦巴武当山区。中国茶叶博物馆前言标注：“茶，自神农最初发现和利用以来，在中国历史上已吟咏了几千年之久。”

古籍《房县志》记载“先农坛，城东文昌阁右”“社稷坛，城西北”。有关古籍记载：“先农，则神农也，坛于田，以祀先农。”房县大木厂镇和门古寺镇分别有五谷庙，相传神农“斫木为耜，揉木为耒，攀缘搭架”开创了农耕文明，民以五谷祭祀神农。

相传古时神农攀缘神农架百草坡留下多个古地名。1982 年 10 月神农架林区地名领导小组办公室组织专家和地方民俗民间文化、地方志人士编辑的《湖北省神农架林区地名志》，书中记载了古之以来相传神农尝百草的“百草淌”“百草滩”“百草园”“百草冲”“百草坝”“百草垭”等古地名。民间把烧茶的壶叫“荼壶”，还流传着神农教农种五谷和发现茶“遇毒荼解毒的故事”。

7. 周朝设有专职“掌荼”之官，荼（茶）被视为一种神圣的祭祀珍品。古籍《周礼》是儒家经典，十三经之一。世传为周公旦所著，但实际上亦可能是战国时期归纳创作而成。《周礼》是古代华夏民族礼乐文化的理论形态，对礼法、礼仪作了最权威的记载和解释，对历代礼制的影响最为深远。《周礼》中记载先秦时期社会政治、经济、文化、风俗、礼法诸制，涉及内容极为丰富，堪称汉族文化史之宝库。《周礼·地官司徒》记载：“掌荼，下士二人，府一人，史一人，徒二十人。”该书还说：“掌荼：掌以时聚荼，以供丧事；征野疏材之物，以待邦事，凡畜聚之物。”

“茶”古称“荼”。在神农时代——春秋前期，荼（茶）除了作为一种能医治百病的神药，也常常被视为一种神赐的仙品用于祭祀。《周礼·地官司徒》记载的“掌荼”，是西周时期的一种内宫官吏，就是专职为君王贵胄们制茶之官，当时主要是炮制茶汤，以使君王精力充沛，身心舒畅，其时药用价值更高。同时也明确了周朝设有专职“掌荼”之官，在邦国举行丧礼大事时，荼是必不可少的祭品。因荼的鲜叶不能随采随祭，必须晒干以便取用，朝廷特设立专职“掌荼”之官，掌以聚荼，以切实保障邦国举行丧礼大事时所用。掌荼隶属于地官府司管辖。由此可知，3000 年前“荼”（茶叶）的用途就被扩大了，成了神圣祭祀的珍贵祭品。

8. 最早贡品“武王贡”茶蜜商标获国家知识产权局核准注册。据《武当道茶网》《民俗文化网》《十堰网》2019 年 5 月 28 日讯（陈如军）：近日，三千年前享有贡品盛名的“武王贡”茶、蜂蜜品牌的商标，在国家知识产权局成功核准注册，标志着千古庸巴“武王伐纣，茶蜜纳贡”，久负盛名的“武王贡”茶和“武王贡”蜂蜜从此得到国家法律的正式保护，为湖北省十堰市武当道茶和蜂蜜产业再添一驰名品牌。“武王贡”国家知识产权局商标注册证号：第 27599459 号。“武王贡”茶、“武王贡”蜂蜜商标注册人为湖北诗经尹吉甫文化传播有限公司。

据从 1980 年开始倾心收集挖整研究西周太师、诗祖尹吉甫暨诗经文化，1996 年开始收集挖整研究长江汉水、庸巴峡川、秦楚及神农架武当地域茶和蜂蜜等地域文化的学者袁正洪介绍：我国第一部地方志书、晋代《华阳国志》记载：“周武王伐纣，实得巴蜀之师……丹漆茶蜜……皆纳贡之。”其所说的茶蜜产地“巴”，实际上说的是古庸巴地域，十堰市所辖的房县、竹山县、竹溪县及邻近地域古时曾为庸巴之地。表明在公元前 1066 年，茶已经成为古周朝的贡品。

唐代陆羽《茶经》载："茶者，南方之嘉木也。其巴山峡川，有两人合抱者，伐而掇之。""巴山峡川"，其大巴山系指延绵渝川陕鄂边境山地之称，为四川、汉中两盆地界山，自西北而东南，包括摩天岭和武当山等地，巴山的主峰在"神农架"（原属房县，1970 年划出房县，房县南部山区系神农架北坡地域）。"武王贡"茶商标，系十堰市武当道茶支柱产业、名优特产蜂蜜的知名商标，可谓中国最早的贡茶、贡蜜品牌。

9.《诗经》是中华文化的元典，《诗经》中有七首诗记载有荼（茶）。《诗经》是我国四书五经之首，是我国第一部诗歌总集。西周太师、房陵人尹吉甫是西周周宣王时期《诗经》的编纂者，家住武当山南紧连的房县万峪乡。《诗经》中有七首诗记载有"荼"。"茶"古称"荼"。《诗经·邶风·谷风》中有"谁谓荼苦，其甘如荠"，《诗经·豳风·七月》"采荼新樗，食我农夫"等。这正如我国书法大师，古典文学、古文字学研究专家启功先生写诗所说："古称荼苦近称茶，今古形殊义不差。"

10. 鄂西北十堰古为知名丝绸之路、茶马古道、绿松宝石之路。武当方园八百华里，所处地域神农武当秦巴山区，长江汉水鄂西北地段，古代方国有庸巴麇彭，楚绞濮等十多古国，是丝绸之路、茶马古道、绿松宝石之路。一是《华阳国志》记载，武王伐纣，茶（荼）、蜜皆纳贡之。二是我国古籍《国语》卷六《齐语》记载："（桓公）即位数年……一战帅服，三十一国。遂南征伐楚……望汶山，使贡丝于周而反。荆州诸侯，莫敢不来服。"此事说明荆楚之地古产丝绸且是贡品。三是鄂西北十堰市郧阳区、竹山县、郧西县是享誉世界的绿松宝石之乡。我国有四大名玉，即新疆和田玉，河南独山玉，辽宁岫岩玉和湖北十堰市的绿松宝石。尤其是世界绿松石储量的 70% 在中国，中国绿松石的 70% 又集中在十堰市所辖的郧阳区、竹山县、郧西县境内。由此说明鄂西北武当神农架秦巴山区是久负盛名的丝绸之路、茶马古道、绿松宝石之路。

11. 茶之为礼，始于东周时尹喜献茗老子。《天皇至道太清玉册》记载：“老子出函谷关，令尹喜迎之于家首献茗，此茶（礼）之始。老子曰：食是茶者，皆汝之道徒也。”公元前491年，函谷关令尹喜，清早从家里出门，站在一个土台上（现瞻紫楼）看见紫气东来，欣喜若狂大呼：“必有异人通过。”忙令关吏清扫街道，恭候异人，果然见一老翁银发飘逸，气宇轩昂，并且倒骑青牛向关门走来。尹喜忙上前双手举茗（茶）迎接老子，诚老子在此著写了彪炳千秋的洋洋五千言《道德经》。以后，茶之为礼，始于东周时尹喜献茗老子流传至今。

老子著作《道德经》后，南行云游武当，上老君堂，至老君洞，过青羊桥，涉牛槽溪，攀老君峰，品茶论道。随后老子问道西周太师尹吉甫籍里房陵，古籍《房县志》载：“老君堂在房城西关三陕馆左。”后老子登神农架，仰慕神农尝百草之地，《中国道教大辞典》《神农架地名志》记载：“大神农架东北方位十五公里是老君山，相传古时老君在此炼丹得名，亦称老君山峰，有“圣君卧榻”“系青牛柏”“炼丹仙炉”“茶壶煮茗”地名。关令尹喜在老子撰《道德经》三年之后，不仕隐居栖修武当三天门处及尹喜岩，武当尊称尹喜文始真人，玉清上相。

12. 我国茶树发祥地为西南云贵和蜀东鄂西之地，这是茶学专家的共识。鄂西北房陵古为蜀东，据司马迁《史记·秦本纪》记载：“长信侯毐作乱……车裂以徇……灭其宗，及其舍人……夺爵迁蜀四千余家，家房陵。”由此，房陵古时按其地域称为蜀东。

成书于三国魏明帝太和年间的《广雅》一书记载：“荆巴间采叶作饼，叶老者饼成，以米膏出之，欲煮茗饮。”茗，即茶也。

古代相关地理书《广雅》记载“荆巴间采叶作饼”的茶，产于鄂西北所辖的房县、竹山县、竹溪县、神农架林区所处的秦巴武当神农架区域。

据曾流放房陵流放区域的郧乡县的唐王李泰著《括地志》载，湖北西北的竹山、房县是“巴蜀之境”。

中国著名茶研专家陈祖槼和朱自振编《中国茶史资料选辑》一书认为，神农氏族，或其部落，最早可能生息蜀东和鄂西山。他们在此，首先发现茶的药用，进而采食。

13. 神农架地域西汉茶使王昭君（王嫱）。神农架古属房陵郡，辖秭归兴山。神农架木鱼坪至兴山昭君桥路程53公里。王昭君是湖北兴山县人，古代四大美女之一，皇上令其和蕃，她将茶带到了北方少数民族。兴山有条香溪河，河的源头在神农架，源头一眼泉，相传陆羽将其称作天下第十四泉。

古籍《史记》记载，汉王奉光家在房陵，以女立为宣帝皇后，并且封为邛成皇后，其父奉光也被封侯。古《房县志》，也有记载。汉宣帝之儿元帝刘奭，十分尊崇邛成太后。元帝选美，妃王昭君，兴山俊女，与邛太后同籍房陵。

14. 茶神诸葛亮，学道于武当。据袁正洪收藏的有关古本繁体字《诸葛亮传》记载：“仙监：司马徽谓亮曰：‘以君才，当访明师，益加学问。南郡武当山上有七十二峰……有金简、玉册、五行道法……遂引至武当拜见，惟令担柴汲水沏茶，采黄精度日。居既久，方授以道术，遣下山行世。’”诸葛亮七擒孟获，带茶云贵，将士肠炎，茶到病除，诸葛植茶，如此神奇，少数民族，十分称赞，人称孔明，是为茶神，每年春季，茶园开采，拜亮茶树，孔明茶神。云贵茶农，逢年过节，开园采茶，亦祭诸葛亮。

15. 隋唐药王、武当名道孙思邈研药及茶道养生。隋唐被尊称为“药王”的武当名道孙思邈（公元541年—682年），籍贯京兆华原（今陕西省铜川市）。他出生于一个贫穷的农民家庭，长大后爱好道家老庄学说，隋开皇元年（581年），孙思邈见国事多端，隐居陕西终南山中，后到武当山，曾在武当山三十六岩中非常有名的五龙峰灵虚岩洞修炼并采药行医，经常给道人及山民看病，并用针灸疗法和自制的药剂治愈了不少山民的疑难杂症，山民们称奇，称他为药王。孙思邈对这些收集的民间验方、秘方及宝贵的实践经验进行整理，科学研究，倾心著作了《千金要方》《千金翼方》《银海精微》《保生铭》《存神练气铭》等著作。孙思邈在其所撰《千金食治》药植中云："茗叶味苦、咸、酸、冷，无毒，可久食，令人有力，悦志微动气。"孙思邈所著医药书籍不仅被誉为我国古代的医学百科全书，也是研究道教丹道修炼的重要资料。北宋崇宁二年（1103 年），孙思邈被追封为"妙应真人"。明、清《大岳武当山志》均记有孙思邈在武当山五龙峰西南的凌虚岩隐居修道的事。武当道教非常敬重药王孙思邈，至今凌虚岩宋代砖殿里供奉有"药王"孙思邈造像，在紫霄宫大殿内至今仍供存有药王孙思邈塑像。

16. 唐代中医名著《外台秘要》首创茶入药典。唐太宗李世民三公主的儿子王焘（670—755 年），因婚姻之故，贬守房陵（今湖北省房县）为房州太守，任职同时，注重挖整收集上自神农、下及唐世，民间医药验方，编著了《外台秘要》（其著四十卷，收载药方 6000 余条，集唐代以前医药之大成，并开创了医书先论后方的体例），堪称"医学瑰宝"，其著第三十一卷专门设有"代茶新饮"，药方一节，药茶可疗疾，首创茶入药典。

17. 我国唐代茶圣陆羽《茶经》里记载："茶之为饮，发乎神农氏。"陆羽（733—804 年），字鸿渐，复州竟陵（今湖北天门）人，一名疾，字季疵，号竟陵子、桑苎翁、东冈子，又号"茶山御史"。陆羽《茶经》里记载："茶者，南方之嘉木也，一尺二尺，乃至数十尺。其巴山峡川有两人合抱者，叶如栀子，花如白蔷薇，实如栟榈，叶如丁香。"武当山地处鄂西北秦巴山区，十堰市的竹山、竹溪和房县西南部山区古称巴国之地，正是陆羽《茶经》里所说的茶的产地，由此可知，巴峡之地是世界及我国茶文化的发源地、是道茶文化的发祥地。

18. 唐吕洞宾，纯阳剑祖师，饮茶作诗，传承于世。唐吕洞宾（据传生于公元 796 年），山西芮城人，道号纯阳子，自称回道人，全真道派。原为儒生，64 岁遇钟离权传其丹法，道成之后普度众生，为八仙之一，被尊为纯阳剑祖。相传八仙云游仙山到太和山，在老君堂品茶论道，留下茶醉故事。到了元代建八仙观，聚仙藏气世代植茶。吕洞宾擅长游记赋诗，饮茶作诗，有诗传承于世："玉蕊一枪称绝品，僧家造法极功夫。兔毛瓯浅香云白，虾眼汤翻细浪俱。断送睡魔离几席，增添清气入肌肤。"

19. 武当名道陈抟，饮茶养生修性，皇帝称赞并赐茶。陈抟（871—989 年）字图南，号扶摇子，赐号希夷先生。亳州真源县（今河南鹿邑县）人，修道武当，房县城西四十里九室山，辟谷养生，尊称睡仙，武术泰斗，精通茶道，史书多有记载。

《宋史·陈抟传》载："后唐长兴中举，考进士不第，遂不求禄士，以山水为乐，自言尝遇孙君仿、獐皮处士，二人者高尚之人也，语抟曰：武当山，九室岩，可以隐居，抟往栖焉。因服气辟谷。"据《元和郡县志》记载，房山县西，四十三里，其山西南，有石室如房。《太和山记》亦有记载。此说是因武当方圆域八百里，房域有其小武当山、西武当山、房九室山，是武当山七十二峰唯一山外之峰。

五代时后周皇帝周世宗，喜好道士烧炼丹药，陈抟被人上奏朝廷。显德三年世宗命令送抟入朝，陈抟被留皇宫之中，居住月余世宗面见。任命陈抟为谏议大夫，陈抟辞绝，世宗善待放抟回居。世宗命令朱宪带上五十四帛、三十斤茶，赐给陈抟以示关爱。

陈抟隐修，房九室山，也在武当，后来陈抟移居华山少华石室，辟谷修炼，经常穿行于武当山、华山。陈抟隐修辟谷，炼丹研药，品茶赋诗，养生修行，一百一十八岁高寿仙去。

20. 道教科仪自东汉时期形成以来，一直都是道教的重要组成部分。在其长期的演变、发展之中不断完善，发挥着多种多样的功能。

在武当道教的斋醮科仪中普遍用茶，自元代起就已将净茶列入供品崇敬玄帝，明代因之，清代官方在祭祀玄帝时仍用白色瓷杯盛净茶敬供。

武当道教科仪认为，水神玄武，水是甘露，茶是天然雨露灵芽，是为通灵，水茶相融才溢香气，方为武当道教虔诚向真武献茶的供品。道教科仪规定每年“三月三”和“九月九”，盛大法事时设坛场举行道教仪式，武当道人身着庄重道袍，手持法器合着声乐，吟唱经文，净水净茶，敬茶玄天上帝。

21. 仙山武当八百华里，地域面积揽鄂西北。元朝仁宗延祐元年（1314 年）《大元敕赐武当五龙万寿宫碑》记，武当蟠踞八百余里”，碑今存放在武当山五龙宫大殿中。延佑元年《大元敕赐武当山大天乙真庆万寿宫碑》记载“武当山蜛地八百里”，碑今存放在南岩宫东配殿岩下。

明代朱棣于永乐一十六年（公元 1418 年）大修武当，御制大岳太和山道宫之碑记载“武当山蟠踞八百余里”，并将其刻入玉虚宫、五龙宫、净乐宫、南岩宫、紫霄宫五宫碑文之中，从那时起“八百里武当山”的说法形成并传遍天下。

以上碑记足可见证鄂西北，即武当山、神农架，鄂西北境域汉水和长江段，皆属于武当方圆八百华里，可谓神农武当茶树和茶文化发祥地。

鄂西北地，武当方圆，八百华里，亦有考证，丹江武当，一柱擎天；茅箭区和房县相连有赛武当山；房县门古望佛山有小武当山；房县化龙竹桥有西武当山；神农架林区有中武当山；紧连神农架林区的兴山县有南武当山。竹溪县西南有真武祖师山；十堰境内八县市区乡有道庙遗迹 150 个。对此运用卫星地图，用线测法相加即是 414 公里，合 828 华里，此与元明“武当蟠踞八里余里”说法相符。

22. 元代名著《武当福地总真集》《武当纪胜集》记载骞林和茶俗、茶诗。元代武当名道刘道明，号洞阳，荆州（今属湖北）人，授以清微上道，居武当山五龙观。刘道明著《武当福地总真集》卷上“峰岩溪涧·七十二峰”记载：“大顶天柱锋州名参岭，下视群峰，有如丘埋。朝顶到此，骨凛毛寒。下有松萝、芳骞林树等木。”

《武当福地总真集》卷中记载：“芳骞树，叶青而秀，木大而高……与画者无比。武当有二，大顶与五龙接待庵涧滨。”

《武当福地总真集》卷上“峰岩溪涧·七十二峰”记载：“七里峰，在隐仙岩之北，竹关之下。下即五龙接待庵。土花盈砌，山桂飘香，驻鹤迎宾，烹茶炊粟，一如仙家故事。”

元代著名诗人罗霆震，号云麓樵翁，江西南昌人，编著《武当纪胜集》一卷，收录吟咏武当山的诗 200 余首。罗霆震《武当纪胜集》记载《甜茶》诗曰：“修真苦淡味仙灵，自种云腴摘玉英。互古与人甘齿颊，春风百万亿苍生。”《汉语大词典》解释，云腴，茶的别称。

23. 武当名道张三丰养生赞茶诗。元末明初，武当名道张三丰（生于公元 1247 年），辽东懿州人，一名君宝，号张邋遢。张三丰精通武当武术，尤内家拳集大成者，遂以绝技名扬于世。三丰喜爱道茶养生，擅长书画诗词，著有《三丰全集》，其第五卷中撰茶诗赞美道人清修：“卷帘相与看新晴，小阁茶烟气味清，朗诵《黄庭》书一卷，梅花帐里坐先生。”张三丰还作诗七绝《清吟》：“清茗清香清道心，清斋清夜鼓清琴。人能避浊谈清静，跳入云山不可寻。”诗句写茶，清明采茗，饮茶味香，清心修道。张三丰武当修道，高瞻远瞩出语武当：“此山异日，必大兴也！”

24. 古籍记载武当山骞林贡茶。据《大明玄天上帝瑞应图录》记载，世传武当山骞林叶，能愈诸疾。自昔以来，人皆敬重，未始有得之者。永乐十年（1412 年）秋，朝廷命隆平侯张信、驸马都尉沐昕，敕建宫观。明年，春气始动，草木将苏，先是天柱峰有骞林树一株，萌芽茁秀，细叶纷披，瑶光玉彩，依岩扑石，清香芬散，异于群卉。不旬日间，忽见玉虚、南岩、紫霄及五龙等处，忽有骞林树数百余株，悉皆敷荣于祥云丽日之下，畅茂于和风甘雨之间，连阴积翠，蔽覆山谷。居民见者，莫不惊异嗟叹，以为常所未有。至是，绿叶舒齐，馨香馥郁。隆平侯张信和驸马都尉沐昕认为，武当山骞林树之所以生发繁盛，乃玄帝显化，以彰其灵，遂命人采摘其叶，进献于朝。自此以后，武当山每年给明皇室的上贡仙品中必有骞林茶一项，终明之世，相沿不替。明宣德六年，钦差太常寺里丞臣任自垣著作的《敕建大岳太和山志》也有此记载。明代文人、官吏、农学家王象晋在《群芳谱》中缕述天下名茶时就曾对武当山骞林茶赞不绝口：“太和山出骞林茶，初泡极苦涩，至三四泡，清香特异，人以为茶宝。”

25. 武当山，亦名太和山，茶树随其山名而谓太和茶。武当山，亦名太和山。武当太和地名源自古籍《周易》，所谓太和，亦作“大和”。“保合太和”乃《周易》籍中重要哲学思想，即《易·乾》载曰：“保合大和，乃利贞也。”大本作“太”。“保合太和”，和谐平安，吉祥如意，武当道人，崇尚和平，道教思想，文化精髓，“天人合一”“和谐精神”。

武当道茶久负盛名有太和茶和骞林茶，然而武当《太和山志》等相关古籍、文人诗赋虽有记载，却因无图谱，加之记述材料不详，不好对照，或者误将太和茶树、骞林茶树，两者混淆，难以辨别，导致骞林成千古迷。袁野清风等经过翔实考察论证，对此进行了考证。

26. 明朝景泰皇帝圣旨武当佃户交纳茶赋道士服用。据《大岳太和山志》卷五《敕蠲免征差》（佃户附）记载，景泰五年（公元1454年），湖广布政使司为民等事承准圣旨事意，本山佃户每户岁办斋粮七石，再令每丁茶叶二斤，供给焚修道士服用。圣旨明令，钦遵逐年，照例办纳。当时武当山共有佃户五百余户，按照每户三丁计算，共有男丁一千六百六十五人，每年交赋茶叶计达三千余斤供道士饮用。

27. 明皇室后裔朱载尧于1577年始创武当襄府茶庵方便登山善男信女饮茶。武当山为明王朝皇室家庙，明朝皇室后裔、时任襄王朱载尧亲临武当视察朝谒（武当山为襄阳辖），襄王攀登武当山后感慨万千，认为身为皇室后裔，应该倾力为国分忧为民分愁，所以发誓愿意将其衣食租税捐资武当创建茶庵，茶施十方登山的士众。茶庵于明万历五年（公元 1577 年）秋始建，工程历时五年，历经艰辛。

明万历十年（公元 1582 年）季夏，礼部尚书、前刑部左右侍郎都察院右副都御史、提督军务兼治湖广山西河南三省地方吴郡徐学谟被襄王朱载尧捐资武当创建茶庵茶施十方民众之事感动，撰碑文《太和山新创茶庵记》，亦名《襄府茶菴（庵）碑记》，碑高一米七八，汉白玉质，楷书阴刻，以表达对藩王的纪念。此碑文拓片被武当学者张华鹏先生收编入《武当山金石录》一书。

28. 明代医圣李时珍武当采药论茶。明代著名医药学家李时珍（1518—1593 年），字东璧，号濒湖山人，湖北蕲春县人。李时珍自 1565 年起，先后到武当山、庐山、茅山及湖广、安徽、河南等地收集药物标本和处方，历经 27 个寒暑，三易其稿，于明万历十八年（1590 年）完成了名著《本草纲目》，被尊为“药圣”。

明代嘉靖四十四年，李时珍师徒上武当山采药，攀悬岩，住岩洞，曾住在金仙洞、武当口的太平洞，在太平洞右侧的后上方，留存有泥巴垒砌的灶台，岁数大的村民说这是李时珍采药居住在此洞时所留。李时珍在武当山采药发现武当山特有药草千年艾、隔山消、曼陀罗花及野生太和茶。武当道人沏茶与李时珍交友，研究道药。李时珍从武当山南行，到房县南山神农尝百草的神农架采药上百种。李时珍在《本草纲目》中记载，茶苦而寒，最能降火，火为百病，火降，则上清矣。《本草纲目》收集标本一千八百九十二种，武当山达四百余种。

29. 武当道人打坐品茶，养生修性，为道人四大必备功法。武当道人牢记祖训，功课诵经，养生修性；坚持四大必备功法，即武术打坐，修性健身；道教医药，十道九医；饮茶养生，品茶论道，道法自然，天人合一。古之以来茶道功法有妙用，一是道人打坐，重在讲究和静怡真、静坐静修。夜里打坐坐忘无己，容易产生困顿疲劳之感，打坐饮茶能去睡意。二是饮茶亦可品味人生，愉悦身心静心修性心境平和。三是道家对茶情有独钟，这是因为道教修炼，方法贵在内丹炼气，饮茶可提精气神。四是饮茶清思消浊，生津润律，疏通经络，清肝明目，生津止渴，修性养生，福寿康宁。

30. 道教科仪敬茶真武。周朝设有专职“掌荼”之官，荼（茶）被视为一种神圣的祭祀珍品。《尹喜内传》载，茶水通灵，达仙之物。神仙多以枣宴宾也，净水亦佳。武当道教认为，茶是天然雨露灵芽，是为通灵达仙之物。宋代襄阳紫虚坛道士张明道撰《玄帝实录》，又称《降笔实录》，记载道教科仪敬茶真武祖师。元代道教经典《玄天上帝启圣录》卷之二“进到仪式”记载：“伏惟上界真武真君，于今治世，助国安民。”“上清法师张子高，进到式文，真武真君，每年定于六庚申、六甲子、三元五腊，及逐月一日下降，常行欲求保叔事意供养者，并于是日天弗明时，取井花水一盂，用杨柳枝一枝浸之，明灯或净蜡烛一檠，枣汤净茶各一盏，笺沉乳檀任便一灶，不得用印湿和等香虑有麝触。时果素食，供养内果子……”

武当山每年农历三月三的祖师圣诞法事，是武当山规模最大，场面最为壮观，氛围最浓厚的盛会之一。武当山庙会大型法事活动，道士都要沐浴斋戒，清洁身心，在高功法师的带领下依科进行开坛、取水、祀灶、净坛、扬幡、请圣、朝礼、庆贺、祝寿、上表、回向、落幡、送神、普度等仪式。用最好的道茶，举行敬奉真武祖师的品茶仪式。

31. 清代珍贵文化史料《武当纪游二十四图》——名人周凯诗画茶庵茶药茶诗。清朝嘉庆、道光年间名臣周凯，是宋朝著名理学家周敦颐的后裔，浙江富阳人。周凯于嘉庆十年（1805）考中进士（与林则徐为同科进士），周凯殿试二甲，授翰林院庶吉士，相继任编修、国史馆纂修、提调等职。在京期间，与林则徐、魏源、龚自珍等结“宣南诗社”，为京都二十四诗人之一，周凯以诗歌和山水画闻名于世。

清朝道光三年（1823年），周凯在湖北襄阳担任知府时，曾巡视均县，遍览武当山胜迹，画了一些写生画稿。后相继任职汉黄德道台、福建兴泉永道道台，随后任台湾兵备道、按察使司衔兼提督学政等职，周凯在当官期间政绩卓著，在他任职的地方都留下很好的口碑。道光十二年（1832年），他用3个月的时间，依据旧稿绘成了《武当纪游二十四图》册，每图对开题诗，图诗共48开。周凯在画中描述了名山秀峰文物古建筑等壮观景象，是十分珍贵的武当山水文化史料。

周凯在《武当纪游二十四图》中盛赞茶庵茶药茶诗，极其宝贵。周凯在《武当纪游二十四图》的“金仙洞”图题词：“金仙洞，洞在山腰，峭壁千仞上有楼观，悬长绳卖丹药。上下适转轮，过客至亭中，道士则烹茶及火具置叵罗中，坠以下。药名书小竹签，繁青蚨签上，即知所买药。辗而上，顷刻复下濒行，置茶具叵罗中，能自取之。黄龙、五老、雷神诸洞皆然”。

周凯在《武当纪游二十四图》的“金仙洞”图的题诗为：“峭壁矗天立，云下多厉阴。虚亭积寒聚，小坐源衣襟。玉茗空际来，修绠悬千寻。何必问药灵，药即去清我。签仙不可援，年听松风吟。”

周凯在《武当纪游二十四图》的“襄府茶庵”图中题诗三首：（1）“此庵不解属吾家，门榜何因又署茶。丹桂尚留前代树，榔梅空忆上仙花。当阶松桧参天立，傍晚钟鱼向客哗。醉后题诗付老衲，使君有可漫笼纱。”（周凯题诗注：初过周府茶庵）（2）“冰雪聪明属道家，诗成清味胜于茶。问君何处锄云药？邀我重来煮雪花。得句自怜人已瘦，谈经却爱语无哗。瞳瞳日影穿林出，寒翠空濛上碧纱。”（周凯题诗注：得至周府茶庵，叶道人问和以诗，见和叠韵答之。）（3）臭味居然是一家，竭来餐得上方茶。仙山我算曾游客，好句君如顷刻花。醉墨淋漓横作草，村民观笑莫相哗。一鞭又逐红尘去，只为头颅尚帽纱。（周凯题诗注：三过周府茶庵，问梅复以诗见邀，索观游山诸作，因书八大横幅以贻之，再叠前韵为别。）

32.1984 年，湖北省茶叶学会组织专家学者来丹江口市武当山八仙观等村，通过实地考察测定武当山区域，茶叶生长的自然条件得天独厚，武当山海拔较高，云雾缭绕，早晚温差较大，土质主要为石英质岩、基性岩类。专家科学测定土壤多为砾壤轻壤，茶叶内质不仅富含有机化学成分，而且还含多种微量元素，是祛病、养生、益寿的天然佳饮。专家考察论证认定武当名山出名茶，仙山云雾产好茶，并结合绿化美化景区的需要，专门撰写了关于建立武当山名茶基地的可行性报告，这成为武当八仙观等村民发展茶叶产业脱贫致富的动力。

33.《老道士们的生活》图文诵经打坐练功品茶入选《新中国的一日》。

1936 年，中国著名文学家茅盾及其他有影响力的人士，曾经编辑出版过《中国的一日》征文集，生动地映现了那个时代中国社会的断面。半个世纪过去了，以中国新闻活动家刘尊棋先生为主编的《新中国的一日》编委会，又一次在全国范围内开展了征文活动，征集人们在 1987 年 5 月 21 日这一天的生活。这次征文活动共征集到稿件 13000 件。来稿者遍布全国各地、各行业、各年龄层，内容丰富多彩，可以说他们是今天中国人民生活的缩影，是了解新中国的一个“窗口”。该书由华夏出版社出版。

1987 年 5 月 21 日，郧阳报总编办公室副主任袁正洪记者，应《新中国的一日》编委会征文之邀到武当山紫霄宫采访、摄影《老道士们的生活》图文，袁正洪有幸拍摄了 87 岁的中国道教协会副会长、武当山紫霄道长王教化与道兄吴教运、道弟马教换喜饮太和茶，诵读道教经书的珍贵照片（华夏出版社 1989 年 1 月出版的《新中国的一日》书选用了此照片）。

34. 艰苦奋斗兴建生态旅游观光茶园。1987 年 7 月 18 日，武当山镇八仙观村在村干部王富国的带领下重新开垦了荒芜的 83 亩茶园，结合荒山绿化、退耕还林和兴建生态旅游观光茶园的规划，全村干群经过十年艰苦奋斗，劈石深挖土层，整修了1500多亩茶园，茶带长达400多公里，有从武当山进山大门一直到武汉这么远，八仙观村坚持“场村合一，以场带村”，兴建高标准的茶园，兴茶富民，脱贫致富，八仙观村成为远近闻名的富裕村，闻名全国。

35. 武当道茶茶艺表演备受国内外客人青睐。武当山八仙观茶叶总场不仅把道家制茶和现代制茶工艺融为一体，而且不断挖掘整理了道茶茶艺，在中国茶叶博物馆多位茶艺教授的帮助下于1991年成立了武当道茶茶艺团，至2007年春，成功地打造了武当针井、武当银剑、武当功夫茶等系列道茶茶艺。

武当道茶茶艺表演讲究礼貌待人、款款有序、动作细腻优美等“道法自然，天人合一”的理念，富有茶的神韵，使人们在品茶和观看茶艺表演的过程中得到茶艺之本、之韵、之德、之道的美好享受。“之本”就是茶性之纯正，茶主之纯心，化茶友之纯净；“之韵”就是沏茶之细致，动作之优美，茶局之典雅，展茶艺之神韵；“之德”就是感恩于自然，敬重于茶农，诚待于茶客，联茶友之情谊；“之道”就是人与人和睦，人与茶，人与自然和谐，系心灵之挚爱。道茶茶艺表演传达的是纯、雅、礼、和的茶道精神；传播的是人与自然的交融，启发人们走向更高层次的生活境界。

武当道茶茶艺团曾多次参加省部级农业博览会和茶叶界茶艺表演比赛等大型活动，曾荣获“优秀茶艺表演队”称号。茶艺团先后还为同行和社会培训茶艺师200多名，其中有20名成为高级茶艺师。2007年4月26日，袁野到武当山八仙观茶叶总场采访报道了《武当道茶茶艺表演备受国内外客人青睐》的新闻，被新华社、中国新闻社等转载，予以宣传报道。

36. 1995年10月，武当银剑获得第二届中国农博会金奖。

37. 坚持把武当道茶当课题研究，明确何谓武当道茶。1970年春，袁野清风出差去尚没通公路的神农架林区（当时名叫房县泮水区松柏镇）调查有关乡干材料。他们翻山越岭途经林区大岩屋饭店，又累太渴，饭店主人热情地叫他们喝用茶壶煮的野生茶，因树开白花，春上采叶芽，俗称白花茶，煮茶的壶叫茶壶，茶水喝完，虽感味浓苦，但喝第二道渐感味道甘醇清香。1974 年，袁野清风一行四人，隆冬冒雪徒步慕访武当，任兴俊所长热情沏泡太和茶和骞林贡茶，给一行人留下了十分难忘印象。

1996 年春，笔者与武当八仙观茶叶总场联合，坚持把武当茶叶作课题研究，以锲而不舍的神农农耕精神、茶圣陆羽的求索精神，挖掘、整理神农武当道茶文化，视自己为“布衣”，与茶农、道人交朋结友。多年来，坚持深入山乡、根植于民，翻山越岭，攀悬崖，走峭壁，越溪涧，淌急流，风雨秦巴山区，挖掘整理武当道茶文化，努力探索解答一个个问题。

何谓武当道茶？就是道教圣地、仙山武当方圆八百华里，鄂西北境域，两江一库（长江、汉江、丹江口水库）、西山（武当山、神农架）、秦巴屏障，独特的地理生态环境，南北兼有的气候，林海茫茫，飞云荡雾，名山秀水，盛产、传承的久负盛名的“高山高香”道茶，古之道人钟爱饮用，打坐练功，养生修性，福寿康宁，仙山武当盛产的优质道茶。

38. 何谓武当茶道。袁野清风多年挖掘、整理研究武当道茶与武当茶道，他认为所谓武当茶道，就是武当道人以“道”的理念，探索出的制茶、沏茶、茶礼、饮茶、品茶、养生、修性、茶技、茶艺、茶文化之道。

袁野清风多年挖掘、整理研究武当道茶，解释所谓武当茶道亦可概括可为“六功之道”，即制之：采茶、火候、炒青、揉制、整形之美；沏之：就是择茶、选水、烹茶、茶具、沏茶、茶艺（悬壶增茶技艺等），彰显系列美好茶技之功；饮之：饮茶解渴，啜取茶中多种有益元素，获美好养生之道；品之：闻茶香、观汤色、尝茶味，获得美好享受；

礼之：即礼节，敬茶、奉茶、交友、亲近、和谐，弘扬传统美德；悟之（修性）：茶能静心、静思、愉悦、陶冶情操，悟道修性、提升“精、气、神”，从品茶中探索茶的本源、本质、茶理、规律，从饮茶养生和精神的享受中感受道茶事物的变化所形成的博大精深的武当道茶文化，感受茶艺所渲染的茶性清纯、幽雅、质朴的气质、增强的艺术感染魅力，以此充分感受“上善若水”“道法自然”“天人合一”的美好茶道精神。

39.1998年5月，武当针井在湖北名优茶评比活动中荣获特等奖。

40.1999年9月，国家农业部授予武当山八仙观茶叶总场“中国道茶文化之乡”的称号。对武当道茶的挖掘、整理，尤其是对武当银剑、武当针井等品牌的深入打造，很好地推动了武当道茶产业的发展。

41.武当山八仙观茶叶总场生产制作的茶叶通过欧盟认证。2001年7月，武当山八仙观茶叶总场以独特的地理环境，科学施用有机香饼肥料，生产的武当道茶一次性通过欧盟IFOAM绿色有机食品认证及国环OFDC有机食品认证。

42.2002年11月，武当针井被省工商局评为“湖北省著名商标”。

43.中国首台茶叶杀青新型环保机在湖北上市。新华社武汉2004年4月1日电（袁正洪、詹国强报道）：我国首台茶叶杀青双向蒸汽电热高温快速同步生产环保机，日前在湖北省武当山旅游经济特区八仙观茶叶总场投入使用。它的问世较好地解决了过去采用滚筒式八方复干机茶叶杀青中的诸多难题，不仅有助于茶叶在杀青中保持叶绿素含量，使茶叶色泽碧绿、富含浓郁香气，而且大大提高了工效，把我国制茶工艺提高到了一个新的水平。

过去，茶叶杀青使用的是滚筒式八方复干机，靠烧木柴加热，由于比较难以掌握火候，茶叶的鲜叶，特别是高山云雾地区的优质肥壮茶叶及雨后鲜叶、露水叶，在杀青时难以杀透、杀均匀，一旦火候掌握不好，就会出现鲜叶黏锅、炒焦、糊叶等现象，影响茶叶的色、香、味、形，而且烧柴产生的灰尘影响茶叶的洁净。为解决这一难题，武当山八仙观茶叶总场场长、高级技师王富国结合十多年茶叶生产加工制作的经验，与浙江上洋机械公司联合研制生产出中国首台茶叶杀青双向蒸汽电热同步环保机，2004 年春在八仙观茶叶总场投入使用后，引起国内外专家和同行的关注，这一机械设备达到了国际领先的水平。

44. 新华社、中国新闻社 2004 年 4 月 20 日刊登长篇通讯《仙山武当道茶香》，引国内外 100 多家媒体转载。

《仙山武当道茶香》介绍了袁正洪通过挖掘、整理、研究，提出我国素有西湖龙井、武夷岩茶、武当道茶、寺院禅茶四大特色名茶，被茶学专家认可。新华社、中国新闻社刊登的《仙山武当道茶香》，被上百家新闻媒体纷纷转载，红遍网络，使武当道茶享誉国内外。

45. 2004 年 6 月 30 日，湖北省农业厅授予八仙观茶场“全省有机茶示范基地”。

46. 武当茶园被列为全省优质茶板块基地。2006 年 6 月 5 日，湖北省农业厅发专文鄂农督［2006］49 号，要求把以武当针井、武当银剑为代表的武当道茶产业，作为武当山旅游经济特区“十一五”规划和“一村一品”优先发展的支柱产业，纳入到全省优质茶板块基地建设项目来重点扶持，为武当针井、武当银剑的发展提供了良好的社会经济条件，武当道茶迎来广阔的发展前景。

47. 2006 年 6 月 10 日，中国茶叶博物馆周文棠研究员慕访武当山八仙观茶叶总场，亲切指导道茶茶艺培训班开班，称赞道茶文化博大精深。

48. 武当道茶系列产品全面打入新加坡等东南亚市场。2006 年 8 月，在湖北・香港名优食品展示月订货会上，武当山八仙观茶叶总场挖掘、整理武当道人传统炒制道茶技艺，生产的武当道茶一举拿下全省最大的出口订单，综合评比荣获两项“第一”，继而参加了 10 月在香港举行的名优食品展示月活动，并在订货会上作了精彩的武当道茶茶艺表演，反响十分热烈。2006 年 12 月，在由农业部主办的上海绿博会上，八仙观茶叶总场又拿下了近两千斤茶叶订单。至此，以武当针井、武当银剑为代表的武当道茶系列产品，全面打入新加坡等东南亚市场。

49. 神农架山北坡地域房县野人谷镇发现千年古茶树。2006 年 7 月，十堰市市委政研室正县级政策研究员、十堰市民俗学会会长袁正洪、房县林特高中技术员张先忠，在神农架山北坡地域的房县桥上乡（2010 年初，湖北省政府批准撤销桥上乡设立野人谷镇），海拔 1100 多米的千坪村发现一棵三人合抱的千年太和古茶树，树高 15 米，树围径 3.2 米。当时因古茶树蔸部树洞生了许多蚂蚁，当地农民用农药过量，古茶树岌岌可危，就向上级部门建议让农林部门抢救保护。

50. 2006 年 10 月，农业部副部长牛盾视察八仙观茶叶总场，盛赞武当道茶。

51. 湖北武当山发现天然野生古茶树。2007 年春，十堰市民俗学会会长袁正洪、武当山八仙观茶叶总场场长王富国，经过走访老道人和民间老药农，发现在武当山元代古庙观榔梅祠后山谷沿岩壁山间长有天然野生“太和茶古树”11 丛，其中最大的一棵古茶树高 4.9 米、树基部围径 1.02 米、树基部直径 0.31 米。

2008 年 5 月 6 日，袁正洪邀请享受国务院津贴的湖北知名中草药资源研究专家、郧阳医学院教授陈吉炎等鉴定，武当山发现的天然野生“太和茶古树”，系山茶科，柃木属，对照《中国植物志》《湖北植物志》，是武当野生太和茶树。这一发现对研究武当道茶文化、武当山森林植被、武当天然药港资源及我国茶资源分布具有重要价值。此发现以《武当山发现天然野生古茶树对研究我国茶资源分布具有重要价值》为题报道后，新华社、中国新闻社等媒体纷纷报道。

52. 武当山挖掘、整理出濒临失传的武当道家太极功夫养生茶。中华茶文化传播网 2007 年 4 月 10 日讯：中国四大道教圣地之一的湖北十堰市武当山八仙观茶叶总场，经过多年走访道人、武术名家、茶农，挖掘整理出久负盛名、濒临失传的武当道家太极功夫养生茶，成为道茶文化交流的一大亮点。

武当太极养生茶，亦名武当功夫茶，挖掘、整理于武当内家36功法之一的太极乾坤球功，是古代道人应用内家技术，通过将茶叶晾青、摇青、杀青，即打包成球形，用千斤之力紧包、揉包功法发酵等，工序精湛复杂，经过长达30多个小时的整形制成的武当功夫茶，具有茶条曲美，色泽鲜润，汤色金黄，浓艳清澈，醇厚回甘，芬芳扑鼻，馥郁持久的优点，有“七泡有余秀之誉”，乃太极养生功夫茶，备受国内外游客青睐。

53. 武当道茶佳称茶道特色与十四功效。2008年7月28日，民俗文化网采用袁野清风研究武当道茶撰文《浅谈武当道茶历史渊源与养生》，文中载“武当道茶，天地精华”。武当道人钟爱道茶，茶是“仙山玉露灵芽”“养生修性佳饮”“长寿仙茗”“月上芳骞”“太和茶珍”“雀舌”“云腴”“香茗”“针井”“银剑”“武王贡”“老君眉”“龙峰”等。

所谓武当道茶，道人饮此茶，心旷神怡，清心明目，心境平和气舒，人生至境，平和至极，谓之太和。

武当道茶有十四功效：诵经做功，饮茶润喉；打坐提神，驱除睡意；道乐常奏，道茶爽嗓；采茶为药，十道九医；以茶为礼，节俭倡廉；解毒降火，清心明目；生津止渴，清肺去痰；消除烦恼，怡悦心身；品茶悟道，修性养生；茶可雅兴，习文赋诗；茶艺表演，精彩玄妙；功夫道茶，拳勇无比；茶道精神，上善若水；福寿康宁，道气长存。

54. 武当道人四大必备功夫和武当茶道“八美之赞”。武当道人酷爱道茶、茶道，茶不单纯是一种饮品，它富含了博大精深的茶文化。武当道人钟爱道茶，将茶道功夫作为道人“诵课唱经、打坐修性、品茶悟道、道教医药”四大必备功夫之一。

袁野清风考察学研武当茶道有“八美”：即“仙山道茶生态美，清泉甘甜水质美，巧夺天工茶具美，妙趣横生茶艺美，优雅饮茶道乐美，温馨和谐气氛美，养生修性茶味美，福寿康宁道茶美。”

55. 国家专家评审一致意见“‘武当道茶’名称好”。2008 年 8 月 20 日，国家质量监督检验检疫总局科技司在北京组织专家召开“武当针井、武当银剑”地理标志品牌及原产地保护问题评审会。会上袁正洪根据十多年挖掘、整理、研究武当道茶的实践，从十个方面汇报并建议取名叫“武当道茶”品牌。到会的农业部、中国农业大学、中国农科院等专家经讨论，认真评审一致意见：“以‘武当道茶’名称好，要求进一步明确武当道茶的含义，武当针井和武当银剑等产品作为武当道茶品牌名称的系列产品。”从此将以往多名称的武当茶确名叫武当道茶，武当地域的具体茶品名作为武当道茶品牌名称的系列产品。

56.《武当道茶传统炒制技艺》被列入省非遗名录。2008 年 11 月，袁正洪、王富国、毛雅鑫赶制了《武当道茶传统炒制技术和表演艺术》申报非物质文化遗产的文本及配套的电视专题片。2009 年 2 月，经湖北省专家评审，《武当道茶传统炒制技艺》被省人民政府列入非物质文化遗产项目名录。

57. 中央电视台《问道武当》等拍摄武当道茶电视纪录片。随着武当道茶知名品牌的挖掘、整理与弘扬，旅游经济的发展，一些海内外知名人士、茶道专家、文艺影视界人士、武术名家慕名来八仙观村寻访武当道茶，听道茶故事，观光生态茶园。同时，国内外电影、电视剧组也慕名前来取景与摄制。

2008 年先后有中央电视台《问道武当》电视纪录片、美国好莱坞著名导演克里斯蒂·里比执导的《圣山》电影、中国著名导演张纪中执导的新版《倚天屠龙记》电视剧组等慕名来八仙观取景拍摄。

58. 打造武当道茶品牌首场专题讲座。十堰市人民政府网 2009 年 8 月 24 日（网络通讯员徐毅）：8 月 21 日上午，市农业局第一期周末大讲堂在局二楼会议室开讲。中国新闻社湖北分社十堰通讯站站长、市委政研室正县级政策研究员袁正洪应邀莅临市农业局，结合“武当道茶”品牌打造工作，作了题为“打造武当道茶品牌，创建湖北第一文化名茶”的首场专题讲座，局领导班子成员、直属单位全体负责人、局机关全体干部职工参加讲座。

袁正洪以科学发展观贯穿讲座始终。他认为，坚持以科学发展观为指导，打造“武当道茶”品牌，科学认识武当道茶文化博大精深的内涵，创新道茶产业规模品牌效益快速发展，对促进农村奔小康建设、鄂西生态文化旅游圈建设、十堰市农业主导产业的发展具有重要的现实意义和深远的历史意义。因此，要坚持用科学发展观解放思想、创新观念，充分认识“弘扬武当道茶文化、推进道茶产业发展”的重要战略意义；坚持用科学发展观科学分析、科学研究，充分认识“弘扬武当道茶文化、推进道茶产业发展”的生态文化及产业资源优势；坚持用科学发展观科学论证、科学决策、科学制定“弘扬武当道茶文化、推进道茶产业发展”规划；坚持用科学发展观科学实施、全面协调，推进武当道茶生态文化旅游、道茶产业经济快速发展。

中国农业大学博士研究生导师、农业局党委书记、局长沈康荣同志高兴地说，非常感谢袁正洪同志不辞劳苦，为十堰市农业发展挖掘、整理、研究出了武当道茶优质特色知名品牌，为武当道茶产业发展提出了很好的思路。会上，局长沈康荣同志对当前“武当道茶”品牌打造各项工作进度进行了详细的通报，并要求农业系统干部职工紧紧把握当前大好时机，着力提高分析问题、解决问题的能力，打响“武当道茶”品牌，把茶叶产业做成我市的民生产业、增收产业。

59. 湖北省武当道茶产业协会成立。新华网湖北频道 2009 年 9 月 4 日电（袁正洪、张岚、许毅报道）：昨日上午，在省市领导和农业等部门的重视支持下，湖北茶叶产业首个全省性的行业协会——湖北省武当道茶产业协会成立大会，在道教旅游胜地八百里武当腹地的十堰市宏正宾馆隆重召开。省农业厅、省民政厅、省果品办、省茶叶协会等有关领导及专家特来参加会议并发表讲话。十堰市政协主席王铁军，十堰市副市长、武当道茶品牌开发工作领导小组副组长师永学等领导出席成立大会。十堰市所辖五县一市四区的有关领导、市农业局、市民政局、市民俗学会、市产业化办、市绿色食品办、市农科院及各名优茶场的负责人、专业技术人员等百余人参加成立大会。市农业局高级农艺师、茶叶专家涂扬晟当选湖北省武当道茶产业协会会长。

60. 湖北第一文化名茶“武当道茶”高层专家论证会在武汉召开。2009 年 10 月 24 日上午，湖北省农业厅和十堰市人民政府共同邀请华中农业大学、武汉大学、中国农科院茶叶研究所、中国茶叶博物馆、湖北省茶叶学会、湖北省农科院等单位的有关中国工程院院士、教授、研究员、著名茶叶专家，特邀道教、文化界知名人士组成评审论证委员会，经充分讨论和认真评审，专家们一致认为武当道茶生产历史悠久，文化底蕴深厚，内涵丰富，特质鲜明，独具魅力，生态环境优越，茶叶品质优异，道教文化与茶文化有机融合，创新产业开发机制，利用名山做大名茶，文化优势得天独厚，产业开发潜力巨大。专家们一致推荐“武当道茶”为“湖北第一文化名茶”。

会上，湖北省委常委张昌尔同志、省农业厅厅长祝金水同志向十堰市委副书记王启泉同志和十堰市农业局长沈康荣同志授牌“武当道茶——湖北第一文化名茶”。

61. 专家题词“武当山、神农架地域是中国茶树的原产地”。2009 年 10 月 24 日下午，中国茶叶博物馆馆长、研究员周文棠听到袁正洪汇报坚持十多年挖掘、整理、研究鄂西北武当道茶的情况汇报后，周文棠特题词：“中国鄂西山地的大巴山、武当山、荆山、神农架、巫山地域是中国茶树的原产地。”

62. 十堰市首次举办“武当道茶文化之春”专场演出。2010 年 2

月1日，十堰市和湖北省武当道茶产业协会为弘扬武当道茶文化，以打响“武当道茶——湖北第一文化名茶”品牌，做大做强做优道茶产业，发展十堰山地现代农业，举办了首次“武当道茶文化之春”专场演出晚会。

十堰市有关领导、老领导、市农业局及市农科院、县市区农业局、湖北省武当道茶产业协会、十堰市民俗学会等单位以及武当山八仙观茶叶总场、湖北龙王垭茶业有限公司、十堰梅子贡茶业、圣水茶业等公司参加了演出晚会。湖北省农业厅副厅长王兆民、十堰市副市长师永学分别向专场演出致辞。

演出的节目丰富多彩，有“武当道茶茶艺表演”“武当功夫茶道”“秦巴武当采茶歌舞”“春到茶山”“梦在茶乡”等，充满了浓厚的道茶文化之韵，一展武当道茶文化的博大精深和茶产业的欣欣向荣，深受好评。

63. 北京新闻大厦举行武当道茶品牌推介暨新闻发布会。2010年4月17日，十堰市委、市政府在北京新闻大厦举行了“南水北调中线核心水源区武当道茶品牌推介暨新闻发布会”。国家农业部、财政部、科技部、发改委、经贸委、质量技术监督总局等有关部办委局的领导和茶学专家参加了新闻发布会。

会上，中国农业科学院茶叶研究所、中国茶叶博物馆、湖北省茶叶学会等单位的专家经评审，一致认为：“秦巴武当山区是中国茶树原产地和中国道茶重要发祥地之一，武当道茶生产历史悠久，文化底蕴深厚，融道教文化、茶文化与养生文化于一体。武当道茶‘形美、香高、味醇’，产品品质特色鲜明，武当道茶养身、养心、养性，道茶文化底蕴博大精深。”

时任十堰市市长张嗣义在会上表示，弘扬武当道茶文化，科学整合山区优势资源，打响武当道茶品牌，将使十堰茶园面积达到100万亩，综合产值达到100亿元，使武当道茶成为十堰继名山、名水、名车之后的第四张名片。

64. 中华人民共和国农业部批准对“武当道茶”实施农产品地理标志登记保护。2010 年 11 月 15 日，中华人民共和国农业部公告第 1478 号：根据《农产品地理标志管理办法》规定，经过初审、专家评审和公示，“武当道茶”符合农产品地理标志登记程序和条件，准予登记，特颁发中华人民共和国农产品地理标志登记证书。

此公告批准对“武当道茶”实施农产品地理标志登记保护，其农产品地理标志登记信息有申请名称：武当道茶；申请人全称：湖北省武当道茶产业协会；划定的区域保护范围：十堰市所辖的竹溪县、竹山县、武当山旅游经济特区、房县、郧县、郧西县、丹江口市、张湾区、茅箭区。地理坐标为东经 109°29′～111°34′，北纬 31°31′～33°16′。

65.《湖北拟出巨资 570 万打造武当道茶品牌》。《中国茶叶》杂志 2011 年 01 期：《湖北拟出巨资 570 万打造武当道茶品牌》，“近日，湖北省财政厅和省农业厅联合下文，对 2010 年十堰市武当道茶品牌打造扶持资金 570 万元。其中，湖北省政府乌龙茶专项扶持 300 万元，用于武当道茶有机乌龙茶开发，直接扶持武当道茶品牌打造 4 家核心示范企业；湖北省农业厅从板块资金中安排 270 万元用于武当道茶品牌打造和基地建设，其中房县武当道茶基地建设 60 万元，湖北省武当道茶产业协会武当道茶品牌打造 210 万元。”

（此前，2009 年 11 月 4 日，湖北省武当道茶产业协会会长涂扬晟、秘书长张岚等人赴省农业厅板块办及果品办签订农业板块基地建设《武当道茶品牌建设》项目合同。）

66.“武当道茶”被评为“十堰市城市形象名片”。据武当道茶网、诗经文化网、民俗文化网、十堰网报道：2011 年 10 月 24 日，十堰市首届“十堰市城市形象名片”评选活动在武当大剧院隆重揭晓，武当道茶、“郧县人”（南猿化石）、诗祖尹吉甫、房县黑木耳、十堰绿松石等 10 个项目和单元被评为“十堰市城市形象名片”。

首届“十堰市城市形象名片”评选活动由市委、市政府组织领导，市委宣传部主办，十堰广播电视台、十堰周刊承办。活动自2010年8月启动后，各县市区、市直有关部门积极响应，精心组织，组委会办公室共收到文化、历史、资源、旅游等8个类别的参选项目和单元54个，经百万人投票，按照“观照历史、反映现在、促进将来”的宗旨，评选活动以知名度、美誉度、代表性、独特性、人文性、吸引力、前瞻性为重要标准，经由市知名专家学者组成的评审委员会三轮会商，并参考了国内知名学者的意见，最后从54个候选项目和单元中，评选出了3个“十堰名片杰出成就奖”、10个“十堰名片”，以及10个“十堰名片提名奖”。市领导冀群风、陈冬芝、黄剑云出席颁奖盛典并向获奖单位颁奖。

67. 湖北“武当道茶杯茶王”大赛评出绿茶茶王和十名茶博士。民俗文化网、诗经文化网、武当道茶网、十堰网2012年5月7日讯（吉炎、胜蓝）：近日，湖北省十堰市及湖北省武当道茶产业协会举办首届武当道茶杯茶王大赛暨茶博士评选活动，经专家评审，茶王斗茶，评委评选和文化测试等综合评定，竹溪县湖北龙王垭茶业有限公司选送的武当箭茶被评为绿茶茶王；湖北武当道茶开发公司张丙华、湖北武当山八仙观茶业总场王富秀等十人被评为茶博士；湖北圣水茶叶有限责任公司生产的圣水翠峰茶、湖北武当道茶开发公司选送的武当道茶、梅子贡茶业有限公司生产的梅子贡茶、房县神农贡茶叶公司选送的神农春雨茶等获“十大金奖茶产品”，三十个茶产品获优质奖。

这次在“武当道茶杯”茶王大赛评茶会上，全国著名茶叶专家、中国茶叶研究所副所长鲁成银高度评价：“十堰地区的绿茶可谓‘绿豆汤，清花香’，茶叶鲜嫩明亮，茶水鲜爽回甘，尤其以‘形美、香高、味醇、有机茶’的内在品质和‘养身、养心、养性、长寿茶’的文化特质，在全国绿茶中处于先进地位。”

这次“武当道茶杯”茶王大赛和茶博士的评选，将进一步促进武当道茶品牌的打造，显现出强大的示范带动效应，加快武当道茶产业的发展。

68. 武当道茶连续三年居中国最具影响力农产品区域公用品牌100强，居湖北省茶叶区域公用品牌之首。被中国农业品牌研究中心等部门评为2012年度、2013年度中国最具影响力农产品区域公用品牌100强。2012年，浙江大学CARD中国农业品牌研究中心和《中国茶叶》杂志、中国农科院茶叶研究所、中国茶叶网联合组建课题组，对我国茶叶企业产品品牌开展专项品牌评估研究，获得了行业内广泛的关注。2012年中国茶叶区域公用品牌价值评估中，“武当道茶”品牌价值被评估为12.74亿元，名列全国第18位，湖北省第一位。2013年，武当道茶品牌价值达14.57亿元，名列湖北省茶叶区域公用品牌之首。2014年中国茶叶区域公用品牌价值评估结果公布，武当道茶位居全国第17位，品牌价值升至15.45亿元，连续三年居全省茶叶区域公用品牌之首。

69. 中国绿色村庄年会在中国道茶文化之乡八仙观村胜利召开。2012年9月9日上午，2012中国绿色村庄年会在武当山八仙观村召开，“全国村官培训基地”在这里落户，“村村和合，和合天下”纪念碑揭幕。原中央农村工作领导小组办公室主任段应碧，中国村社发展促进会名誉会长余展，十堰市委副书记、代市长张维国，市人大副主任周有顺，副市长张歌莺，全国人大代表、劳动模范、山西省平顺县西沟村党总支副书记申纪兰，中国村社发展促进会会长、华西村党委书记吴协恩，浙江省奉化市萧王庙街道滕头村党委书记傅企平等出席年会。“村村和合，和合天下”纪念碑上雕刻着全国108个特色村村名。会上，“全国村官培训基地”落户八仙观村，吉林安图红旗村、广西钦州三娘湾村等8个村庄加入到绿色村庄行列。

70. 2014年6月，中国优质农产品开发服务协会授予武当道茶“中国第一文化名茶”称号。中国优质农产品开发服务协会，由农业部主管，协会旨在推动我国优质农产品及农业品牌化发展。2014年6月20日至21日，农业部党组成员、中纪委驻农业部纪检组长、中国优质农产品开发服务协会会长朱保成出席“强农兴邦中国梦·品牌农业中国行”走进十堰座谈会，期间朱保成代表中国优质农产品开发服务协会，正式授予武当道茶“中国第一文化名茶”称号。

71.2014年12月12日，中国品牌价值评价信息在中央电视台首次向全球独家发布。中央电视台、中国品牌建设促进会、中国国际贸易促进委员会、中国资产评估协会、中国标准化研究院、中国优质农产品开发服务协会等单位共同作为发布主体，联合发布评价信息。此次发布分为5大类：制造业、服务业、农产品、地理标志区域品牌、自主创新品牌。农产品方面，湖北省十堰市武当道茶以40.65亿的品牌价值和833.33的品牌强度进入全国农产品前三强（居农产品第三位），居茶叶品牌之首。

72.2015年6月12日至13日，中俄“万里茶道”走进武当暨首届武当道茶博览会在湖北十堰举行。古时鄂西北秦巴武当神农架区域属于茶马古道，绿松宝石、丝绸之路，一路由堵河入郧阳黄龙朔汉江而上，进入郧西上津，翻越秦岭至西安，西上至甘肃、新疆，走丝绸之路进入中亚及阿拉伯国家；一路由堵河入郧阳黄龙顺汉江而下，到襄阳，然后入河南，北上至内蒙古，由中俄“万里茶道”进入俄罗斯。十堰因此成为“万里茶道”的重要节点。此次中俄“万里茶道”活动参会人员包括俄罗斯农业部官员、国家农业部、全国茶馆等级评审委员会、湖北省农业厅、十堰市委市政府领导和茶学专家，旨在为国家“一带一路”战略实施、中俄“万里茶道”构筑经济与文化合作交流长廊，助推中国茶馆及茶行业的转型升级与可持续性发展，促进中俄“万里茶道”这条古茶道重焕生机。

73.武当道茶荣获国家工商总局中国驰名商标。据武当道茶网、民俗文化网2015年7月3日讯（王印）：6月29日，从国家商标局传来喜讯，十堰市“武当道茶”被国家工商总局认定为中国驰名商标，成为国家级的“金字招牌”，实现该市茶叶行业“中国驰名商标”零的突破。

74. “武当道茶养生歌”入选出版。2015年10月，中国文史出版社出版《神农武当医药歌谣》一书，第十五编“武当道茶养生歌”入选出版，“武当道茶溯源歌”“武当道茶十解”“民间验方茶”等文论诗赋计二万四千余字，“武当道茶”专门章节首次收入图书出版。

75. 武当道长话道茶，修性养生长寿茶。2015年10月，中国道教协会会长、武当山道教协会会长李光富为千百年来首部《神农武当医药歌谣》题词“武当道茶，修性养生，健康长寿，仙山贡品”。李光富会长在编审《神农武当医药歌谣》书时，对《神农武当医药歌谣》主编袁正洪说，武当道人，对道茶妙用有其三：一是饮茶消病。茶，药书上称“茗”，俗话说，十道九医，道人十分注重道茶的药用价值，在仙山武当，古往今来，有不少道人饮茶消病。二是饮茶养生健身。饮茶能清心提神，清肝明目，生津止渴。在养生健身上是一个多功能的饮品。三是修身养性之用。道人打坐，讲究“和静怡真”，尤其是夜里打坐，在静坐静修中难免疲倦发困，这时饮茶能提神思益，克服睡意，以及道人修身养性，饮道茶可品味人生，参破“苦谛”，沏杯好的道茶，飘香观色，既是一种精神上的享受，也是一种修身养性的妙用。《神农武当医药歌谣》书的总编袁正洪特将李光富会长此言予以新闻报道后，许多媒体转载，道人盛赞饮茶之誉。

76. 互联网+茶产业暨万里茶道武当道茶品牌推介活动召开。2016年5月20日至22日，互联网+茶产业暨万里茶道武当道茶品牌推介活动在十堰举行。本次推介活动由湖北省十堰市人民政府、湖北省农业厅、十堰市农业局等单位联合举办，吸引了来自北京、陕西、湖北三省市117家企业参加（其中参展企业107家）；同时来自全国

23 个省市自治区的 115 家媒体代表齐聚十堰，共襄盛会。

十堰是我国茶叶最早发源地之一。早在远古时期，神农在十堰武当山、神农架一带搭架采药时首先发现和利用了茶叶，神农也因此被尊称为茶祖。古时秦巴武当山区一带的茶叶，一路顺汉江而下，汇于襄阳，然后入河南、上蒙古，由“万里茶道”进入俄罗斯，连通欧亚；另一路由郧阳码头溯江而上，然后由陆路翻越秦岭至西安，西上甘肃、新疆，走“丝绸之路”进入中亚及阿拉伯国家，十堰茶叶在中国茶叶发展史上具有极其重要的地位。本次活动中，湖北省十堰市、襄阳市携手陕西省汉中市、安康市四市正式成立“汉江流域茶产业联盟”。

77. 房县万峪乡摩天岭峡谷发现千亩骞林和太和两种野生茶林，其最大一株被骞林古茶树围径 3.01 米。2019 年 3 月，春暖花开，袁正洪诚邀被评为十堰市“武当茶博士”的张丙华到武当山南紧连的房县万峪乡小坪村，村主任邓青忠和村文书为向导，在海拔 1300 米的摩天岭及九条峡谷考察发现有2000余亩天然原始太和茶树、骞林茶树，其中最大一株骞林野生大古茶树高 16 米，树蔸围径 3.01 米，骞林茶本地俗称白花茶，奇香醉人，这棵野生大茶树可谓是当今世界“茶树王”之一。《中国植物志》和《湖北林业志》介绍，太和茶树系山茶科，植物学名叫翅柃；骞林茶系山茶科，植物学名叫“尖连蕊茶”。当地俗称古太和茶、小白花茶（骞林贡茶），春季采叶，用传统方式制作茶叶，久负盛名，以茶待客，也被武当道人尊为祖师供品。

西周太师尹吉甫籍里就在紧连武当山南的房县万峪，从房县万峪到西周镐京必经武当山。尹吉甫是《诗经》宣王时期的编纂者，《诗经》里有七首诗记载有荼（茶）。明代《大岳武当山志》记载骞林茶为朝廷贡品茶，以后失传，袁正洪艰辛考察，仔细研究，明确小白花茶就是古时骞林贡茶。有关茶叶专家说万峪乡摩天岭峡谷发现千亩野生茶树群落，建议建天然野生茶自然保护区。

78. 鄂西北武当山系茅箭铜宝山发现天然野生古茶树群落。2019年5月3日，湖北省十堰市诗经尹吉甫生态文化研究咨询中心主任、市非物质文化遗产专家、倾心研究武当道茶文化20多年的学者袁正洪同志，在武当山系十堰市茅箭区马家河铜宝山（20世纪50年代6名地质专家曾勘探其为铜矿山），发现近千平方米的天然原始野生古茶树群落，当地山民称“野山茶”。其中在来家沟一半山腰，岩壁和烂石砾壤及风化的腐殖肥壤中长的野生茶树，高3—6米，有的一蔸树围径96厘米，有的一棵树杆直径14厘米，这片茶树群落有100多棵茶树。此野生茶树在武当山区古代俗称“骞林贡茶”。根据采集的山茶枝叶、蓓蕾、个别树枝上挂着的去年剩下的干茶果，对照《中国植物志》《中国高等植物图鉴》《湖北植物志》《竹溪植物志》等书中的图片、简介及多年对武当山区野生茶的考察研究资料和拍摄照片进行分析对比，研究认为此野生茶树的植物学名叫尖连蕊茶，系山茶科山茶属，别名尖叶山茶，四季常绿灌木，高达3米左右，叶革质，卵状披针形或椭圆形，长5—8厘米，宽1.5—2.5厘米，先端渐尖至尾状渐尖，基部楔形或略圆，叶边缘密具细锯齿，花单独顶生，花柄长3毫米，花冠白色，有郁香；花瓣6—7片，花期11月至次年3月，果期8月至11月，蒴果圆球形，直径1.5厘米，有宿存苞片和萼片，果皮薄，1室，种子1粒，种子呈淡褐色。生长在海拔600—1600米的山坡沟边林中，或灌丛中，或山顶岩缝。分布在长江流域及以南各地，陕西南部和湖北神农架、房县、竹溪、丹江口、兴山等地。

茅箭区马下河铜宝山发现的天然野生古茶树群落，不仅对研究野生武当道茶有一定价值，而且这种四季常绿茶树，开花期长，也是一种比较好的园林绿化观赏植物。

79. 中国茶叶学会“帝芙特杯”第六届评审会在竹山县召开。2019年6月24日，中国茶叶学会在湖北省竹山县召开了“帝芙特杯”

第六届中国茶叶学会科学技术奖、青年科技奖评审会。会议共邀请来自中国农业科学院茶叶研究所、浙江大学、湖南农业大学、安徽农业大学等14家单位的15位专家参加评审。依据《中国茶叶学会科学技术奖奖励办法》和《中国茶叶学会科学技术奖评选指标》，经过专家评审，中国农业科学院茶叶研究所陈红平等10位同志分别获得第六届“帝芙特杯”一、二、三等奖。

80.“中国·竹山首届茶商大会”隆重召开。2019年6月25日至26日，来自中国农业科学院、中国茶叶学会，北京、上海、浙江、山东、四川、陕西、河北等多个省地市（区、县）的400多名茶学专家、茶商齐聚茶乡湖北竹山县，参加“中国·竹山首届茶商大会”，参观茶场、茶企，展销茶产品，与会者高度赞誉“绿满竹山，茶香天下”。

81.2020年6月，中国驰名商标“武当道茶”名称正名，武当道茶文化富含博大精深。“武当道茶”名称，好在“道”字，“道”是宇宙之源，“道”是万事万物即物质运动的自然规律和法则。武当道茶，上善若水，道法自然，天人合一。道家创始人老子曰“道法自然”。道法自然是人和万物都要遵循的客观规律。道法自然、天人合一是中华文明内在的生存理念。

2003年3月28日，“武当道茶”品牌在国家知识产权局注册。2010年1月25日，“武当道茶”品牌获国家知识产权局注册。2015年6月29日，“武当道茶”被国家工商总局认定公布为“中国驰名商标”，是全国知名农产品区域公用品牌，是国家农业部评定公布的国家地理标志保护产品。2009年2月被湖北省人民政府列入湖北省非物质文化遗产名录。2014年6月被评为中国第一文化名茶。

但2020年4月中旬，由于误传，有的人误以道茶名字中有“道”字，就说涉嫌宗教，应禁宣停用，引起专家学者、干部、茶农、茶企、民众不解，议论纷纷，名称一下被打入“冷宫”，有的方案提出将“道”字改成“噵”字。对此袁正洪经过一个多月的调研撰文，呈请央视品牌宣传栏目特聘高级顾问、全国知名茶学专家胡晓云博导，胡教授说：“武当道茶是依法注册和受保护宣传的国家驰名商标，是个好名称、好品牌，应当坚定地使用好、宣传好武当道茶品牌，以充分发挥其茶产业扶贫的重要作用。”袁正洪诚请多名法学和宗教政策、茶叶研究专家，他们都说武当道茶是依法注册、是受法律保护宣传的国家驰名商标、是好品牌。

袁正洪撰写了汇报材料《专家：武当道茶依法注册是受保护宣传的国家驰名商标》，材料中提出，我国铁观音大佛龙井等 400 多个茶名中含有“佛”“道”字；“道”是物质运动自然规律，武当道茶上善若水，道法自然；请勿因道茶名字中有道字，就说涉嫌宗教，禁宣停用；佛山市、佛坪县、弥勒市、观音镇以及全国含有佛、道字的村名达 41785 个；茶名是依法注册，村名依国家地名管理条例确定；湖北十堰市 80 万亩茶园促进 68 万人脱贫就业；武当道茶是国家地理标志保护产品、知名区域公益品牌。此汇报材料受到省市相关部门的高度重视，各部门更加着力加强武当道茶品牌宣传，以充分发挥武当道茶支柱产业对扶贫攻坚、防止返贫、促进十堰社会经济快速发展的重要作用。

82. 袁野清风摄影武当道茶照片 10 万余张。在武当道茶的挖掘、整理过程中，袁正洪兼任新闻工作者、担任摄影师，将武当道茶研究与文字新闻及摄影紧密配合，既摄下挖整研究中的一些相关照片，又通过一篇篇图文并茂的报道，生动形象地宣传武当道茶，有些照片被武当道茶申报省非物质文化遗产文本采用，有些照片被《武当道茶》专题片采用，有些照片被《武当道茶宣传画册》采用；有些照片被新华社、中新社等媒体采用，红遍网络，有力地促进了武当道茶品牌的宣传，推动了武当道茶产业的发展。袁野清风看图千遍兴不休，赋联：“仙山灵芽茗香醉，茶影似画韵无穷。”与此同时，袁正洪（袁野清风）先后撰写有关武当道茶新闻报道百余篇。

83. 武当道茶被百度搜索列入我国四大特色名茶。袁野清风收集挖掘、整理、研究茶文化，古之以来，各地茶名之多，可谓成千上万个，也涌现出了一批知名品牌。袁野清风经过深入研究，提出我国素有“西湖龙井、武夷岩茶、武当道茶、寺院禅茶四大特色名茶。

跋

神农武当，山水相连，地处鄂西，川渝豫陕，毗邻之地，自古“蜀东孔道，秦巴咽喉，荆楚屏障，驰骋两江”，南延长江，北面汉水，华中屋脊，巴山之顶，仙山琼阁，名山秀水，乃中国之腹地，居南北之分野，承东启西之中轴也。然又赞誉，神农武当，历史悠久，人杰地灵，物华天宝，文化灿烂，神奇魅力。

世界之茶，源自中国，茶的故乡，茶之文化，中国发祥。我国茶树，原产之地，及茶文化，发祥之地，西南云贵、蜀东鄂西、浙河姆渡、闽粤赣湘、秦巴汉水，神农武当。

积学储宝，研阅穷照，振叶寻根，赤子之情，立志著述，神农武当，道茶之经。七十年代，吾结茶缘；九十年代，挖整茶道；跨新世纪，唱响道茶；道茶茶道，无穷尽也！

茶之发祥，历史悠久，源远流长；博大精深。茶之为药，发乎神农；茶为贡品，武王伐纣，茶蜜纳贡；茶古称荼，诗经七首；茶之为礼，始出老尹；西汉《僮约》，茶乃为饮；神农架南，兴山昭君，和亲匈奴，亦为茶使；茶神孔明，名诸葛亮，学道武当，茶传云贵；孙皓赐臣，以茶代酒；隋唐药王，名孙思邈，《千金要方》，茶药功能；唐皇太宗，三公主儿，房陵太守，茶入药典；茶圣陆羽，首部《茶经》；名道陈抟，精通茶道，饮茶养生，皇帝赐茶；丝绸之路，茶马古道，绿松宝石，驰名四海……此部茶经，典故多矣。

道茶有道，大可探也，武当道茶，“道”的字意，乃是物质，自然运动，规律法则。武当道茶，上善若水，道法自然，天人合一。道家老子：“道法自然”，其“道”则是，宇宙本源，不仅揭示，顺应自然，辩证法则，更凸显其，生态文明，重要价值。

神农武当，地理独特，高山高香，“绿豆汤，清花香。”武当道茶“形美、香高、味醇”，“养身、养心、养性”，道茶文化底蕴博大精深。

武当道茶，天地精华，仙山灵芽，太和骞林。武当道人，钟爱道茶，品茶悟道，养生修性，茶乃世宝，福寿康宁。

常言道：柴米油盐酱醋茶，琴棋书画不离茶。茶之道茶，非常茶道，道茶茶道，非常道茶！

农历辛丑，新春佳节，神农武当，茶经著起，回想吾从，知青下乡，到当记者，地县委办，政策调研，倾情酷爱，鄂西十堰，中华诗祖，尹吉甫及，诗经文化、武当文化、民俗文化、道茶文化，考察挖整，著述出书，弹指一挥，五十余年，已逾古稀，学识浅簿，仅仅只是，抛砖引玉，诚请读者，为师赐教。

出书之际，十分感谢，省市领导，市委政研、农业农村、道茶产业等多部门，高度重视；衷心感谢，专家亲切，关怀指导。

由于笔者，水平有限，书中疏漏，不当之处，敬请读者，阅后提出，宝贵意见，不胜感激。

汉代名臣袁安“卧雪堂”后裔　袁正洪

于住宅凉台“读书斋”

农历辛丑牛年新春

图书在版编目（CIP）数据

中国茶文化研究：神农武当道茶经 / 袁正洪著 .-- 武汉：华中科技大学出版社，2021.5

ISBN 978-7-5680-7080-5

Ⅰ.①中… Ⅱ.①袁… Ⅲ.①茶文化-研究-中国 Ⅳ.①TS971.21

中国版本图书馆 CIP 数据核字（2021）第 071184 号

中国茶文化研究：神农武当道茶经 袁正洪 著

Zhongguo Cha Wenhua Yanjiu： Shennong Wudang Daocha Jing

策划编辑：陈心玉

责任编辑：林凤瑶

封面设计：璞 闾

责任校对：李 琴

责任监印：朱 玢

出版发行：华中科技大学出版社（中国·武汉） 电话：（027）81321913

武汉市东湖新技术开发区华工科技园 邮编：430223

录 排：华中科技大学惠友文印中心

印 刷：湖北新华印务有限公司

开 本：880mm×1230mm 1/32

印 张：12.25

字 数：316 千字

版 次：2021 年 5 月第 1 版第 1 次印刷

定 价：68.00 元